空间科学与技术研究丛书

空间无线能量传输技术

Space Wireless Power Transmission Technique

马海虹 李成国 董亚洲 吴世臣 禹旭敏 周宇昌 著

北京理工大学出版社
BEIJING INSTITUTE OF TECHNOLOGY PRESS

序

21 世纪人类面临着非常严峻的能源形势,通过大规模开发利用太阳能将有希望解决人类的能源危机。随着空间无线能量传输技术、高效能量转换技术、空间超大型结构天线及在轨服务等关键技术的快速发展,空间太阳能电站作为高效利用太阳能的有效途径,受到了国内外广泛关注。其中,无线能量传输技术是空间太阳能电站建设的核心技术之一,其技术发展必将推动我国空间太阳能电站的快速发展。

近年来,我国科研人员自主创新,系统地开展了空间无线能量传输技术研究,取得了重要研究成果。中国空间技术研究院承担了我国空间无线能量传输的较多科研任务,特别是承担了民口"863"模块航天器间无线能量传输课题,通过对分布式可重构卫星系统模块航天器间无线能量传输技术的研究,为我国后续空间无线能量传输技术的研究提供了较好的理论和工程研制方面的支持。

空间无线能量传输技术涉及高效率能量转化、高性能聚焦天线、高效率整流等关键技术,技术复杂,系统实现难度大,需要研究所和高校等科研机构密切合作,进行广泛深入的学术交流。及时归纳总结空间无线能量传输技术研究成果,编写专业著作,可以为从事空间无线能量传输技术研究的科研人员提供理论和技术支持,推动我国空间无线能量传输技术发展。

《空间无线能量传输技术》是中国空间技术研究院西安分院相关科研人员在总结分析国家 863 等课题研究成果的基础上,结合工程实践编写完成。此著作分析了空间无线能量传输技术的分类、特点、关键技术等内容,研究了空间

无线能量传输系统设计方法，讨论了国内外空间无线能量传输技术发展动态及应用前景，并给出了无线能量传输技术发展建议，对推动我国空间无线能量传输技术发展具有重要意义。

应作者邀请为《空间无线能量传输技术》撰写序，为之高兴。中国空间技术研究院西安分院在空间无线能量传输技术方面走在国内前列，取得了国内领先的研究成果。本著作是一本综合性强、适用性广、时效性高的空间无线能量传输技术专业书籍，内容全面，系统性和可读性强，具有很强的学术和应用价值。这部著作的出版将对促进我国空间无线能量传输技术的发展，建设航天强国，起到积极的推动作用。

中国工程院院士：杨士中

2017 年 10 月

前　言

　　21 世纪人类面临着非常严峻的能源形势，通过大规模开发利用太阳能将有望彻底解决人类的能源危机。空间太阳能电站是高效利用太阳能的有效途径，受到了各发达国家的广泛关注。美国、日本等能源需求大国，特别是日本对基于空间太阳能发电卫星计划的无线能量传输技术进行了深入研究。随着我国分布式飞行器和深空探测技术的不断发展，一方面需要为飞行器提供能量，另一方面需要解决星体表面（如月球）各设备的无线供电技术难题，为此开展了大量无线能量传输技术研究。空间无线能量传输技术将会推动能量传输技术的革命性发展，在深空探测、分布式卫星载荷、空间太阳能电站以及大功率空间武器等领域具有广阔的应用前景。

　　根据能量载体的不同，空间无线能量传输的方式主要分为微波无线能量传输（Microwave Wireless Power Transmission，MWPT）和激光无线能量传输（Laser Wireless Power Transmission，LWPT）两种。二者相比，主要区别表现在受大气影响情况、链路传输效率、系统规模以及技术成熟度等方面。综合考虑各种影响因素，当传输距离较近、传输能量较小时，利用激光方向性强、能量集中的优点，进行激光无线能量传输，可有效提高传输效率并减小系统的重量和体积。当传输距离较远，且需要传输能量较大时，则选择微波作为载体进行无线能量传输，此时可获得比激光方式更高的传输效率。

　　目前，国内还没有一本详细且系统介绍空间无线能量传输技术的著作。"十二五"期间，在 863 课题的支持下，国内开展了无线能量传输技术研究，通过对分布式可重构卫星系统中模块航天器间无线能量传输技术的研究，在无线能量传输系统设计技术与无线能量传输技术的传输机理方面取得了较大进展，同时，突破各相关关键技术，完成地面演示原理样机，并进行了地面验证试验，为分布式可重构卫星系统的研究提供了必要的理论和工程研制方面的支持。基于"十二五"863等课题的研究成果，并充分结合国内外无线能量传输技术最新研究成果，组织了相关专家编著了此书。

本书对空间无线能量传输的系统特点、系统组成、能量传输理论以及技术解决方案进行了系统、全面的论述，并分别介绍了微波无线能量传输系统以及激光无线能量传输系统的设计方法，内容全面，系统性和可读性强，具有很强的实际应用价值。本书既可以作为高等院校和科研院所的研究生教材，也可以为从事空间无线能量传输技术的科研工作者提供有效的理论和技术支持。关于最新的无线能量传输技术发展动态及内容均来源于公开发表的资料。

本书共分7章，第1章介绍了无线能量传输技术分类及特点，提出无线能量传输关键技术，分析了国内外无线能量传输技术发展动态及应用前景；第2章研究了空间无线能量传输理论及设计方法，给出了无线能量传输系统中典型的收/发系统设计；第3章简要介绍了大功率发射机的种类、技术方案和典型设计；第4章详细介绍了微波无线能量接收整流技术方案和实现途径；第5章研究了微波无线能量传输系统组成、能量传输理论和系统链路效率分析；第6章详细介绍了激光无线能量传输技术及国内外发展概况；第7章简要介绍了国内外典型的空间无线能量传输试验情况，详细介绍了某高效微波无线能量传输演示验证系统的设计，分析了我国无线能量传输技术发展前景和需求，并提出了我国无线能量传输技术发展建议。

本书由工作在一线的工程师完成编写任务，他们是马海虹（全书审编及统稿，第1、3、5、7章）、李成国（第2、3、5章）、董亚洲（第4章）、吴世臣（第6章）、周宇昌（第1章）、禹旭敏（第3章）。此外，本书中介绍的微波无线能量传输技术演示验证系统，在研制过程中得到了南京理工大学孙琳琳团队以及西安电子科技大学杨琳、栗曦团队的大力支持，其中高效微波发射机由孙琳琳团队协助研制，收/发天线及整流部分由杨琳、栗曦团队协助研制。

本书编写过程中得到了中国空间技术研究院西安分院各级领导的关心，得到了北京理工大学出版社的帮助。在审定过程中，中国空间技术研究院西安分院崔万照研究员、谭庆贵研究员、禹旭敏研究员等均提出了宝贵意见，在此一并表示感谢。

由于作者学识有限，书中难免存在不足和错误，恳请广大读者批评指正。

作　者
2018 年 11 月

目　录

第 1 章

概　述

|1.1　无线能量传输技术|

　　无线能量传输是指能量从源传输到负载的过程摆脱了传统的有线传输方式，通过自由空间实现能量从发射端到接收端的点到点传播。这种能量传输方式打破了传统的利用电缆传播能量的方式，开辟了一种全新的能量传播方法。随着技术水平不断发展，无线能量传输技术可实现地对地、地对空、空对地和空对空等方式的能量传输，在空间太阳能电站、模块航天器、临近空间飞行器、深空探测、机器人供电、微系统供电以及手机充电等领域具有日益广阔的应用前景。

　　21世纪人类面临着非常严峻的能源形势。太阳能是持久稳定的清洁能源，太阳能发电时不产生CO_2的排放。而且，由于资源制约，对于能源缺乏的国家，为减少石油依存度，可以将其作为石油的替代能源。另外，从应对地球环境问题、确保能源稳定供给的角度出发，谋求更多地引入太阳能发电对人类社会的未来发展变得越来越重要。同时，为了实现低碳社会，到2050年全世界的温室气体排放要减半，有必要在地面扩大引入可再生的清洁能源。大规模开发利用太阳能将有望彻底解决人类的能源危机。而空间太阳能电站是高效利用太阳能的有效途径，受到了各发达国家的广泛关注，20世纪70年代以来，以美国和日本为主的发达国家开展了广泛的空间太阳能电站技术研究，目前已经提出20多种概念设计方案，并且在无线能量传输等关键技术方面开展了重点研究，同时发展空间太阳能电站还可能会引起新技术产业革命，意义十分重大。

太空太阳能发电计划最早是由美国在 20 世纪 60 年代提出的。1968 年，美国的 Peter Glaser 博士提出了太阳能发电卫星（Solar Power Satellite，SPS）。其基本构想是在地球外层空间建立太阳能发电卫星基地，利用取之不尽的太阳能来发电，然后通过微波将电能送到地面的接收装置，再将所接收的微波能量转变成电能供人类使用。空间太阳能发电系统（Space Solar Power System，SSPS）不同于地面上的太阳能发电，空间太阳能具有不受天气影响、辐射强度高、土地需求较小等优势。它作为将来可实现的新能源系统受到人们的广泛期待。

无线能量传输技术主要是通过电磁感应、电磁共振、微波、激光等方式实现非接触式的电力传输，在军事、通信、工业、医疗、运输、电力、航空航天、节能环保等领域均具有良好的应用前景。

1.1.1　无线能量传输技术分类及特点

无线能量传输技术可以在不采用能源传输线的情况下完成能量的连续传输，可以实现地对地、地对空、空对地、空对空的任意方向上的能量传输。根据实现方式不同，无线能量传输技术大致分为感应耦合、磁场共振、电波辐射三类，其中电波辐射又包含激光和微波两种不同形式，如图 1.1 所示。三种无线能量传输技术分类及特点如表 1.1 所列。

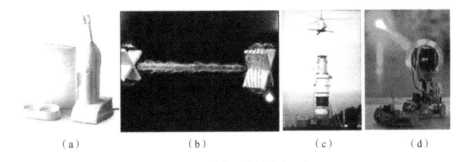

（a）　　　　　　　　（b）　　　　　　　　（c）　　　　　　　　（d）

图 1.1　无线能量传输方式示意图

（a）感应耦合；（b）磁场共振；（c）微波；（d）激光

感应耦合式无线能量传输，是在传统的变压器基础上进行改进，应用电磁感应技术，实现非接触式的电能传输。感应耦合式无线能量传输技术的传输距离较短，发射端与接收端的位置相对固定。

表 1.1　无线能量传输技术分类及特点

分类	原理	特点	应用环境
感应耦合式无线能量传输技术	应用电磁感应技术在传统的变压器基础上进行改进，实现非接触式的电能传输	传输效率高，传输距离较短，发射端与接收端的位置相对固定	短距离能量传输，应用于无线能量传输验证试验
磁场共振式无线能量传输技术	通过非辐射性电场或磁场耦合的电磁谐振原理，实现能量的无线传输	不具有敏感的方向性，传输距离较感应耦合式远，传输效率也稍高	传输距离稍远，应用于手机充电等领域
电波辐射式无线能量传输技术	利用微波源/激光源等装置把直流电转变为微波/激光，再通过天线发送至空间，利用微波束/激光束代替传输电导线实现远程能量传输	传输效率不高，且不能跨越障碍物；其显著优势在于可实现较远距离的无线能量传输	远距离传输，应用于太阳能电站、深空探测等领域

　　磁场共振式无线能量传输，是通过非辐射性电场或磁场耦合的电磁谐振原理，实现能量的无线传输。发射端与接收端采用具有相同谐振频率的谐振体，两谐振体以电磁场为媒介相互耦合，传递能量。其相比于感应耦合式无线能量传输，不具有敏感的方向性，传输距离较感应耦合式远，传输效率也稍高。

　　电波辐射式无线能量传输，是利用微波源/激光器等装置把直流电转变为微波/激光，再通过天线发送至空间，大功率的电磁波束/光束通过自由空间后被接收天线收集，经微波/激光整流器后重新转变为直流电，其实质就是利用微波束/激光束代替传输电导线，实现远程能量传输。此种传输方式的传输效率不高，且不能跨越障碍物；其显著优势在于可实现较远距离的无线能量传输，在空间太阳能电站、深空探测等领域均采用此种能量传输方式。

　　与无线通信系统类似，无线能量传输系统也包括发射机部分、发射天线和地面接收设备部分。但无线能量传输系统又与无线通信系统存在很大差别。对于无线通信而言，无线电波被用于当作信息的载体；而对无线能量传输系统，无线电波是能量的载体。附带能量的电磁波基本上是未经调制的单频波。无线能量传输系统的功率密度比无线通信系统高 3 或 4 个数量级。二者原理和实现方法相似，但前者注重信息传输的效率和准确性，而后者则更倾向于能量传输的效率，二者的区别如表 1.2 所列。

表 1.2　无线能量传输系统与无线通信系统的主要区别

特点	无线能量传输系统	无线通信系统
传输对象	能量	信息
信号特性	单频电磁波	通常为调制信号
功率密度	较大	较小
度量标准	有效传输功率	误码率、数据率
关注点	能量转换与传输的效率	信息传输的准确性及效率
发射功率	非常大	较小
系统规模	天线口径大	天线口径小
接收难度	较大	较小

1.1.2　空间无线能量传输技术

空间无线能量传输技术是实现空间太阳能电站的核心关键技术，主要有微波无线能量传输技术（MWPT）和激光无线能量传输技术（LWPT）。

微波无线能量传输技术是空间太阳能电站研究较多的传输方式，具有较高的转化和传输效率，在特定频段上的大气、云层穿透性非常好，技术相对成熟，波束功率密度低，且可以通过波束进行高精度指向控制，具有较高的安全性。但由于波束宽，发射和接收天线的规模都非常大，工程实现具有较大的难度，比较适合于超大功率的空间太阳能电站系统。

激光无线能量传输技术的主要特点是传输波束窄、发射和接收装置尺寸小，应用更为灵活。通过合理选择频率，可以减小大气损耗，比较适合于中小功率的空间太阳能电站系统。其难点在于大功率激光器技术成熟性较差，高指向精度实现难度大，存在较大的安全隐患。主要缺点是大气透过性差，传输效率受天气影响大。

随着 20 世纪末能源危机日益显现，美国、日本等能源需求大国，特别是日本开始对基于微波无线能量传输技术的空间太阳能发电卫星计划进行规划、试验和验证，这成为该技术一个最重要的应用领域和发展动力。

1.2 美国无线能量传输技术研究概况

美国是在 SPS 领域投入资金最多的国家，推出了众多创新性的概念方案和技术，虽然未列入正式的国家发展计划，但得到了持续的关注和支持。

美国在 20 世纪 70 年代投入约 5 000 万美元进行 SPS 系统和关键技术研究，提出首个概念方案——"1979 SPS 基准系统"。20 世纪 90 年代又陆续开展了多项研究计划，论证了多种方案并提出了计划于 2030 年实现 1 GW 商业系统运行的技术路线图。2007 年美国国防部发表了"空间太阳能电站作为战略安全的机遇"中期报告，引发新一轮的研究热潮。1968 年，美国的 Peter Glaser 博士首次提出建立空间太阳能电站的构想，如图 1.2 所示。

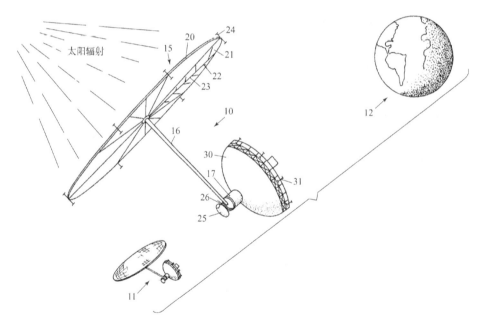

图 1.2 Peter Glaser 博士提出的空间太阳能电站设想

10、11—卫星，12—地球，15—转换器，16—支撑杆，
17—仪器舱，20—圆形构件，21—扇形区，22—分支线，23—主引线，
24—小姿态控制火箭，25—乘员舱，26—连接舱，30—天线，31—姿态控制器

20 世纪 70 年代，世界各国针对 Glaser 博士提出的太阳能发电卫星方案进行了大量研究，1976—1980 年间进行的由美国能源部牵头、美国国家航空航

天局（National Aeronautics and Space Administration，NASA）支持的一项重要研究使这一活动达到高峰。该研究提出了首个概念方案——"1979 SPS 基准系统"。"1979 SPS 基准系统"体系结构是在地球静止轨道部署 60 颗太阳能发电卫星，每颗卫星计划为一个大城市（典型的美国都市）提供约 5 GW 的专用基础负荷功率。一颗面积 5 km × 10 km、高 0.5 km、向地面传输 5 GW 电能的大型 SPS 需要在空间由大型压缩稳定桁架和连接件组建，如图 1.3 所示。这个平台是该方案的基础模块。许多大的、独立的系统元件要在这些大型平台上进行组装，提供 3 个主要功能：电力收集与管理（包括光电压阵列、热管理等）、平台支持系统（如提供三轴稳定的控制系统等）以及射频（Radio Frequency，RF）能量的生成和传输。针对该基准系统，研究人员考虑了多种微波转化的方式，包括速调管、磁控管等。典型的参数包括：微波频率 2.45 GHz，发射天线直径 1 km，无线能量传输效率超过 50%。

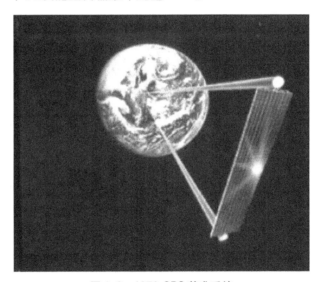

图 1.3　1979 SPS 基准系统

该大型平台要利用一个巨大的、独特的基础结构来组建和部署。这一基础结构包括一个大型（250 000 kg 有效载荷级）、可完全重复使用的两级地球轨道（Earth to Orbit，ETO）运输系统以及在低地球轨道和地球静止轨道上的大型基础设施。该方案对财政的要求非常高。1980—1981 年，美国国家研究委员会（美国科学院的机构）和前国会技术评估办公室在评审之后得出下述结论：尽管 SPS 在技术上是可行的，但当时在计划和经济上无法实现，因此该活动于 20 世纪 80 年代初停止。

1995—1997 年间，NASA 对空间太阳能（Space Solar Power，SSP）技术进

行了新一轮研究，目的是确定新的技术进步是否可以成为实现 SPS 的途径，以具有竞争性的价格为地面市场提供能源。

NASA 对约 30 套系统方案和体系方法进行了研究，确定了一批关键设计战略以及两种有前途的方案。从新一轮研究中优选出来的两个方案之一是"太阳塔"SPS，如图 1.4 所示。该方案使用多种创新技术和设计方法，从而在确立初期商业 SSP 运行技术和计划的可行性方面获得了突破，能够部署到包括地球静止轨道在内的各种高度和倾角的轨道，"太阳塔"SPS 方案仅包括很少的空间基础设施，不需要专用的大型运载火箭。

图 1.4　"太阳塔"SPS 方案

在 SPS 上，电能通过电缆从发电阵单元传送到位于"太阳塔"对地端或末端的无线电能量发射器。"太阳塔"SPS 方案设想从约 36 000 km 的地球静止轨道以 5.8 GHz 的频率传输电力，地面可以接收到约 1 200 MW 的电力。随着技术的进步，发射器的电压 – RF 能源转换效率预计会高于 80% ~ 85%。大约需要 6°的波束调向能力瞄准从南纬 50°到北纬 50°范围内的地面目标。这一地面站范围包括了全球多数主要的发达国家和大部分发展中国家，如美国、南美、南欧、非洲、中东、澳大利亚、中国和日本。发射器阵列是由各发射单元组成的平面，基本上是一个直径约 500 m 的圆形。每个发射单元是一个直径约 5 cm 的六边形平面，在进行最终的在轨组装之前，发射单元首先被集成为子组件。

另外一个是"太阳盘"SPS 方案，该方案由一个跟踪太阳的大型地球静止轨道旋转稳定太阳阵以及一个跟踪地球的相控阵天线组成。盘的结构设计为具有星上自主展开能力，展开后可使盘的直径增加数倍，如图 1.5 所示。

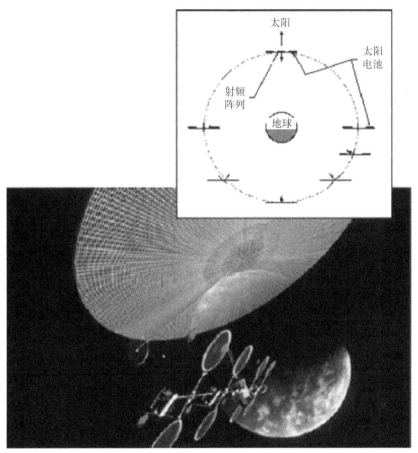

图 1.5 "太阳盘" SPS 方案和源自"太阳塔" SPS 方案的转移飞行器

在地球静止轨道上，发射器对地球的覆盖范围为南、北纬 60°，每颗 SPS 的输出功率约为 5 GW。由于有了跟踪太阳的完整的天线，因此不存在"太阳塔"构型中的阴影影响问题。在地球静止轨道上地球阴影时断时续，主要发生在午夜 12 点。而通常这一时段电力需求很低，通过增加一个向地面馈电的 SPS 或地面电源储存系统，这个问题很容易得到解决。

与"太阳盘" SPS 方案有关的技术挑战为将保持自旋稳定的太阳盘指向太阳的控制系统，要求机器人组装和调节电能从太阳阵传输到发射器的大功率可旋转导电环必须保持时刻地指向地球。"太阳塔" SPS 方案也需要导电环，但是由于每个蝶形反射器/阵单元上都有一个导电环，电压也要小得多，所面临的技术挑战较低。

1998 年 NASA 进行了新一轮研究的后续工作——SSP 概念定义研究。1999 年起，一项新的、为期两年的研发活动按 CDS 路线图的要求开始实施，目的

是进一步试验 SPS 的可行性，包括重点领域的初步研究和技术研发。

1999－2000 年，NASA 开展了一项 SSP 探索研究和技术（Space Solar Power Exploratory Research and technology，SERT）计划。SERT 计划的目标是进行广泛的初步研究和战略技术研发，使未来在政府和商业项目中发展可以在空间和地面运行的大型、可能为数兆瓦级的 SSP 系统和无线电力传输系统成为可能。SERT 计划的主要目标是：

（1）提炼和构建满足近期（如空间科学、探索和空间商业应用）和远期（如地面市场的 SSP）目标要求的 SSP 概念和技术应用的系统方法，包括系统概念、结构、技术、体系（含空间运输）和经济学。

（2）开展技术研究、开发和演示验证活动，确定近期和远期应用的关键 SSP 基础概念的演示验证。

（3）适时启动并扩展国内和国际合作，继续开展 SSP 后期技术和应用工作（如空间科学、用于地面电力的 SPS、空间殖民化等）。

通过实现这些目标，SERT 计划寻求对未来由 NASA 或国际合作伙伴管理的 SSP 和相关研发活动的投资做出明智决策。另外，SERT 计划的目的还在于指导 SSP 的详细定义和相关技术路线图的制定工作，包括性能目标、资源和进度、多用途应用以及商业市场、地球与空间科学、探索或其他政府项目。

SERT 计划包括"内部"和"竞争"两种实现方式，通过重点研发投资组合的方式实现，以最大限度地发挥 NASA 现有内、外部资源的杠杆作用。投资组合由 3 个相互支持的部分组成：

（1）系统研究和分析——分析 SSP 系统和架构概念，包括空间应用。工作重点是市场和经济分析，提出 SSP 的潜在经济可行性，对地面和空间各种潜在市场环境问题进行评估。

（2）SSP 研究和技术——重点是面对的主要挑战的探索研究，进行快速分析，以确定有前途的系统方案，确定技术可行性。

（3）SSP 技术验证——对使用新技术的重点 SSP 方案和组件进行初步的小规模验证，重点是 SSP 的空间或地面应用以及相关系统和技术。

2004 年 1 月 14 日，布什总统公布了美国民用航天计划的新政策和战略方向——把载人和机器人空间探索作为其主要目标，并提出了明确的具有挑战性的目的和目标。NASA 对这一指示的反应是在总部建立了一个新的探索系统办公室，后来改名为探索系统任务理事会，并建立或重新安排了几个主要计划的项目预算。认识到探索必须是"一次旅行而不是竞赛"，NASA 在 2005 财年预算包含了开发和验证新航天技术（Explore System Research and Technology，ESR&T）计划的基本投资。这项工作面临的长期、低技术成熟度的挑战不多，多数挑战是中期的、中至高技术成熟度的，特别强调的是那些使未来探索任务在经济上可行，并能安全有效地完成任务和科学目标的新概念和新技术。重点从事改变在地球附近空间运行的 ESR&T 任务，包括许多未来空间太阳能发电系统（包括太阳能发电卫星）所需的关键技术。

　　2012 年，在 NASA 创新概念项目支持下，由美国、日本和英国科学家共同提出了一种新的空间太阳能电站概念方案——任意相控阵空间太阳能电站（SPS—ALPHA），如图 1.6 所示。该方案属于聚光式空间太阳能电站，核心是采用了模块化的设计思想，从而降低了技术难度和研制成本，并且创新性地提出了无须控制的聚光系统概念，对控制系统的压力大大减小，整个系统的质量为 10 000 ~ 12 000 t。

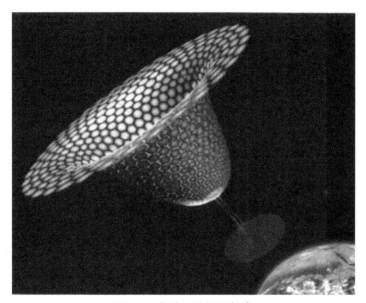

图 1.6　SPS—ALPHA 概念

1.3　日本无线能量传输技术研究概况

1.3.1　日本空间无线能量传输技术发展规划

　　日本是一个能源极为短缺的国家，从自身需求出发，在 20 世纪 80 年代日本就开始进行 SPS 概念和关键技术研究。日本是第一个将 SPS 正式列入国家航

天计划的国家，提出了正式的发展路线图，进行了长期持续的关注和发展。虽然投入有限，但在无线能量传输领域处于世界先进水平。

作为日本国家航天开发核心机构的日本宇宙开发事业团（National Space Development Agency of Japan，NASDA，现为日本宇宙航空研究开发机构（Japan Aerospace Exploration Agency，JAXA）），就与经济企划厅和通商产业省（现为经济产业省）共同协作，开展了天基太阳能电站研究，并取得了一系列研究和试验成果。日本宇宙航空研究开发机构在 2005 年制定国家航天长期发展规划时将天基太阳能电站列入其中，并制定了天基太阳能电站研究与开发技术路线图；2007 年，在取得多项研究成果的基础上完成了采用微波和激光方式向地面传输太阳能的试验，证明这两种方法均可行。2009 年，日本宣布将投资 200 亿美元，在 2030—2040 年构建第一个商业空间太阳能电站系统。

《日本能源基本计划》（2010 年 6 月的内阁会议决议）、《环境能源技术革新计划》（2008 年 5 月综合科学技术会议决议）、新的《国家能源战略》（2006 年 5 月经济产业省制定）等政策都从长期的视角对此进行了必要的关注和讨论。2009 年 6 月制定的《空间基本计划》（2009 年 6 月空间开发战略部制定）指出，作为今后 5 年的开发利用计划，对于空间太阳能发电，相关机构要合作，从综合的角度进行系统探讨，推进能量传输技术并进行地面技术验证。

2017 年，日本更新了其在 2012 年提出的空间太阳能电站发展路线图，将日本 SPS 发展划分为地面验证阶段和空间验证阶段两大部分。2020 年前，针对无线能量传输技术水平、传输距离、轻量化设计等展开地面试验验证。2025 年起进入空间验证试验阶段，开展微小卫星设计，评估空间太阳能电站模型，以确定空间能量传输的可行性，预计在 2045 年后进入商业太阳能电站验证阶段，如图 1.7 所示。

建造天基太阳能电站，实现太阳能发电，必须解决发射、在轨组装、控制、集光、光传输、光能转换成电能和维修等一系列重大的高难技术课题。图 1.8 所示为空间太阳能电站示意图。为此，日本还制定了实现微波—天基太阳能电站发电成本目标的具体路线图，如图 1.9 所示。

根据 2013 年日本最新公布的航天基本计划，空间太阳能电站研究开发项目已被列入其国家七大重点发展领域，并作为三个国家长期支持的重点研究领域之一。

日本作为积极开展空间太阳能电站研究的主要国家之一，在无线能量传输技术的研究和试验方面处于国际先进水平，并形成了"官产学"联合的研究模式。

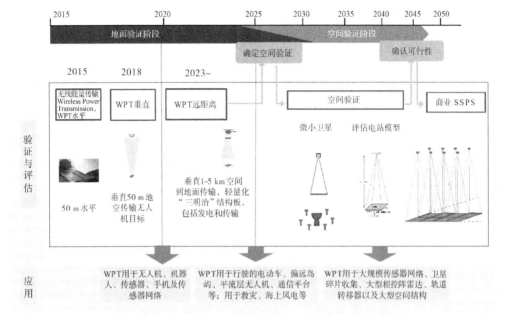

图 1.7　日本 2017 年更新的空间太阳能电站发展路线图

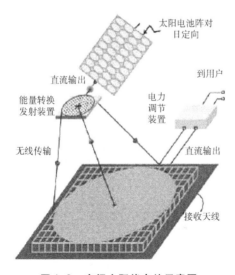

图 1.8　空间太阳能电站示意图

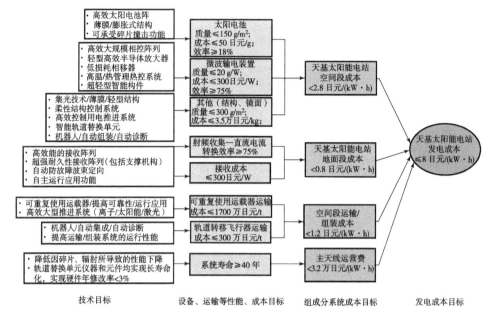

图 1.9 日本实现微波—天基太阳能电站发电成本目标的具体路线图

1.3.2 日本空间无线能量传输技术研究开发体制

日本经济产业省在《空间基本计划》中确定了空间太阳能发电系统的核心技术为微波无线传输技术，与独立行政法人宇宙航空研究开发机构协同合作，开展安全高效的精确波束控制技术的研究和开发。为此制定了"太阳能发电无线输电技术研究开发"的总体实施体制。

该研究开发主要包括以下内容：

（1）微波精确波束控制技术的研究开发：由经济产业省委托财团法人不载人空间实验系统研究开发机构进行。其中输电部分的设计、制造、试验由三菱电机公司负责。

（2）微波精确波束控制技术的研究开发项目中的部分技术（采用位置、角度校正法及并列法对传输控制技术的有效性进行研究）：经济产业省委托三菱重工公司承担。

（3）无线输电技术研究开发支撑业务：经济产业省委托三菱综合研究所进行。

（4）导引指示技术的研究开发：独立行政法人宇宙航空研究开发机构实施波束方向控制技术的研究开发，并对本研究相关开发进行协作。

1.3.3 日本三菱电机公司的太阳能发电无线输电技术研究

从事日本卫星开发的核心企业三菱电机公司瞄准了太阳能发电产业化的巨

大市场，提出用其为日本宇宙航空研究开发机构研制并已推向市场的 DS -
2000 卫星平台作为天基太阳能电站卫星的公用平台，还计划开发配备直径为
200 m 的固定反射镜和跟踪反射镜，100~200 m 的发电电池板，质量 10 t 的发
电卫星，并提出微波输电的基本构想，如图 1.10 所示。

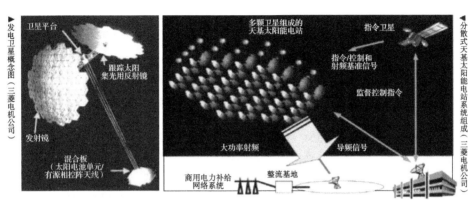

图 1.10　三菱电机公司发电卫星概念和系统组成图

此外，三菱电机公司还研究了波束合成以及对数个天线的振源和波束进行
控制的方法，由 37 颗卫星组成的发电群卫星的轨道及其控制方法，开发了接
收用输电设备；盘点了该公司实现天基太阳能电站需解决的主要技术课题，分
析了这些课题的研究和开发现状，明确了具体目标，确定了实现计划的路线
图，分别如图 1.11 和表 1.3 所示；开发出了微波输电模块，以及中等和大规模
的相控阵天线，并从 2010 年开始致力于提高微波输电模块和中等规模相控阵天线
的输电效率，验证一体化设计的大规模相控阵天线和阵源控制等技术研究。

1.3.4　日本空间激光无线能量传输技术研究

日本宇宙航空研究开发机构 2004 年提出了基于激光的 SPS（L - SPS）
系统方案，该方案将激光作为空间太阳能传输的关键技术。该机构设想的激
光传输方案，其空间段由上百个排列成一列的基础单元组成，每个基础单元
包括 2 个尺寸为 100 m × 100 m 的太阳聚光镜，2 个尺寸为 100 m × 100 m 的
辐射器以及激光发生器、激光波束辐照器、支撑结构，可产生 10 MW 级的
激光，而整个系统的输出功率为吉瓦级。用太阳聚光镜或透镜将光线集中后
发送到直接泵浦固态激光器，产生激光波束，在海上接收激光并催化分解海
水产生氢气。在该方案中，直接泵浦固态激光器的转换效率和系统可靠性为
关键因素，因此如何消除热量就成为关键因素。整个 L - SPS 为一个铅笔形
状的卫星。

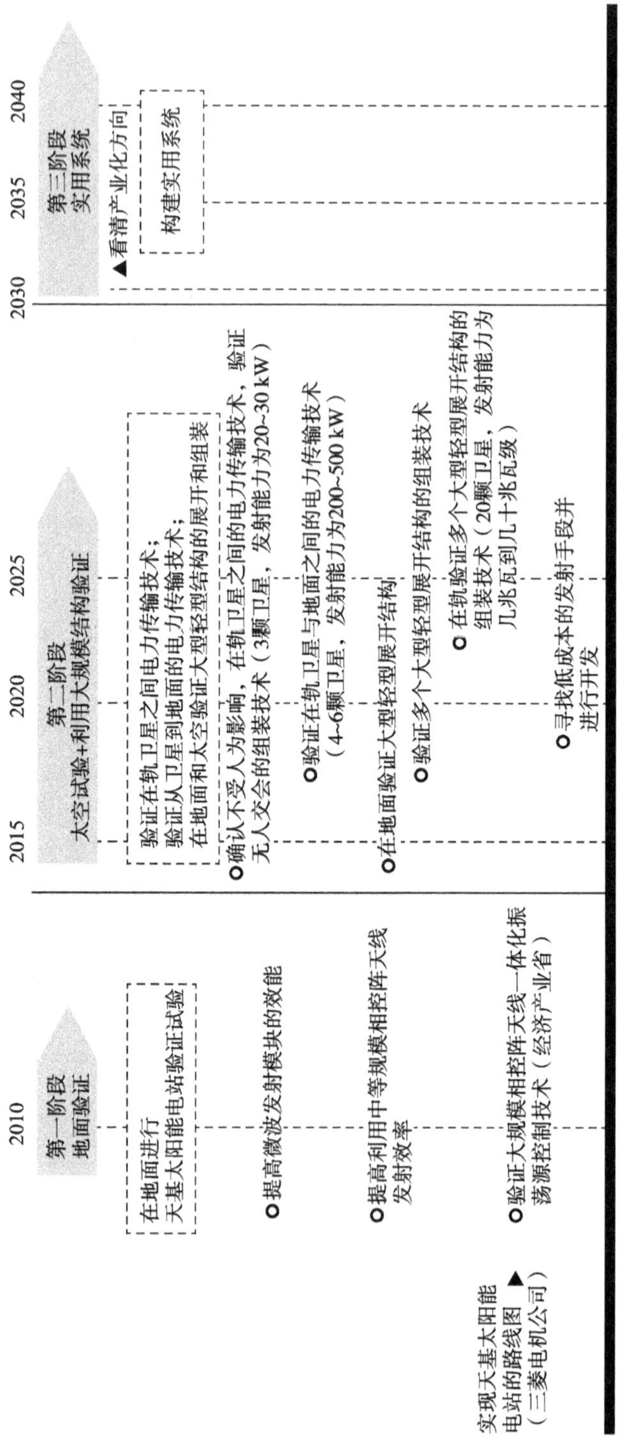

图 1.11　天基太阳能电站发展规划图（三菱电机公司）

表 1.3　开发天基太阳能电站路线图（三菱电机公司）

技术课题	实例	技术现状	需实现技术目标
天基高效集能技术	收集太阳能	空间望远镜上搭载的直径 50 cm的超轻型反射镜	直径约 2 km，集光率约为当前的 2 倍
	辐射所致性能恶化	设计寿命 15 年	使用时间为 30～40 年
从太空向地面输能技术	大功率输电	微波发射输出为千瓦级	输电能力为吉瓦级
	准确传输	日本技术试验卫星－6 天线的波束指向误差为 1/600 rad（测量值）	精度达到 1/10 000 rad
大型天基结构构建技术	轻型化技术	约 100 kg/m²（太阳电池翼）	轻量化，约是当前的 1/100
	结构展开技术	约 30 m（太阳电池翼展开后）	几百米量级
	组装技术	无人交会与对接	几百米级结构的对接
	太空运输技术	成本为 20 亿～30 亿日元/t（地球静止轨道）	低成本，约是当前的 1/100
高效电能转换技术	太阳能/电能转换	航天用太阳电池单元的转换效率约 20%	转换效率需达 40%
	电/微波转换	试制和验证试验中的转换效率可达 50%	转换效率需达 70%
	微波/电转换	试制了毫瓦级接收天线，转换效率约 50%	转换效率需达 80%

　　在日本，基于激光的 SPS（L－SPS）还是一个较新的概念，而基于微波的系统则具有较长的研发历史。JAXA 目前正在联合大阪大学激光技术学院和激光工程学院开展直接太阳能泵浦激光系统研究。直接太阳能泵浦激光的产生较传统的采用电能产生激光振荡的固态或气体激光器具有优势。如果由激光二极管或其他使用电能的方式产生激光振荡，那么 L－SPS 的总体效率会较低，因为必须采用光电池或其他低效率方式将太阳能转换为电能。与微波能量传输相比，直接太阳能泵浦激光发生技术的近期发展显示了高效率能量转化和传输的可能性。

为了通过直接太阳能泵浦产生激光波束，必须得有高度集光的太阳光波束入射到激光器媒介上。所需太阳光束集光度的最小值主要由激光器媒介、太阳能吸收率和热振参数（如材料因内部热梯度导致的内应力的缺陷）等决定。多种材料可以用作激光器媒介。从耐受内应力的观点看，蓝宝石是用于激光媒介的最佳材料。然而，要制造较大的蓝宝石晶体是非常困难的。由于钇铝石榴石（YAG）晶体比蓝宝石晶体更易制造，JAXA 决定采用 YAG 激光晶体。在使用 YAG 晶体时，所需太阳光的集光度至少在数百倍以上。

在太阳能泵浦激光器系统的设计中，由于只有部分入射太阳能可以转化为输出激光，其剩余的能量主要转化为热能，因此激光器晶体的散射十分重要。当高度集光的太阳光束入射到激光器媒介上时，大约 1/3 的能量转化为激光输出，另外 1/3 转化为热能。这些能量增加了激光晶体的内部能量，但不能转化为激光输出。其余 1/3 的入射能量对激光器振荡不产生任何作用，因为其频段远离激光输出频率。

太阳光谱段中不能为激光器晶体所用的部分太阳能将不能进入激光器晶体。根据不同波长具有可选反射系数的高分子膜将用于剔除太阳光谱段中的无用部分。

除了美、日外，欧空局、加拿大、俄罗斯等国家及相关国际组织也非常关注该领域的发展，提出一些新概念，并重点在无线能量传输、超轻大型空间结构等先进技术方面开展研究工作。

|1.4 国际无线电科学联盟|

1.4.1 空间太阳能发电卫星（SPS）白皮书

2007 年，国际无线电科学联盟（Union Radio – Scientifique Internationale, URSI）正式发布《URSI 空间太阳能发电卫星（SPS）白皮书》。URSI 希望借此白皮书对太阳能发电卫星的相关问题的深入讨论提供科学背景。

该系统中涉及的一些关键技术是太阳能电池技术、微波生成和传输技术以及天线技术。另外，地面电网互连技术也需要开发。对于关注这项科学国际进展和应用的各种科学机构或联盟而言，URSI 是太阳能发电卫星系统所涉及技术的最合适的机构。URSI 的 10 个委员会覆盖了 SPS 系统的各个方面，从微波能量生成与传输到对人类的影响以及对通信和射频天文观测的潜在干扰。

URSI 的科学家与工程师们将开发对系统设施有贡献的技术。此外，URSI 能提供 SPS 系统讨论的论坛。

微波无线能量传输是 SPS 系统的一项关键技术，因为整体效率、卫星重量和成本将是决定其可行性的关键因素。事实上，几乎所有从地球静止轨道传输的能量都能被地面整流天线收集到，为此需要超过 50% 的直流电到微波再到直流电的能量转换效率。微波能量传输器的直流电到微波的转换效率应该接近 80%，所以要开发半导体或基于电子管的（Tube - based）微波能源。地面整流天线阵可将微波能量转换成直流电，这种能量转换也必须是高效率的。对天线波束的精确控制是关键，而其测量和校准是 URSI 研究的问题。可以预测的是，为这一应用所开发的技术在其他专门的或者细分的应用中也将具有价值。

1.4.2　SPS 关键技术

SPS 的关键技术为发射和传输技术、太阳电池、热控、微波能量传输（MPT）、微波发生器、波束控制、整流天线和地面网络。其中，建造 SPS 基础设施的技术是发射和传输系统的技术。对于这些技术，需要开发以下 2 种飞行器：①可重复使用的运载火箭，用于以合理的低成本运输重型材料到近地轨道（Low Earth Orbit，LEO），在那里将进行组装工作。在这一轨道上，电池性能下降和轨道碎片的冲击是非常严重的问题，必须予以解决。②轨道转移飞行器，用于将 SPS 从 LEO 轨道推升到最终轨道，即地球静止轨道（Geostationary Earth Orbit，GEO）。这两种火箭技术对于实现 SPS 系统而言是关键的。

SPS 微波能量传输（MPT）的主要参量是频率、传输天线直径、输出功率（向地球传输的波束）、最大功率密度和天线尺寸。同 NASA 的 5.8 GHz 基准系统相比，该系统能以更低的天线发射功率工作。除了上面提到的系统参量以外，重量也是很重要的参量。关于微波发生器，可有多种方案供选择，比如微波真空管、半导体发射机以及两种技术的混合。对这些发生器在效率、输出、重量和辐射谐波方面进行比较。一种 DC - RF 微波真空管的转换效率在 65% ~ 75%。采用半导体发射机的情况下，DC - RF 转换效率最高达到 40%。宽带隙器件（Wide - band Gap Devices），如 GaN，具有可观的功率输出，尤其是在微波频率为 2.4 GHz 和 5.8 GHz 时。在 MPT 技术中，单位功率重量的降低对于保证合理的成本性能也是十分重要的。

微波天线的另一重要功能是精确的波束控制。有几个原因导致精确的波束控制是必需的，其中包括向地球传输能量的最大化和在不需要的方向上的辐射限制，从而使当前的通信系统不受到负面影响。微波波束的中心被限制在整流天线中心 ±0.000 5° 范围内的区域。对于这一严格的要求，专家提出了多种不

同的建议，比如反向系统利用了来自地球整流天线的指示信号。SPS – MPT 系统的波束控制精度能通过大量的能量传输天线组件而实现。为了实现 ±0. 000 5°的波束控制，SPS – MPT 系统必须把总相位误差控制在小范围内。这些技术目前正在研究。需要注意的是，波束修正效率与波束控制精度同样重要。波束修正效率取决于旁瓣和栅瓣。

整流天线用于接收来自 SPS 的微波能量，并将其转换成直流电。整流天线由射频天线、低通滤波器和整流器组成。低通滤波器起到抑制来自非线性整流器的、不需要的微波辐射的作用。大多数整流器采用肖特基（Schottky）二极管。在已经提出的各种整流天线配置里，在某些情况下，效率已经达到了70% 。目前实现的最高转换效率是 2. 45 GHz 时的 90% 和 5. 8 GHz 时的 82% 。不过要注意的是，整流天线的效率取决于多种因素，比如微波的能量输入密度和负载的阻抗。

商业上可行的 SPS 会是 1 000 MW 量级的产品，能向各国的国家电网传输可观的电力。在把 SPS 电力同国家电网连接起来方面不存在大的问题。与核能或大型水利电站一样，SPS 提供了可预测的和稳定的电力。因此，与核电站一样，SPS 系统是一个有希望的大型清洁能源系统，可提供基础能源。

1.5 无线能量传输系统组成及其关键技术

1.5.1 电波辐射式无线能量传输

广义的无线能量传输技术，就是将能量以无线方式进行远距离传输，这种能量传输的起始与终点可以是地、空、天的任意两两组合。基于能量载体的不同，电波辐射式无线能量传输技术又分为微波无线能量传输（MWPT）和激光无线能量传输（LWPT）两种方式，其显著优势在于可实现较远距离的无线能量传输，目前在空间太阳能电站、深空探测等领域均采用此种能量传输方式。

空间无线能量传输是实现空间太阳能电站的核心关键技术，国内外已对基于微波与激光的无线能量传输技术开展相关研究。针对微波无线能量传输技术的研究可以追溯到 1899 年，长时间的发展使该技术成熟度高，特别是微波发射及接收器件的更新换代，也让微波无线能量传输技术成为最早纳入空间太阳能电站设想的核心技术。激光无线能量传输技术兴起于 2000 年左右，随着大功率激光技术的快速发展，特别是太阳能直接泵浦激光技术的发展，使得此项技术有望解决微波传输技术的某些瓶颈问题，二者可以互为补充，针对不同的应用环境采用不同的传输方式。二者主要区别表现在受大气影响情况、链路传输效率、系统规模以及技术成熟度等方面，具体性能对比如表 1.4 所列。

表 1.4　微波无线能量传输系统与激光无线能量传输系统的性能对比

特点	微波无线能量传输系统	激光无线能量传输系统
载波频率	2.45 GHz、5.8 GHz、35 GHz或更高	可见光以及红外光谱范围内的大气窗口（3～5 μm，8～14 μm）
大气影响	受大气扰动影响小	受大气扰动影响严重
传输功率	大（千瓦量级）	小（几十瓦量级）
传输效率	高	低
系统规模	收/发天线口径大	收/发天线口径小
技术成熟度	相对成熟	发展略晚

目前，微波能量传输效率高于激光，微波在大气中传输时，受天气影响程度小，传送效率高；而激光能量传输效率随激光器的选择而不同，且受大气影响严重，在大气中传输时链路效率远不如微波。在天线接收器口径方面，微波发散角大于激光发散角，接收天线口径大，重量大，成本高且不方便使用；激光方向性强、能量集中，可以用较小的发射功率实现较远距离的供电。

综合考虑各种影响因素，在无线能量传输技术应用领域，当传输距离较近、传输能量较小时，利用激光方向性强、能量集中的优点进行无线能量传输，可有效提高传输效率并减小系统的重量和体积；当传输距离较远，且需要传输能量较大时，则选择微波作为载体进行无线能量传输，此时可获得比激光方式更高的传输效率。同时，随着元器件技术发展水平的不断提升，可以提高能量载波频率至 35 GHz 甚至更高，从而系统的重量和体积将会获得很大改善。

1.5.2　无线能量传输系统组成

空间太阳能发电系统基本由三部分组成：太阳能发电装置、能量的转换和发射装置以及地面接收和转换装置。太阳能发电装置将太阳能转化成为电能；

能量转换装置将电能转换成微波或激光，并利用天线向地面发送能量；地面接收装置利用地面天线接收从空间发射来的能量，通过转换装置把其转换成为电能供人类使用。整个过程经历了太阳能—电能—微波—电能的能量或者太阳能—激光—电能转换过程。

1. 微波无线能量传输系统组成及特点

微波无线能量传输系统主要包括微波发射子系统和微波接收子系统两部分。微波发射子系统主要由微波发射机和微波发射天线组成，微波接收子系统主要由微波接收天线和微波整流电路组成，传播方式如图 1.12 所示。其中，微波发射机主要包括信号源及固态放大器两部分，微波整流电路包括单元整流电路及直流合成两部分。微波发射机完成直流到射频的能量转换，微波整流电路完成射频到直流的能量转换，微波发射天线和微波接收天线完成无线能量的空间传输。

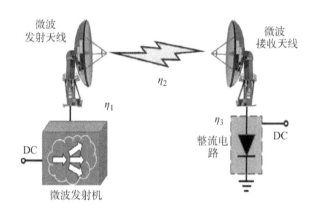

图 1.12　微波无线能量传输系统示意图

2. 激光无线能量传输系统组成及特点

激光无线能量传输系统主要包括激光发射子系统、激光接收子系统和高精度捕获跟踪控制子系统三部分。激光发射子系统主要包括高效电/光转换模块、大功率激光发射器和窄波束激光发射天线；激光接收子系统主要包括高效率接收天线、高效率光/电转换器和电源。为了实现波束的高精度指向，空间激光无线能量传输系统还需要采用高精度捕获跟踪控制技术，实现激光波束的闭环控制。多光束激光无线能量传播方式如图 1.13 所示。

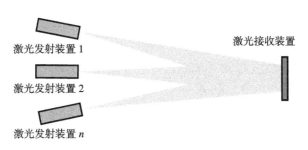

图 1.13　激光无线能量传输系统示意图

目前，微波无线能量传输技术相对更为可行。但激光无线能量传输技术较微波传输技术也有着独特的优势，对于空间太阳能电站的发展是一项具有吸引力的战略选择。鉴于激光无线能量传输方式的优势与广泛应用前景，有必要从效率、安全性、指向性等方面预先开展激光无线能量传输技术的战略研究。

1.5.3　无线能量传输关键技术

在无线能量传输系统中，无论采用微波还是采用激光作为载体进行能量传输，涉及的关键技术具有一定的相似性，主要包括无线能量传输总体设计技术、高效高功率能量发射技术及天线波束控制技术等。

1. 空间无线能量传输系统总体设计技术

与传统微波卫星通信系统不同，无线能量传输需要围绕"高能量传输效率"和"高能量转换效率"开展空间无线能量传输系统方案设计工作，确保实现高的空间无线能量传输转换效率。为此需要采用聚焦天线和高效接收整流电路，对发射系统和接收系统进行最优匹配设计和指标分配，给出满足空间飞行器能量传输的空间无线能量传输系统方案。对于空间无线能量传输系统，其难点在于综合考虑空间立体网络的"动态"和"立体"特性，充分考虑发射天线、接收天线和整流电路的能力及其相互制约关系，综合分析空间无线能量传输效率，对空间无线能量传输系统进行优化设计，确定空间无线能量传输系统参数和技术解决方案；由于空间飞行器的动态特性，需要综合考虑波束指向精度对能量传输效率的影响。

2. 高效高功率能量发射技术

空间网络无线能量传输系统和传统的通信系统之间的区别关键在于能量传

输效率，传输效率是考核能量传输平台的核心指标，因此在系统搭建中需要选择高效率的微波/光器件。在微波无线能量传输系统中，需要通过微波发射机完成直流功率到微波功率的转换，随后通过发射天线和接收天线完成微波能量的空间传输，因此微波器件（功率器件、整流器件）的选择非常关键，应该综合考虑器件的功率容量、频率、高直流电压、散热等性能，以选择高效率的器件。在空间网络无线能量传输系统工程实现中，还需兼顾考虑空间传输效率、能量传输距离以及传输功率等方面的要求。目前，将直流能量转换为微波能量可采用微波真空器件和固态器件两种途径，为获得高效率高功率微波源，常采用固态器件、磁控管及行波管三种方式。

激光无线能量传输系统的发射端主要采用大功率激光器，如光纤耦合输出的半导体激光器等。需要根据激光器的特点分析其远场分布特性，研究高功率激光器阵列的光束变换技术和激光器阵列准直的微透镜结构。此外，由于热功耗引起的半导体激光器有源区的温升会使激光器转换效率下降，阈值电流上升，输出功率减小，激光波长漂移，甚至会彻底毁坏激光器，因此需要对大功率激光器进行温度控制，特别是针对空间应用的特殊环境，研究空间激光器的散热方式。同时，为在能量接收端获得高功率密度、高质量激光光束，需要对大功率激光整形、准直技术进行研究，引入自适应光学技术，对大气闪烁、波前畸变等进行补偿。

3. 天线波束控制技术

在空间无线能量传输系统中，由收/发天线共同实现微波/激光波束在空间的定向传输。为了保证较高的传输效率，系统对波束的指向精度要求极高，无法通过天线的机械指向来实现，需要通过天线子阵列的相位控制进行高精度的电控波束调节，目前主要采用天线波束控制技术。波束控制过程如下：由接收端发送导引信号给发射端，发射端的天线阵列接收导引信号以获得来波方向的信息，通过调整天线子阵的馈电相位，从而可以实现波束的高精度指向，如图1.14所示。

图 1.14 天线波束控制示意图

|1.6　无线能量传输技术应用需求|

作为一种新的能源传输方式，无线能量传输技术可以为科技发展做出巨大贡献，在太空发电、模块航天器间能量传输、军事定向能武器、星际探测等领域的应用均具有特殊的意义。

1.6.1　人造卫星之间无线能量传输

分布式可重构卫星系统是一种面向未来的航天器体系结构，由多个基本单元（即"模块航天器"）组成，其本质上是任务功能的分化、分离和相互连接。各模块航天器可以快速批量制造和独立发射，在轨运行时通过无线数据连接和无线能量传输，构成一个功能完整的航天器系统，该系统具备体系重构和功能再定义的能力，能够实现在轨故障修复、功能更换和扩展。这种方式提高了系统执行任务的范围和能力，并降低了费用和风险，同时提高了卫星系统空间攻防对抗中的生存能力及空间任务响应能力。

太空卫星接收太阳能或者依靠自身携带的能源，通过微波无线能量传输技术可以将能量传递到各模块航天器，解决能源问题对卫星功能和性能的限制，同时可以降低卫星发射的成本，增加卫星工作的可靠性，推动国家经济建设的发展。图 1.15 为分布式卫星无线能量传输示意图。图 1.16 为 NASA 的空间探索计划无线传感网络，系统由数据采集单位、数据处理单元、数据传输单元和电缆管理单元等组成。该网络采用磁场共振式无线能量传输方式，可方便实现对分布于各处的无线传感器网络节点供电，为整星健康状态的感知提供了有效解决手段，可满足在轨应用的需求。

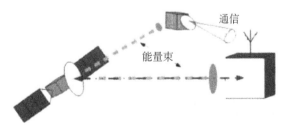

图 1.15　分布式卫星无线能量传输示意图

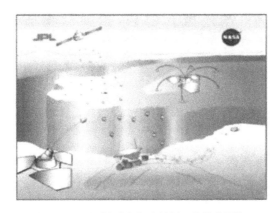

图 1.16　NASA 空间探索计划无线传感网络

1.6.2　星地之间无线能量传输

空间太阳能电站（SPS）是指在空间将太阳能转化为电能，再通过微波或激光无线方式传输到地面的电力系统，主要包括太阳能收集系统、太阳能传输系统和地面接收系统三部分，如图 1.17 所示。这种设计思想是为了从根本上解决人类所面临的不断加剧的能源问题，所以能量的传输效率是系统研制的核心问题。空间太阳能电站规模巨大，对各领域技术发展提出了巨大挑战，其中无线能量传输技术是太阳能传输系统的基础，其技术发展水平决定了如何保证收集到的空间太阳能尽可能高效率地传输至地面，减少大气传输等环节对能量的损耗。

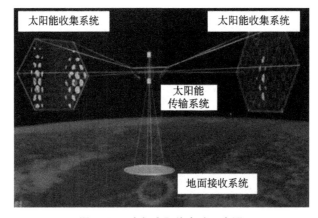

图 1.17　空间太阳能电站示意图

作为空间太阳能电站的主要关键技术，无线能量传输技术可以满足天基和地基的电力需求，电力传输过程如图 1.18 所示。为有效地将太阳能传输到地面，就需要在地球同步轨道到地面的 36 000 km 距离上建立无线能量传输通道。目前，世界各国均把研究重点集中在微波和激光两种无线能量传输方式上。

图 1.18　太阳能发电卫星能量传输示意图

太阳能卫星接收太阳能并转换成微波或激光，向地面传输，地面的接收天线收集能量并转换成电能，实现无污染的太阳能利用。该应用可以解决能源危机和环境污染的问题，对国民经济健康持续发展具有重要意义。

1.6.3　深空探测无线能量传输

无线能量传输技术可以从卫星、空间站、宇宙飞船等向空间探测器等移动目标源源不断地提供能量供应，为空间探测器提供能源动力，使探测器可以长时间可靠工作，摆脱受太阳能电池或者其他电池能量供应的限制，从而延长探测器的工作时间，提高其工作可靠性和稳定性。

在月球探索研究任务中，可以利用着陆器给巡视器等移动设备供给能量，还可以完成月球基地与电站之间的能量供给以及月球卫星与着陆器之间的能量供给，从而可以极大地拓展月球巡视器的活动范围，提升探测能力。图 1.19 所示为无线能量传输技术在月球着陆器等设备中的应用。

图 1.19　月球基地能量传输示意图

第 2 章

空间天线能量传输理论

天线是通过电磁波传递信息和能量的无线电技术设备，主要用于广播、通信、导航、雷达、数据传输、侦察、跟踪、探测和能量传输等电子系统中，天线是系统必不可少的重要组成部分。

根据电子电气工程学会（the Institute of Electrical Engineers，IEEE）有关技术标准，天线被定义为"辐射或接收无线电波的装置"，用于提供传输线上导行波与自由空间波的转换。除辐射或接收能量外，通常还要求天线能增强某些方向的辐射，并抑制其他方向的辐射。因而，天线除作为辐射器外，还必须具有相应的方向性。

天线形式多样，种类繁多。为了便于分析，一般按分析方法的不同分为三类：线天线、口径天线、阵列天线。

（1）线天线：半径远小于波长的金属导线构成的天线，如直线（对称振子）、圆环、螺旋线等。

（2）口径天线：电磁波通过一定口径向外辐射的天线，如波导口、喇叭、抛物面等。

（3）阵列天线：辐射单元按一定规律排列和激励的天线群体，如微带阵、波导缝隙阵、口径阵等。

为实现高效率的微波能量传输，天线一般采用反射面天线、较大或极大规模阵列天线，利用其较窄或极窄的波束实现高效率能量传输。

2.1　天线基本辐射理论

天线通过电磁场在空间传播，传播区域不同，电磁波特性不同，传播能量也有所差别。

天线辐射理论所研究的问题实质上都是宏观电磁现象，因此天线辐射理论是建立在电磁场理论基础上的。麦克斯韦方程组中每一个方程的含义，包括积分形式和微分形式，求解电磁场问题时在两种不同媒质分界面上的边界条件以及运用矢量位和标量位求解电磁场问题的方法，这些都是解决天线辐射问题的理论基础。

麦克斯韦方程组的积分形式

$$\oint_l \boldsymbol{H} \cdot \mathrm{d}\boldsymbol{l} = \int_S \left(\boldsymbol{J} + \frac{\partial \boldsymbol{D}}{\partial t} \right) \cdot \mathrm{d}S \tag{2.1}$$

$$\oint_S \boldsymbol{E} \cdot \mathrm{d}\boldsymbol{l} = - \int_S \frac{\partial \boldsymbol{B}}{\partial t} \cdot \mathrm{d}S \tag{2.2}$$

$$\oint_S \boldsymbol{B} \cdot \mathrm{d}S = 0 \tag{2.3}$$

$$\oint_S \boldsymbol{D} \cdot \mathrm{d}S = \int_v \rho \cdot \mathrm{d}V \tag{2.4}$$

式中，$\mathrm{d}\boldsymbol{l}$、$\mathrm{d}S$ 和 $\mathrm{d}V$ 分别为线积分单元、面积分单元和体积分单元，对应的微分形式如下：

$$\nabla \times \boldsymbol{H} = \boldsymbol{J} + \frac{\partial \boldsymbol{D}}{\partial t} \tag{2.5}$$

$$\nabla \times \boldsymbol{E} = -\frac{\partial \boldsymbol{B}}{\partial t} \tag{2.6}$$

$$\nabla \cdot \boldsymbol{B} = 0 \tag{2.7}$$

$$\nabla \cdot \boldsymbol{D} = \rho \tag{2.8}$$

在各向同性媒质中，

$$\boldsymbol{D} = \varepsilon \boldsymbol{E} \tag{2.9}$$

$$\boldsymbol{B} = \mu \boldsymbol{H} \tag{2.10}$$

$$\boldsymbol{J} = \sigma \boldsymbol{E} \tag{2.11}$$

上述方程中的场量均为四维（x，y，z，t）的场量。但在天线辐射问题中，通常研究的都是随时间作正弦变化的交变电磁场。对于一个正弦函数，可以用复数（$e^{j\omega t}$）表示（取其实部或虚部），因而就将四维（x，y，z，t）的场问题简化为三维的场问题，复数形式的麦克斯韦方程组为

$$\nabla \times \boldsymbol{H} = \boldsymbol{J} + \mathrm{j}\omega \boldsymbol{E} \tag{2.12}$$

$$\nabla \times \boldsymbol{E} = -\mathrm{j}\omega\mu \boldsymbol{H} \tag{2.13}$$

$$\nabla \cdot \boldsymbol{H} = 0 \tag{2.14}$$

$$\nabla \cdot \boldsymbol{E} = \frac{\rho}{\varepsilon} \tag{2.15}$$

实际上不存在磁荷（$\boldsymbol{\rho}_{\mathrm{m}}$）和磁流（$\boldsymbol{J}_{\mathrm{m}}$），为了便于分析，人为地引入磁荷和磁流的概念，使麦克斯韦方程组具有完全对称的形式

$$\nabla \times \boldsymbol{H} = \boldsymbol{J} + \mathrm{j}\omega \boldsymbol{E} \tag{2.16}$$

$$\nabla \times \boldsymbol{E} = -\boldsymbol{J}_{\mathrm{m}} - \mathrm{j}\omega\mu \boldsymbol{H} \tag{2.17}$$

$$\nabla \cdot \boldsymbol{H} = \frac{\boldsymbol{\rho}_{\mathrm{m}}}{\mu} \tag{2.18}$$

$$\nabla \cdot \boldsymbol{E} = \frac{\boldsymbol{\rho}}{\varepsilon} \tag{2.19}$$

场源电荷与电流的关系满足连续性方程

$$\nabla \cdot \boldsymbol{J} + \mathrm{j}\omega\rho = 0 \tag{2.20}$$

同样，假想的磁荷与磁流的关系也满足连续性方程

$$\nabla \cdot \boldsymbol{J}_{\mathrm{m}} + \mathrm{j}\omega\rho_{\mathrm{m}} = 0 \tag{2.21}$$

天线辐射理论的研究实际上有两大类问题。一类问题是已知场源及边界条件（ρ，$\boldsymbol{J}$，$\boldsymbol{\rho}_{\mathrm{m}}$，$\boldsymbol{J}_{\mathrm{m}}$），求解天线的辐射场（$\boldsymbol{E}$，$\boldsymbol{H}$），这一类问题称为天线辐射的分析理论。另一类问题给定所要求的空间场分布，反过来计算场源分布，这类问题称为天线辐射的综合理论。一般讨论第一类问题较多。

天线辐射的分析理论，即已知场源分布求解天线的辐射场，这一问题即是在具体天线的边界条件下求解麦克斯韦方程组。对大多数的天线类型，由于天线几何结构的复杂性，要想严格地求解麦克斯韦方程，在数学上是相当复杂和困难的，有时甚至无法求解，所以通常采用近似计算方法，即把天线辐射场的求解问题分成两个独立的求解问题。第一个问题是天线内场的求解，即确定天线上电流及电荷的振幅和相位分布，或者确定有能源体积的表面上电磁场的振幅和相位分布。这一问题可以根据已知的天线结构，用长线理论或几何光学法近似求解。第二个问题是天线外场的求解，即根据已知的场源分布来确定天线的辐射场。这一问题可用麦克斯韦方程组严格求解，或用波动光学法，即惠更斯－柯西霍夫原理求解。人为地把问题分成内外问题，是一种处理问题的方法，这样处理之所以被广泛接受，其原因在于：在一般情况下，它们得到的结果与实验结果接近，接近的程度在工程上是允许的；另外，严格处理方法得到的结果往往并不比近似方法精确很多，在数学上又是繁杂且困难的，有时甚至无法求解。

天线技术中，在已知场源分布求麦克斯韦方程的解时，通常采用解交变电磁场问题时采用的经典解法——矢量位法。即不直接求场量 E 和 H，而是引进一些辅助函数，先求得这些辅助函数与场源的关系，再求 E 和 H 的解。

当场源只存在电荷和电流时，引入矢量磁位 A 和标量电位 φ，令

$$\begin{cases} B = \nabla \times A \\ E = -\nabla \varphi - j\omega A \end{cases} \tag{2.22}$$

它们满足非齐次波动方程

$$\begin{cases} \nabla^2 A + k^2 A = -\mu J \\ \nabla^2 \varphi + k^2 \varphi = -\dfrac{\rho}{\varepsilon} \end{cases} \tag{2.23}$$

当场源随时间作正弦变化时，上述波动方程的解为

$$\begin{cases} A = \dfrac{\mu}{4\pi} \displaystyle\int_V \dfrac{J}{r} e^{-jkr} dV = \dfrac{\mu}{4\pi} \int_V J\Psi dV \\ \varphi = \dfrac{1}{4\pi\varepsilon} \displaystyle\int_V \dfrac{\rho}{r} e^{-jkr} dV = \dfrac{1}{4\pi\varepsilon} \int_V \rho\Psi dV \end{cases} \tag{2.24}$$

式中，$k = \omega/v = \omega/\sqrt{\mu\varepsilon}$，$\varphi = e^{-jkr}/r$；$A$ 和 φ 满足洛伦兹条件

$$\nabla \cdot A = -j\omega\mu\varepsilon\varphi \tag{2.25}$$

因此，当场源只存在电荷和电流时，电场和磁场的计算公式为

$$\begin{cases} E = \nabla \left(\dfrac{1}{j\omega\mu\varepsilon} \nabla \cdot A \right) - j\omega A \\ H = \dfrac{1}{\mu} \nabla \times A \end{cases} \tag{2.26}$$

当场源 $\rho = 0$，$J = 0$，计算只存在 $\rho_m = 0$，$J_m = 0$ 的电磁场时，引入矢量电位 A^* 和标量磁位 φ^*，它们也满足非齐次波动方程

$$\begin{cases} \nabla^2 A^* + k^2 A^* = -\mu J_m \\ \nabla^2 \varphi + k^2 \varphi^* = -\dfrac{\rho_m}{\varepsilon} \end{cases} \tag{2.27}$$

当场源随时间作正弦变化时，上述波动方程的解为

$$\begin{cases} A^* = \dfrac{\varepsilon}{4\pi} \displaystyle\int_V J_m \Psi \mathrm{d}V \\ \varphi^* = \dfrac{\varepsilon}{4\pi\mu} \displaystyle\int_V \rho_m \Psi \mathrm{d}V \end{cases} \tag{2.28}$$

式中，A^* 和 φ^* 也满足洛伦兹条件

$$\nabla \cdot A = -\mathrm{j}\omega\mu\varepsilon\varphi^* \tag{2.29}$$

因而，只引入一个矢量电位 A^*，便可求出场源仅存在 ρ_m 和 J_m 时对应的电磁场为

$$\begin{cases} E = -\dfrac{1}{\varepsilon} \nabla \cdot A^* \\ H = \nabla \left(\dfrac{1}{\mathrm{j}\omega\mu\varepsilon} \nabla \cdot A^* \right) - \mathrm{j}\omega A^* \end{cases} \tag{2.30}$$

在普遍情况下，如果场源中既包含有电荷和电流，也含有磁荷和磁流，则总的辐射场是两者的和。

天线的辐射场表述了天线的辐射特性，反映了空间各点的电磁波功率密度（或场强）分布，一般通过随角度的方向图（方向性、增益、相位）来确定。

天线的辐射特性（方向性、增益、相位）取决于：

（1）天线辐射口径的形状和尺寸，它决定了各点的路程差；

（2）辐射口径面上场的振幅和相位分布。

|2.2　天线辐射场分析|

为便于对天线辐射场分析，一般假设发射天线置于球坐标系统的原点处，它向周围辐射电磁波，则其周围的电磁波功率密度（或场强）分布一般都是距离 r 及角坐标（θ，φ）的函数。

基于天线辐射理论，得到天线辐射场的方法一般可归纳为三步。

（1）求 **A**。首先选取与天线的几何形状相适应的坐标系，一般采用式（2.29）求 **A**，得

$$A = \frac{\mu}{4\pi} \iiint_V \frac{Je^{-jkr}}{r} Je^{-jkr} dv \tag{2.31}$$

（2）求 **E**。一般采用式（2.30），仅取 r^{-1} 项。

$$E = -j\omega\mu A \tag{2.32}$$

并仅保留相对于传播方向 **r** 的横向分量，在形式上表示为

$$E = -j\omega\mu A - (-j\omega\mu A \cdot r) \cdot r \tag{2.33}$$

（3）求 **H**。一般采用平面波关系

$$H = \frac{1}{n} r \times E \tag{2.34}$$

天线辐射分析的焦点是 **A** 的计算，即

$$A = \iiint_V \frac{Je^{-jkr}}{4\pi r} Je^{-jkr} dv \tag{2.35}$$

天线辐射场分析如图 2.1 所示，其中 R 是源点到场点的距离。

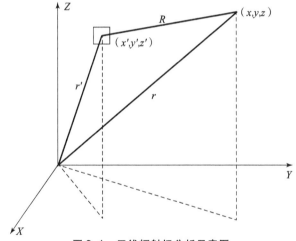

图 2.1　天线辐射场分析示意图

场点（观察点）为 (x, y, z)，源点（辐射源）为 (x', y', z')，r 是场点到坐标原点距离，r' 是源点到坐标原点距离，源点到场点的距离 R 可表示为

$$R = \sqrt{(x-x')^2 + (y-y')^2 + (z-z')^2} \tag{2.36}$$

$$R = |r - r'| = \sqrt{r^2 - 2rr'\cos\alpha + r'^2} \tag{2.37}$$

式中，α 为 r' 与 r 的夹角。

由于被积函数的复杂性，式（2.35）的积分一般无法实现。为了得出 R

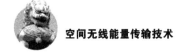

的近似表达式，采用二项式定理将式（2.37）展开，得

$$R = r - r'(r \cdot r') + \frac{r'^2}{2r}[1 - (r \cdot r')^2] + \frac{r'^3}{2r^2}(r \cdot r') \times [1 - (r \cdot r')^2] + \cdots$$

$$= r - r'\cos\alpha + \frac{1}{r}\left(\frac{r'^2}{2}\sin^2\alpha\right) + \frac{1}{r^2}\left(\frac{r'^3}{2}\cos\alpha \sin^2\alpha\right) + \cdots \tag{2.38}$$

若 r' 小于 r，随着幂次 r' 的增加，级数中的项减小。R 的这个表达式用于辐射积分式（2.35）不同阶的近似。基于离开天线的距离 R 的不同，天线的辐射场不同，得到的辐射场表达式也不相同。根据天线辐射理论，从辐射电磁场、远近距离，通常把天线周围的空间细分为多个区域进行特性分析。

一般将天线周围空间分为三个区域：感应近场区、辐射近场区、辐射远场区，如图 2.2 所示。尽管已经建立了各种判别标准，并经常用来确定场区域，但划分这些场区域的界限并不是唯一的。划分这些区域是为了便于区分每个区域场的结构，虽然越过各场区域边界时，场结构没有急剧的突变，但它们之间却存在着明显的差别。随着观察点从天线的近场向远场变化，天线的幅度方向图也会由于场在大小和相位上的变化而发生形状的变化。

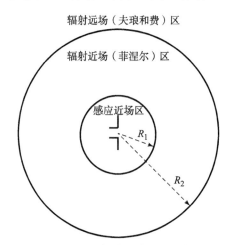

图 2.2　天线辐射场的分区示意图

图 2.3 给出了最大尺寸为 D 的面天线周围场形状的经典递进。显然，在电抗性近场区域，没有形成特定的辐射方向图，电场分布近乎一致，只有轻微的波动。随着观察点从近场区域移动向远场区域，场方向图也变得越来越光滑且形成了一定的波瓣，主瓣和副瓣逐渐形成，零点电平和副瓣电平逐渐降低，在辐射近场区不同位置处的方向图是不同的；随距离进一步增加进入远场区，场的角向分布逐渐与距离无关，形成了明显的方向图，方向图主瓣、副瓣和零值点已经全部形成，通常包括几个旁瓣和一个或者多个主瓣。这种不同的场分布

结构也使得基于各个场区的应用有着很大的不同。

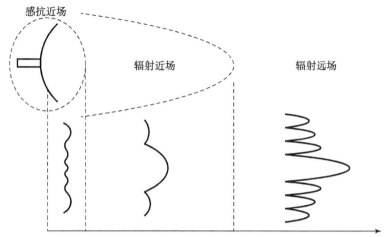

图 2.3　天线辐射场分区分布示意图

在通信和雷达等领域，天线一般应用于离开天线较近的近场和离开天线较远的远场，关注的是收/发天线的波束峰值增益。但是在天线某些应用中，如高效能量传输以及天线测量和校正，采用的是天线辐射近场中靠近远场的区域，关注的是一定波束宽度内各点的场强，而非只是峰值点及附近场强。

目前，天线辐射较近的近场和离开天线较远的远场应用较多，理论相对较为成熟。但是对于天线辐射近场内靠近远场这一区域（有的文献中称为中场），则应用较少，理论研究相对较少，需要进一步研究。为此，为了分析问题方便，将天线周围空间细分为 4 个区域：①感应近场区；②辐射近场区（亦称为瑞利场区）；③辐射中场区（亦称为菲涅尔区）；④辐射远场区（亦称为夫琅和费区），如图 2.4 所示。

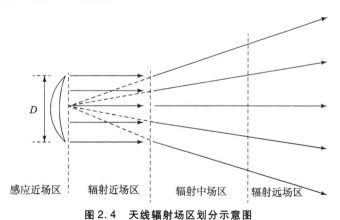

图 2.4　天线辐射场区划分示意图

在紧邻天线的空间里，除了辐射场外，还有一个非辐射场，该场与距离的高次幂成反比，随着离开天线距离的增加迅速减小。在这一区域，由于电抗场占优势，所以把此区域称为电抗近场区，它的分布范围大约为离天线口径一个波长以内的区域。越过电抗近场区就到了辐射场区，按照离开天线距离的远近可把辐射场区分为辐射近场区和辐射远场区。在辐射近场区，场的角向分布与距离有关，天线各单元对观察点的辐射场相对相位和幅度是离开天线的距离的函数。在辐射远场区，场的角向分布与距离无关。从严格意义上讲，只有离开天线无穷远处才是天线的远场区。但在某个距离上场的角向分布与无穷远时的角向分布误差在允许的范围以内，将该点至无穷远的区域称为天线的远场区。目前公认的辐射近远场的分界距离为 $R = 2D^2/\lambda$，其中 D 为天线直径，λ 为辐射信号的波长。在这个距离上，孔径中心与孔径边缘到观察点的行程差为 $\lambda/16$，相应相位差为 $22.5°$。如果在这个距离上对孔径天线的辐射特性进行测量，其结果与在无穷远距离上测得的结果相差甚微，在工程上是完全可以接受的。

为进一步对天线不同位置的辐射特性细化，将传统的辐射近场分为近场和中场两个细分区域。辐射中场目前没有严格和统一的定义，一些学者在书籍和论文中提出了各自定义。辐射中场与远场分界点 $2D^2/\lambda$ 保持不变，只是辐射近场与辐射中场的分界点略有不同，如 10λ、$\sqrt{D/2\lambda} \cdot (D/2)$、$D^2/2\lambda$ 等。辐射中场区域天线辐射方向图已经形成，只是增益、旁瓣电平、零深等有一定区别。在辐射中场区域，天线的幅度和相位与辐射远场区既有相似之处也有不同之处，在此区域由于场强密度大，因此适合微波能量传输等应用。

2.2.1 感应近场区

感应近场区是指很靠近天线的区域，在这个场区电磁波的感应场分量远大于辐射场分量，而占优势的感应场中电场和磁场的时间相位相差为 $90°$，坡印亭矢量为纯虚数，因此不向外辐射功率，电场能量和磁场能量相互交替地储存于天线附近的空间内，不向外辐射。

感应近场区是"感应场占支配地位，紧靠着天线周围的区域"，对大多数天线（如电大尺寸孔径和阵列天线）而言，此区域的外边界离天线表面的距离一般取 $R < 0.62 \sqrt{D^3/\lambda}$，$\lambda$ 为波长，D 为天线最大尺寸。在此区域，能量振荡，无能量传输，无功功率占主导。

具体对不同孔径尺寸天线而言，电小天线其感应场区的外边界是 $\lambda/2\pi$，λ 为工作波长。无限大孔径天线不存在感应场区；有限大孔径天线，在其中心区域感应场区仍可忽略，只是在孔径边缘附近存在感应场，感应场随离开天线距离的增加而极快衰减，超过感应场区后，就是辐射场占优势的辐射近场区。

2.2.2　辐射近场区

辐射近场区为感应近场区与远场区之间的区域，这个区域内辐射场起主要作用，而且场的角向分量与距离有关。按照类似的光学术语，有时将在无限远处聚焦的天线的辐射近场区称为菲涅尔区。如果天线的最大尺寸远小于波长，可以没有这种场区。此区域内边界的距离 $R \geqslant 0.62 \sqrt{D^3/\lambda}$，外边界的距离 $R < 2D^2/\lambda$，D 为天线最大尺寸。这个标准是基于最大相位误差 $\pi/8$。一般来说，此区域的方向图是径向距离的函数，而且可能有相当大的径向场分量。

在微波无线能量传输中，一般天线物理口径尺寸较大，目标虽然距离天线较远，但从电尺寸来看目标并非为天线真正远场区。一般情况下，微波能量传输的天线辐射场为近场区域，如果进一步具体细分，常常采用近场中的中场区域。

若观察点的距离小于 $2D^2/\lambda$，为保证波程差小于 $\lambda/16$，必须保留式（2.39）级数的第三项：

$$R = r - r'(r \cdot r') + \frac{r'^2}{2r}[1 - (r \cdot r')^2] + \frac{r'^3}{2r^2}(r \cdot r') \times [1 - (r \cdot r')^2] + \cdots$$

$$= r - r'\cos\alpha + \frac{1}{r}\left(\frac{r'^2}{2}\sin^2\alpha\right) + \frac{1}{r^2}\left(\frac{r'^3}{2}\cos\alpha\sin^2\alpha\right) + \cdots \quad (2.39)$$

$$R = r - r \cdot r' = r - r'\cos\alpha \quad (2.40)$$

$$R \approx r - r'(r \cdot r') + \frac{r'^2}{2r}[1 - (r \cdot r')^2] \quad (2.41)$$

$$R = r - r'\cos\alpha + \frac{r'^2}{2r}\sin^2\alpha \quad (2.42)$$

舍去的最大项是式（2.39）中的第四项，将第四项对 α 求导，并令其等于零，可求出第四项的最大值所对应的 α 角。

$$\frac{\partial}{\partial\alpha}\left[\frac{1}{r^2} \cdot \left(\frac{r'^3}{2}\cos\alpha\sin^2\alpha\right)\right] = \frac{r'^3}{2r^2}\sin\alpha(-\sin^2\alpha + \cos^2\alpha) = 0 \quad (2.43)$$

若取 $\alpha = 0$，第四项等于零为最小值，因而取

$$(-\sin^2\alpha + \cos^2\alpha)_{\alpha - \alpha_m} = 0 \quad (2.44)$$

$$\alpha_m = \arctan(\pm\sqrt{2}) \quad (2.45)$$

将式（2.44）和 $r' = D/2$ 代入第四项，得到

$$\frac{(D/2)^2}{r^2}\cos\alpha_m\sin^2\alpha_m = \frac{D^3}{16r^2}\left(\frac{1}{\sqrt{3}}\right)\left(\frac{2}{3}\right) = \frac{D^3}{24\sqrt{3}r^2} = \frac{\lambda}{16} \quad (2.46)$$

由此可得

$$r = 0.62 \sqrt{\frac{D^3}{\lambda}} \qquad (2.47)$$

$0.62 \sqrt{D^3/\lambda} \le r < 2D^2/\lambda$ 为辐射近场区，在此区域辐射功率密度大于无功功率密度，场方向图是径向距离 r 的函数，并且可能有相当大的径向场分量。

在某些应用情况下，天线处于近场与远场之间相对靠近远场的区域，即常说的中场区。在天线测试和校正等应用时，对较大口径天线常采用辐射中场来完成。中场区兼有远场和近场的共同优点，通过合适的距离或测试暗室，能够完成信号传输或电测试，具有较高的测试精度和较小的场地空间。

在微波无线传输领域，为了降低天线口径，提高收/发天线之间能量传输效率，一般不是采用天线辐射远场区来完成，而是采用天线的辐射中场区域来完成。天线辐射中场区域（亦称为菲涅尔区）没有严格的定义，有的将天线 $\sqrt{D/2\lambda} \cdot (D/2) \sim 2D^2/\lambda$ 之间的区域定义为中场区域，也有的将 $D^2/2\lambda \sim 2D^2/\lambda$ 之间的区域定义为中场区域，还有的将 $10\lambda \sim 2D^2/\lambda$ 之间的区域定义为中场区域。一般认为中场区域天线的辐射方向图形状已经形成，只是方向图电平和相位与远场方向图有一定的差别。当收/发天线采用中场区域时，在同样的天线口径情况下，相对于远场收/发天线具有更高的能量传输效率。

1. 中场理论分析

在大型口径天线测量、天线标校和微波能量传输等应用中，为兼顾测试精度和测试场地大小、提高能量传输效率，常采用 $0.62 \sqrt{D^3/\lambda} \le r < 2D^2/\lambda$ 区域中离天线远场较近的这一区域，也称为辐射中场区，下面对中场区特性进行详细分析。

辐射中场和远场区别在于：中场条件下入射到目标表面的是球面波，而远场可视为平面波。当观察点在辐射中场区时，天线各辐射元对观察点而言为各向异性，各辐射元的幅度方向图和相位方向图在观察点参与叠加的角度不一样；同时，不同辐射单元到观察点的空程差引起的幅度差和相位差也不相同，这些因素将对观察点的场强有较大影响。而当观察点位于辐射远场区时，天线各辐射元方向图基本在同一角度叠加，幅度差可以忽略不计。

天线坐标如图 2.5 所示，$f(x,y)$ 为天线口径场分布，r 为口径上给定点到场点之间的距离，R 为坐标原点到场点之间的距离，$k = 2\pi/\lambda$ 为自由空间常数，等效口径面 s_0 可以看作很多个面元组成的平面阵，口径辐射场可以写成

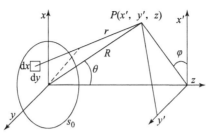

图2.5　口径面与场点几何关系

$$E^r = f_0 \iint_{s_0} f(x,y) \frac{e^{-jkr}}{r} dx dy \tag{2.48}$$

式中，f_0 为面元的单元方向函数。电大尺寸口径的方向图主要由阵因子决定，天线的阵因子为

$$AF' = \iint_{s_0} f(x,y) \frac{e^{-jkr}}{r} dx dy \tag{2.49}$$

在远场看 $r \parallel R$，分母上 $r = R$，相位项为

$$r = R - \rho \cdot R = R - (x\sin\theta\cos\varphi + y\sin\theta\sin\varphi) \tag{2.50}$$

对于中场区，分母上还可以认为 $r = R_{\mathrm{fre}}$（原点到场点的距离 $R = R_{\mathrm{fre}}$），但相位项里不能采用远场近似。将式（2.48）相位项里的 r 展开，近似为线性项和平方项之和，即

$$r \approx R_{\mathrm{fre}} - \left[1 - \rho\sin\theta\cos(\varphi - \phi)/R_{\mathrm{fre}} + \rho^2/2R_{\mathrm{fre}}^2 - \rho^2\sin^2\theta\cos^2(\varphi - \phi)/2R_{\mathrm{fre}}^2 \right] \tag{2.51}$$

令 $u = \sin\theta\cos\varphi$，$v = \sin\theta\sin\varphi$，$x = \rho\cos\varphi$，$y = \rho\sin\varphi$，大口径天线主瓣宽度小，可忽略 $\rho^2\sin^2\theta\cos^2(\varphi - \phi)/2R_{\mathrm{fre}}^2$ 项，得到小角度近似如下：

$$r \approx R_{\mathrm{fre}} - (ux + vy) + (x^2 + y^2)/2R_{\mathrm{fre}} \tag{2.52}$$

由此，远场和中场方向图表达式（分别省略了分母项 e^{-jkR} 和 $e^{-jkR_{\mathrm{fre}}}$ 项）为

$$F^{\mathrm{FAR}}(u,v) = \iint_{s_0} f(x,y) e^{jk(ux+vy)} dx dy \tag{2.53}$$

$$F^{\mathrm{FRE}}(u,v) = \iint_{s_0} f(x,y) e^{jk(ux+vy)} e^{-j\frac{k}{2R_{\mathrm{fre}}}(x^2+y^2)} dx dy \tag{2.54}$$

2. 基于中场线阵方向图分析

对于无限远场，N 个等幅等距排列的相同天线辐射元构成的线阵，如图 2.6 所示。在方向为 θ_0 的角度上形成的扫描方向图，可写成

$$F(\theta) = \sum_{i=0}^{N-1} F_e(\theta_0) e^{j\left[\frac{2\pi}{\lambda} i d\sin\theta_0 + \phi_s(\theta_0) - \frac{2\pi}{\lambda} i d\sin\theta \right]} \tag{2.55}$$

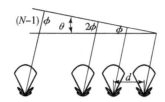

图2.6　线阵远场扫描方向图原理

式中，$F_e(\theta)$ 为天线单元幅度方向图；$\phi_e(\theta)$ 为天线单元相位方向图；d 为天线单元间距。

中场扫描方向图如图2.7所示（观察点相对阵中辐射元来说是远场，相对整个阵面来说是辐射中场区域），中场观察点方向图可表示为

$$F(\theta) = \sum_{i=0}^{N-1} F_e(\theta_i) e^{j\left[\frac{2\pi}{\lambda}r_i + \phi_e(\theta_i) - \frac{2\pi}{\lambda}id\sin\theta\right]} \tag{2.56}$$

式中，r 为天线单元到观测点的距离。

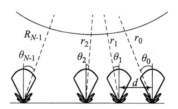

图2.7　线阵中场扫描方向图原理

比较式（2.55）和式（2.56），可以看出中场和远场辐射方向图的区别在于：对于中场而言，由于观测点不是处于无限远处，阵列中各个天线辐射元不是各向同性辐射器，因此每个天线辐射元幅度方向图和相位方向图在观测点的叠加角度都不一样，并且存在空程差和相位差。当观测点和相控阵天线阵距离足够远，天线单元方向图基本在同一角度叠加，空程差的误差可以忽略不计的情况下，二者的结果可以近似相等。

3. 阵列中场辐射特性仿真验证

为了说明在辐射中场区方向图随径向（观察点）距离变化的情况，给出64单元（8×8）在不同距离观察点处的辐射特性。阵列辐射单元数目为64个，单元间距约 $\lambda/2$，各辐射元幅度激励系数为等幅分布，各辐射元激励系数按照等相位分布，即按照阵列天线远场波位（0，0）进行设置，观察点位于阵列天线口径中心的正前方。阵列天线设置状态不变，比较离阵列中心正前方、不同距离观察点，天线的辐射特性随观察点距离的变化情况。表2.1汇总了中场区域内不同距离观察点时，天线的增益、第一旁瓣电平、第一零深、

3 dB波束宽度、10 dB波束宽度对应的阵列天线特性。

表2.1　典型位置辐射特性列表

距离	增益	第一旁瓣 电平/位置	第一零深/位置	3 dB 波束 宽度	10 dB 波束 宽度
$0.25D^2/\lambda$	62.8 dB	−6.5 dB/14.5°	−6.5 dB/13.4°	13.2°	42.8°
$0.5D^2/\lambda$	62.6 dB	−11.0 dB/17°	−12.7 dB/12.6°	11.2°	20°
D^2/λ	58.1 dB	−12.6 dB/17.7°	−18.7 dB/12.3°	10.8°	18.4°
$2D^2/\lambda$	52.5 dB	−13.0 dB/17.7°	−24.4 dB/12.3°	10.6°	18.2°

从图2.8可看出，中场区域天线方向图已经基本形成，但是增益（观察点处）、波束宽度、旁瓣电平、零点存在一定差异。在中场 $D^2/\lambda \sim 2D^2/\lambda$ 区域，场强变化主要由空程差决定，场强下降较快；在中场 $0.25D^2/\lambda \sim D^2/\lambda$ 区域，场强变化受空程差影响较小，场强下降较慢。

2.2.3　辐射远场区

远场区是角向分布，实质上是与距离无关的区域，如果天线最大尺寸为 D，一般取距离大于 $2D^2/\lambda$ 的区域为远场区，λ 为波长。按照类似的光学术语，有时将在无限远处聚焦的天线的远场区称为夫琅和费区。在此区域内，场分量实质上是横向分量，而且场的角向分布与径向距离无关，场区域的内边界的径向距离为 $R = 2D^2/\lambda$，外边界为无限远。

在无线通信、雷达、导航、数据传输、侦察、制导、探测等应用领域，目标一般距离天线较远，即处于天线的辐射远场。一般情况下，人们最关心的天线辐射场，即为远场。

在远场区，由于 r 比天线尺寸大得多，$r \gg r' \gg r'\cos\alpha$，在式（2.35）的分母中（仅影响幅度）令

$$R \approx r \qquad (2.57)$$

在相位项 $-kR$ 中，R 必须更精确。积分式（2.35）是源点中所有点的贡献之和。虽然各源点产生波的幅度基本相同，但空程差将产生相位差，因而在式（2.35）的分子中包含级数式（2.38）的前两项，即

$$R = r - \boldsymbol{r} \cdot \boldsymbol{r}' = r - r'\cos\alpha \qquad (2.58)$$

式（2.57）和式（2.58）称为远场近似。远场近似具有简单的几何解释，若由源上各点画平行射线，如图2.9所示。平行射线假设仅当观察点在无限远时是严格的，但当观察点在远场区时平行射线的假设是个很好的近似。辐射的计算通常由假设平行射线开始，而后用几何的方法确定相位项中的 R。

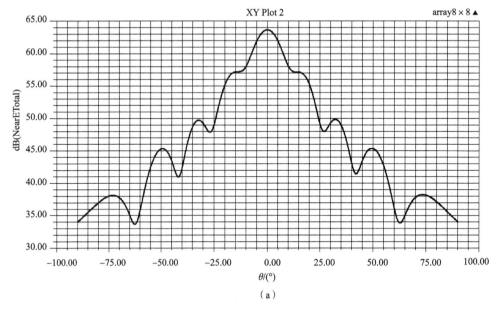

（a）

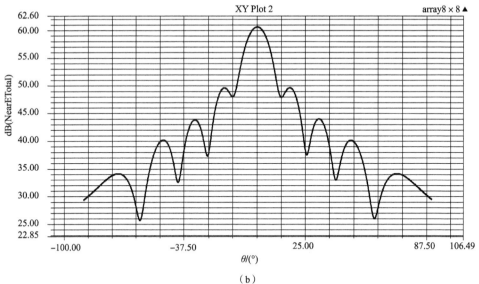

（b）

图 2.8 天线不同区域辐射方向图

（a）$0.25D^2/\lambda$；（b）$0.5D^2/\lambda$

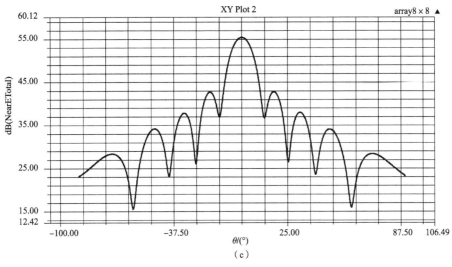

（c）

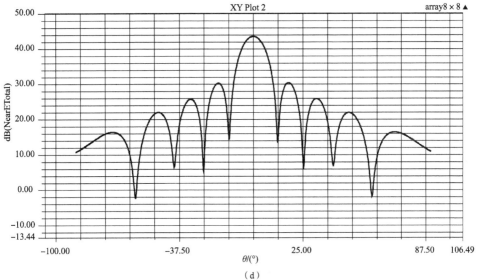

（d）

图 2.8　天线不同区域辐射方向图（续）

（c）D^2/λ；（d）$2D^2/\lambda$

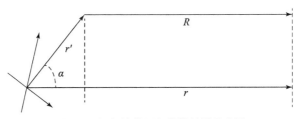

图 2.9　远场计算平行射线近似示意图

远场区起始的距离 r_{ff} 为平行射线假设成立的距离，确切地说，r_{ff} 是由于忽略级数的第三项引起的空程偏差（$\lambda/16$），对应的相位差是（$2\pi/\lambda$）×（$\lambda/16$）=（$\pi/8$）rad = 22.5°的 r 值。

若 D 为天线的最大尺寸，可令式（2.35）第三项取最大值，也就是 $r' = D/2$，$\alpha \approx 90°$，对应 1/16 波长。

$$\frac{(D/2)^2}{2r_{ff}} = \frac{\lambda}{16} \tag{2.59}$$

得出

$$r_{ff} = \frac{2D^2}{\lambda} \tag{2.60}$$

远场条件总结如下：

$$r > \frac{2D^2}{\lambda} \tag{2.61}$$

$$r \gg D \tag{2.62}$$

$$r \gg \lambda \tag{2.63}$$

$r \gg D$ 条件为保证幅度近似式，$r \gg \lambda$ 条件保证远场仅取 r^{-1} 项。一般对于工作在微波频段的天线，$r > 2D^2/\lambda$ 是远场的充分条件。在低频，天线物理尺寸可能小于 1 个波长，为满足式（2.62）和式（2.63）的远场距离可能大于 $2D^2/\lambda$。

$r > 2D^2/\lambda$ 为天线的辐射远场区。在此区域，电场和磁场相互垂直并垂直于传播方向。电场和磁场满足平面波关系。在天线辐射公式中，辐射场的角向分布与距离无关。

2.3 能量传输收/发天线系统

传统概念上的雷达和微波通信天线大多数的工作区域都是在天线辐射远场区，天线辐射可以视为平面波照射，在该区域微波能量的传输效率通常较低。为满足军事应用领域、定点通信以及能量传输等特殊需要，就要求实现电磁波束能量在自由空间高功率、高效率定向传输。利用天线对电磁波传输的定向束缚作用，使电磁波能像光一样聚焦到接收装置或指定位置，也就是使发射的电磁波具有特定的口面相位和幅度分布，从而达到电磁波聚焦的目的。

微波能量传输系统中包括发射天线和接收天线，收/发天线组成一个高效的无线能量传输系统，主要完成能量的定向空间传输以及能量定向有效收集，一般要求收/发天线传输效率达到 90% 甚至更高。

2.3.1　典型收/发天线系统

美国、法国、日本等国均开展了微波能量传输演示验证，为提高能量传输效率，发射天线采用了高斯聚焦分布设计，接收天线根据口径面能量分布不均匀的特点，采用了基于子阵的接收整流设计，以提高接收天线的整流效率。

1. 法国留尼旺岛能量传输系统

法国科学家在法属留尼旺岛建立了小型地面微波能量传输系统，如图 2.10 所示。

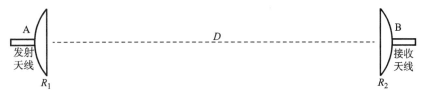

图 2.10　留尼旺岛地面收/发天线布局示意图

图中山顶 A 处安装发射天线，峡谷谷底 B 处安装接收天线。B 处所在处是火山谷地，附近有一个旅游度假村，因为自然环境条件不便，很难架设输电线路，因此采用了微波无线能量传输系统。山顶 A 处的发射天线定向辐射微波能量给谷底 B 处的接收天线，输出端负载是一个 10 kW 发电机。

该系统的具体参数如表 2.2 所列。

表 2.2　法属留尼旺岛地面 WPT 系统参数列表

收发天线距离 D/m	700
发射天线输出功率 P/kW	10
发射天线口径 R_1/m	2.4
接收天线口径 R_2/m	17
工作波长/cm	12
发射天线口径分布	离散高斯分布

发射端天线口径电场为优化的高斯分布，中心处功率密度为 1.7 kW/m²，天线边缘处功率密度比天线中心衰减 9.5 dB。根据计算结果可知，接收天线口径面中心功率密度为 3 mW/cm²，边缘处功率密度衰减 9.5 dB，发射端功率 13.3 kW，接收端功率 11.8 kW。端对端能量传输效率为 88.7%。通过对发射

天线电场均匀等幅分布的情况进行计算，结果证实高斯分布优于等幅分布，第一旁瓣功率密度比中心处低23.4 dB。分析了用二阶高斯分布代替10阶高斯分布的可行性，两种分布的主瓣和第一旁瓣几乎重合，对应的接收天线半径以外均具有较低的旁瓣电平，二阶高斯分布可以保证较高的能量传输效率，仅比10阶高斯分布条件下的能量传输效率低1.7%。采用二阶高斯分布可以大大简化系统结构，因此留尼旺岛微波无线能量传输系统最终采用了该分布。

2. 空间太阳能能量传输系统

空间太阳能电站，也称为太空发电站，是一种在空间将太阳光能量转化为电力，再通过无线能量传输的方式将能量传输到地面的超大型发电系统。这一概念由美国的 Peter Glaser 博士于 1968 年首先提出。国际上在空间太阳能电站领域开展的研究工作已经持续了40多年，目前多个国家和组织已提出了几十种概念方案。无线能量传输包括发射系统、接收系统、空间传输，为提高能量传输效率及安全性，必须对频率、发射天线、接收天线、波束特性、功率密度、微波设备重量功率比等参数进行研究。

（1）轨道：GEO、MEO和超同步轨道，其中GEO轨道是最为广泛关注的，但在此轨道上风险大、技术难度大、成本高。

（2）频率：2.45 GHz 和 5.8 GHz，日本 JAXA 是 5.8 GHz，美国 NASA 是 2.45 GHz，欧洲航天局（European Space Agency，ESA）是 2.45 GHz。微波电力传输采用未经调制的单色波，微波能量传输（Microwave Power Transmission，MPT）带宽非常窄。

（3）功率：空间太阳能电站应该达到吉瓦级的能量传输才有意义，日本 JAXA 输出功率（波束功率）为 1.3 GW，美国 NASA 输出功率（波束功率）为 6.72 GW。

根据对传输功率、传输距离、传输效率等的分析，考虑工程实现情况，典型空间太阳能电站配置如表2.3和表2.4所列。

表2.3　典型空间太阳能能量分配列表

名称	典型值	范围	说明
太阳能－直流功率	13%	—	—
直流功率－射频功率	78%	—	—
射频接收	87%	86% ~96.5%	收/发天线系统
射频功率－直流功率	80%	70% ~90%	—
合计	7%	—	—

表 2.4　典型空间太阳能能量传输系统列表

模型	Old JAXA	JAXA1	JAXA2	NASA/DOE
频率/GHz	5.8	5.8	5.8	2.45
发射大线直径/km	2.6	1	1.93	1
输出功率/GW	1.3	1.3	1.3	6.72
幅度渐变	10 dB Gaussian			
最大功率密度/（mW·cm^{-2}）	63	420	114	220
最小功率密度/（mW·cm^{-2}）	6.3	42	11.4	2.2
接收天线直径/km	2.6	3.4	2.45	10
轨道选择	GEO	GEO	GEO	GEO

从上述情况可以看出：

（1）收/发天线收集效率为 90% 左右；

（2）天线口径均为千米级别，发射天线口径小于或等于接收天线；

（3）接收天线处于发射天线的远场临界点附近，或辐射近场区中接近远场位置；

（4）发射天线口径分布均采用 10 dB 高斯（Gaussian）分布。

传统概念上的雷达和微波通信天线大多数的工作区域都是在天线辐射远场区，在该区域微波能量的传输效率通常都很低。为满足大型口径天线测试、天线标校、定向能武器以及能量传输等应用需要，要求实现电磁波束能量在自由空间高功率、高效率定向传输。满足这一目的除了采用高微波辐射功率以外，还需要利用大口径天线对电磁波传输的定向束缚作用。

2.3.2　收/发天线系统能量传输分析

大多数雷达和微波通信天线的作用距离都是位于天线辐射的远场区，基于收/发天线点对点功率分析，一般采用成熟的 Friis 传输方程进行分析。而对于大型口径天线测试、天线标校、微波高能武器、微波能量传输等应用于非远场，基于收/发天线区域对区域能量分析，需要采用新的微波空间无线传输理论进行分析。图 2.11 给出用于功率和通信的收/发天线波束示意图，对于微波通信，接收天线接收发射主波束（如 3 dB 以内波束）的功率；对于微波能量传输，接收天线接收发射主波束（如 10 dB 以内波束）的功率。因此，从收/发天线传输能量而言，分析的对象和内容有一定的区别，需要对其进行研究。

1. Friis 传输方程

Friis 传输方程一般用于雷达和通信系统，适用于收/发天线各自处于对方远场区情况。对于天线远场区，收/发天线系统自由空间传输的效率很低，通常为 $10^{-10} \sim 10^{-12}$ 量级。

收/发天线互为各自远场，最大辐射方向对准，极化理想匹配，阻抗共轭匹配，分析收/发天线间的能量传输。R 为收发天线间的距离，若发射天线是各向同性的，入射到接收天线处的功率密度为

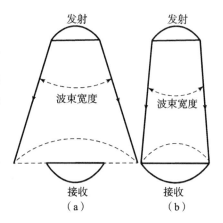

图 2.11　通信和能量传输收/发波束关系示意图

（a）通信；（b）能量传输

$$S_0 = \frac{P_t}{4\pi R^2} \tag{2.64}$$

式中，P_t 为发射天线的辐射功率。实际上发射天线是有方向性的，方向性系数为 D_t，因而入射到接收天线处的功率密度为

$$S = \frac{P_t}{4\pi R^2} D_t \tag{2.65}$$

接收天线的最大有效口径为 A_{emr}，接收天线输送给负载的最大功率为

$$P_r = \frac{P_t}{4\pi R^2} D_t A_{emr} \tag{2.66}$$

对于任意天线而言

$$D = \frac{4\pi}{\lambda^2} A_{emr} \tag{2.67}$$

发射天线最大有效口径为 A_{emt}，发射功率为 P_t。接收天线的方向性系数为 D_r，则接收天线输送给负载的最大功率为

$$P_r = P_t \frac{D_r D_t \lambda^2}{(4\pi R)^2} \tag{2.68}$$

或

$$P_r = P_t \frac{A_{emr} A_{emt}}{R^2 \lambda^2} \tag{2.69}$$

式（2.68）或式（2.69）称为 Friis 传输方程。由 Friis 传输方程得到收/发天线功率比为

$$\frac{P_r}{P_t} = \frac{A_{emr}A_{emt}}{R^2\lambda^2} \qquad (2.70)$$

根据式（2.70），在远场情况下，接收天线接收功率与发射天线发射功率之比为

$$\frac{P_r}{P_t} = \frac{\pi^2 d_发^2 d_收^2}{4^2 R^2 \lambda^2} \qquad (2.71)$$

$$\frac{P_r}{P_t} = \frac{\pi^2 d_发^2 d_收^2}{4^2 R^2 \lambda^2} \qquad (2.72)$$

$$\frac{P_r}{P_t} = \frac{\pi^2 (d_发/\lambda)^2 (d_收/\lambda)^2}{4^2 (R/\lambda)^2} \qquad (2.73)$$

当收/发天线距离满足远场边界条件 $R = 2(d_发 + d_收)^2/\lambda$ 时，天线效率小于 10%。如收/发天线取相同口径，直径均为 100λ，收/发天线间距取近场和远场分界点约 80 000λ。按照此间距设置收/发天线，则收/发天线间的功率传输效率为

$$
\begin{aligned}
\frac{P_r}{P_t} &= \frac{\pi^2 (d_发/\lambda)^2 (d_收/\lambda)^2}{4^2 (R/\lambda)^2} \\
&= \frac{\pi^2 (100\lambda/\lambda)^2 (100\lambda/\lambda)^2}{4^2 (80\,000\lambda/\lambda)^2} \\
&= 0.963\ 8\%
\end{aligned}
\qquad (2.74)
$$

可以看出，根据 Friis 传输方程，当收/发天线处于辐射远场和近场的分界点时，收/发天线系统的能量传输效率小于 1%，远远不能够满足能量传输效率约 90% 的要求，如果增加传输距离，能量传输效率将更低。因此，为提高收/发天线间能量传输效率，需减少收/发天线间的距离。此时，收/发天线间距离将不满足收/发天线远场区条件，天线上各个辐射点到达能量接收点的路径不等，天线辐射的电磁波不能够视为平行波。

对于微波能量传输，收/发天线一般不满足远场条件。由于电磁波传播特性不满足远场 Friis 传输方程要求，需要采用新的方法完成非远场能量传输分析，为微波能量传输系统设计提供依据。

2. 微波能量传输方程

微波能量传输技术不同于传统点对点通信，要求具有非常高的传输效率，一般要求 90% 以上的发射功率在接收天线被收集和处理。因此，收/发天线传输在很大程度上不同于目前常用的点对点通信和雷达系统。理论上，接收天线只要足够大，发射天线的能量能够接近 100% 地被接收天线接收。但是实际工

程应用中，在收/发天线距离一定的情况下，尽量减少收/发天线的口径，从而降低天线制造难度和工程造价。

基于微波能量传输系统实际应用，收/发天线系统不是处于远场区域，一般处于菲涅尔区。William C. Brown 在 *High Power Efficient Free Space Microwave Power Transmission Systems* 一文中给出了自由空间功率微波传输公式和效率关系曲线。

$$\tau = \frac{\sqrt{A_t A_r}}{\lambda R} \tag{2.75}$$

$$\tau^2 = \frac{A_t A_r}{(\lambda R)^2} \tag{2.76}$$

$$\eta = \frac{P_r}{P_t} = 1 - e^{-\tau^2} \tag{2.77}$$

式中，A_t 为发射天线孔径；A_r 为接收天线孔径；λ 为波长；R 为发射和接收天线之间距离。传输效率与参数 τ 的关系如图 2.12 所示。

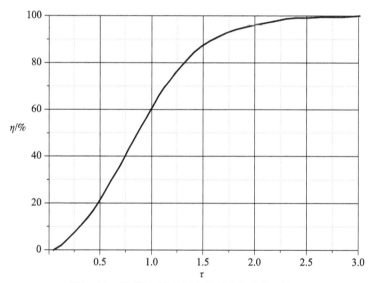

图 2.12 收/发天线能量传输效率与参数 τ 关系

从图 2.12 可以看出，收/发天线能量传输效率不是由收/发天线口径积、收/发天线间距离、工作频率等单个因素决定，而是由其共同相联系的参数 τ 决定。

目前，微波能量传输系统收/发天线系统效率要求要达到 90% 甚至更高，τ 一般取值为 1.5 ~ 2.5。

$$A_t A_r = [(1.5 \sim 2.5)\lambda R]^2 \tag{2.78}$$

$$R = \frac{\sqrt{A_t A_r}}{(1.5 \sim 2.5)\lambda} \tag{2.79}$$

而收/发天线辐射远场和近场距离的临界点为

$$R = \frac{2(d+D)^2}{\lambda} \tag{2.80}$$

$$R \geqslant \frac{2A_t A_r}{\lambda} \tag{2.81}$$

可以看出，为实现收/发天线系统高的能量传输效率，收/发天线间距离不满足远场距离要求，接收天线一般处于发射天线的菲涅尔区。

自由空间微波能量传输系统不同于自由空间点对点雷达和通信的微波应用，能量传输目的是实现一定区域（波束宽度）范围内能量的有效收集、转换，获得高的接收能量，从而实现高效率的能量传输。

3. 天线主波束能量分析

天线辐射能量分布于波束的主瓣、旁瓣和后瓣，一般而言主波束束缚了天线的大部分能量。为了提高主波束辐射能量，应尽量压低天线旁瓣，即采用低旁瓣天线实现高效率能量传输。

用于能量传输的天线口径一般较大，主要采用大口径反射面天线、大口径阵列天线或者阵列馈电反射面天线来实现。天线利用窄波束的高定向性和低旁瓣来提高微波波束能量传输效率，由于天线主波束一般集中了90%以上的能量，为了减小接收天线口径，一般是利用天线的主波束来实现能量传输。

主波束效率是天线的重要特性，在辐射计、微波高能武器、微波能量传输中得到了重要应用，其标准定义为

$$\eta_{be} = \int_{main} P_t d\Omega \Big/ \int_{4\pi} P_t d\Omega \tag{2.82}$$

或

$$\eta_{be} = \frac{1}{4\pi} \int_{main} G d\Omega \tag{2.83}$$

式中，G 为天线功率方向图。

式（2.82）和式（2.83）给出了主波束效率的经典计算公式，Yahya 及其学生给出了笔形波束天线的主波束宽度简单近似公式：

$$\Omega_{main} = 2.5 \times \Omega_{3dB} \tag{2.84}$$

式中，Ω_{3dB} 为主波束 3 dB 波束宽度。

对于反射面天线，其天线的 3 dB 波束宽度为

$$\Omega_{3dB} = (65 \sim 70)\lambda/D \tag{2.85}$$

对于阵列天线，其天线的 3 dB 波束宽度为

$$\Omega_{3\text{dB}} = 0.886\lambda/D \tag{2.86}$$

反射面天线主波束效率的近似公式为

$$\eta_{\text{be}} = \eta_{\text{截获}} \times \eta_{\text{偏差}} \times \eta_{\text{口径}} \times \eta_{\text{遮挡}} \tag{2.87}$$

式中，η_{be} 为反射面的主波束效率。则反射面的截获效率为

$$\eta_{\text{截获}} = 1 - \cos\theta_0^{2q+1} \tag{2.88}$$

因反射面形面误差增益下降对应的效率为

$$\eta_{\text{截获}} = e^{-(4\pi k\sigma/\lambda)^2} \tag{2.89}$$

反射面天线主波束效率可以达到 90% 以上，一般为 95% 左右甚至更高。对于大口径反射面天线或阵列天线，主波束集中了 95% 左右甚至更高的能量。但是对于微波能量传输系统而言，如果设计的接收天线接收发射主波束全部能量，则接收天线口径较大。为了在满足较高的收/发能量传输效率情况下，减少接收天线口径，可以采用 10 dB 波束宽度来考虑能量传输收/发天线的设计；同时，为提高能量传输效率，对天线采用低副瓣设计。

对于大口径天线，增益下降 ΔG 时对应波束宽度为

$$G(\theta) = G - 12 \times (\Delta\theta/\theta_{3\text{dB}})^2 \tag{2.90}$$

式中，$\Delta\theta$ 为偏离峰值的角度；$\theta_{3\text{dB}}$ 为 3 dB 波束宽度。

根据式（2.90），可以计算所有的特定增益的波束宽度。比如 10 dB 波束宽度，令

$$12 \times (\Delta\theta/\theta_{3\text{dB}})^2 = 10 \tag{2.91}$$

可以解出 $\Delta\theta = 0.912\,870\,929\,175\,276\,9 \times \theta_{-3\text{dB}}$。因为只计算了半边的角度，实际的 10 dB 波束宽度，应该在 $\Delta\theta$ 的基础上乘以 2，即 $1.825\,741\,858\,350\,554 \times \theta_{3\text{dB}}$。

例如，取发射天线口径的直径为 100λ，按照天线辐射近场和远场的分界点 $2D^2/\lambda$ 计算，则远场距离大于 $20\,000\lambda$。采用发射主波束覆盖接收天线口径，发射天线主波束宽度为

$$\Omega_{\text{主波束}} = 2.5 \times \Omega_{3\text{dB}} \tag{2.92}$$

$$\Omega_{\text{主波束}} = 2.5 \times 70 \times \left(\frac{\lambda}{D}\right) \tag{2.93}$$

$$\Omega_{\text{主波束}} = 2.5 \times 70 \times \left(\frac{\lambda}{100\lambda}\right) = 1.75° \tag{2.94}$$

天线主波束宽度较宽，对应远场距离过大。如果按照常规雷达和通信收/发天线设计方法，当接收天线处于发射天线远场，同时接收发射天线主波束全部能量，则接收天线口径约为 $24\,445\lambda$，天线口径过大，不易工程化，需要针对微波能量传输优化设计方法。

对于阵列天线可以采用上述类似方法分析波束传输效率，图 2.13 给出了 30 单元线阵远场辐射方向图，阵列单元间距为 0.5λ，各辐射元激励相位按照远场（0，0）波位同相设置，幅度分别设置为两种情况，一种是各辐射激励幅度相等，而另一种是各辐射元激励幅度不等，采用低旁瓣加权。

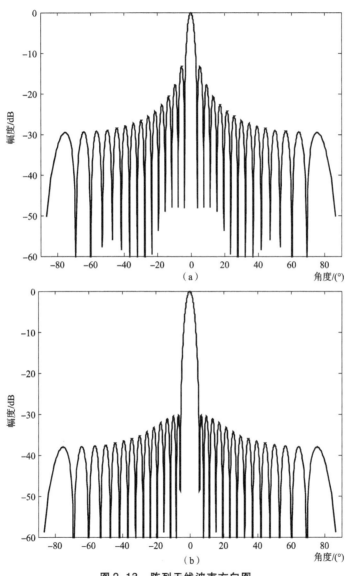

图 2.13 阵列天线波束方向图

（a）均匀激励；（b）加权激励

表 2.5 给出了均匀激励和加权激励情况下，阵列天线 3 dB、10 dB 和主波束（第一零深）对应的波束宽度、传输效率。根据阵列天线波束宽度和波束效率仿真结果，10 dB 波束宽度对应的波束效率约为 90%。对天线采用低旁瓣设计，10 dB 波束宽度对应效率提高到 97.8%。

表 2.5　阵列天线波束特性

序号	名称	主波束	10 dB 波束	3 dB 波束
1	均匀激励波束宽度	3.807 6×2	2.910 8×2	1.790 8×2
2	均匀激励波束效率	90.32%	89.34%	76.01%
3	加权激励波束宽度	5.716 7×2	3.807 6×2	2.238 7×2
4	加权激励波束效率	99.55%	97.82%	81.15%

无论是反射面天线还是阵列天线，接收天线覆盖发射天线主波束 10 dB 波束宽度，就能够很好地满足能量传输效率的要求。相对覆盖发射天线主波束而言，接收天线的口径能够大大减小，有利于降低复杂性、重量和成本。

上述分析是基于远场方向图进行，针对远场应用，发射天线远场区域的接收天线口径必须足够大，才能实现 10 dB 波束边缘接收。为减小接收天线口径，可通过减小收/发天线之间距离，即在发射天线的近场区域进行接收。在辐射近场区域，阵列天线中各辐射单元方向图不同，需要对阵列天线各辐射单元的幅度和相位进行聚焦设计。通过近场相位聚焦得到近场聚焦方向图，通过阵列天线幅度加权，压低天线副瓣，进一步提高能量传输效率。

2.4　能量传输天线辐射聚焦分析

微波能量传输收/发天线系统不同于一般通信和雷达天线，要以适当尺寸的口径天线实现 90% 甚至更高的能量传输效率，接收天线一般处于发射天线的菲涅尔区。因此，收/发天线之间传输的并非真正意义的平面波，发射天线各点到接收装置或指定位置的幅度和相位存在一定差异，需要进行幅度和相位补偿，使电磁波像光一样聚焦到接收位置，也就是使发射电磁波具有特定的口面相位和幅度分布，从而达到电磁波聚焦的目的。虽然采用一定的口面分布可以实现聚焦，但是聚焦效果与天线口径、口面幅相分布、收/发天线距离密切相关。

　　天线实现聚焦的工作区域通常选在菲涅尔区（有时也称为中场），而非真正意义的远场区。通过特定的天线口径场分布，实现在某点聚焦，称为聚焦天线。聚焦天线辐射场强与离开口径的距离成反比，与工作频率成正比。当聚焦点离辐射口径越近，或工作频率越高时，聚焦口径面在焦点处获得的定向能量越显著。在相同辐射能量前提下，不同口径天线聚焦相同距离时，口径越大，聚焦场强越强。因此，在距离一定的情况下，获得高强度、长距离的能量聚焦只有通过增大发射天线口径或缩短工作波长来实现。

　　其实天线都可视为聚焦天线，不同的是根据系统应用需求，应用于不同系统的天线聚焦的焦点远近（针对电长度而言）不同。通信、雷达、数传、侦察、导航等系统天线与目标距离远，天线聚焦于远处的目标点，可近似视为平行波；实际上只有聚焦于无穷远处的焦点，才为真正意义上的平行波；高能武器、能量传输等系统目的是将高能量高效率地会聚于目标，天线与目标距离一般较近，即焦点离口面较近，此时收/发天线分析不能按照平行波来进行，而必须按照球面波来进行分析。

　　聚焦天线一般口径较大，主要包括三类，即反射面天线、透镜天线和相控阵天线。三者虽然工作原理不同，但最终目的都是对天线发射的球面电磁波进行幅度和相位修正，以实现在接收区域聚焦的功能。三种类型天线相比而言，相控阵天线的优点是没有泄漏损失、无口径遮挡且波束可控、通过空间功率合成易于形成大功率、放大器功率相对较小易于实现、可靠性高，还可以同时对多个移动目标进行能量传输；缺点是存在馈电网络损耗、频带较窄、结构复杂以及成本过高。反射面天线的优点是结构简单、重量轻；缺点是馈源阵列对电磁波存在遮挡、宽角扫描特性较差以及加工精度要求高、大馈电功率难以形成、可靠性较差、扫描速度慢、无法实现波束捷变。透镜天线的优点是对光路没有遮挡、宽角扫描特性较好、旁瓣和后瓣较低等；缺点是大功率相对困难、存在表面失配和介质损耗、当频率较低时透镜重量和体积过大，以及结构比反射面复杂，相比相控阵天线可靠性差。

　　反射面天线、透镜天线、阵列天线聚焦示意如图 2.14 所示，口径场聚焦于相对于口面距离为 R 的焦点 F_2 处。根据目标离天线口面距离 R 的不同，天线聚焦特性不同。

1. 焦点（F_2）位于辐射场远场区的聚焦天线

　　当会聚点离天线口径面距离大于 $2D^2/\lambda$ 时，对聚焦点而言，天线辐射球面电磁波可近似视为平行波，聚焦点到中心处与边缘处的相差小于 $\pi/8$，可视为平行波。实际上只有当焦点处于无穷远时，才是真正的平行波，实现同相聚焦。

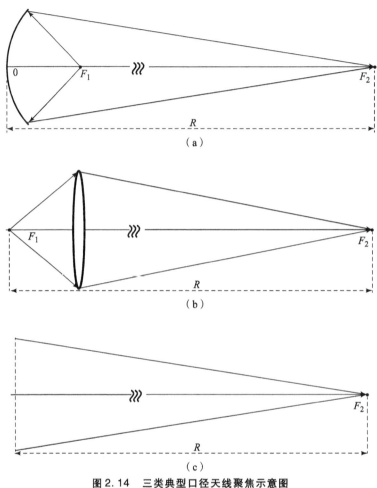

图2.14 三类典型口径天线聚焦示意图

（a）反射面天线；（b）透镜天线；（c）阵列天线

2. 焦点（F_2）位于辐射场菲涅尔区的聚焦天线

当会聚点离天线口径面距离小于$2D^2/\lambda$时，对聚焦点而言，天线辐射电磁波为球面波，不能视为平行波。随焦点到天线口径面距离减少，焦点到天线口径面中心处和边缘处的空程差逐渐增加，引起的幅度和相位差异也逐渐增大。

对于大口径天线，无论是用于通信雷达还是能量传输，目标离天线口径面距离有限，天线辐射的电磁波均是球面波，并非理想的平行波。对用于通信和雷达的天线，由于目标离天线口径面较远，可视为远场，辐射电磁波可近似视为平行波；对用于能量传输的天线，一般处于辐射场的菲涅尔区，辐射电磁波为球面波而非平行波，不能够应用通信雷达中电磁波成熟的远场设计方法。

为将成熟的天线远场理论和设计方法应用到能量传输天线中，可将大口径天线视为多个小天线组成的大口径阵列天线，此时每个小天线均为远场。为分析问题方便，以大口径离散阵列天线的线阵为例进行说明，反射面和透镜可采用相同方法处理。大口径阵列天线的离散等效单元线阵位于 X 轴，焦点为 F，也是目标所在点 P，如图 2.15 所示。

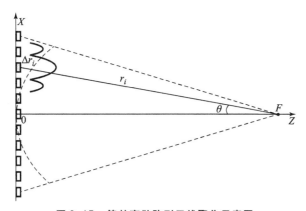

图 2.15　等效离散阵列天线聚焦示意图

根据阵列天线干涉和叠加理论，观察点 P 处的总场强可以认为是阵列中 N 个辐射元在观察点的场强之和，故得

$$E(\theta) = \sum_{i=0}^{N-1} E_i = \sum_{i=0}^{N-1} K_i I_i f_i(\theta, \varphi) \cdot \frac{\mathrm{e}^{-j\frac{2\pi}{\lambda} r_i}}{r_i} \qquad (2.95)$$

若各单元比例常数 K_i 一致，则观察点总场强为

$$E(\theta) = K \sum_{i=0}^{N-1} a_i I_i f_i(\theta, \varphi) \cdot \frac{\mathrm{e}^{-j\frac{2\pi}{\lambda} r_i}}{r_i} \qquad (2.96)$$

式中，I_i 为第 i 个天线辐射单元的激励电流，可表示为

$$I_i = a_i \mathrm{e}^{-ji\Delta\varphi_{ib}} \qquad (2.97)$$

式中，a_i 为各个辐射单元的幅度加权系数；$\Delta\varphi_{ib}$ 为等间距线阵中，各辐射单元相对中心单元之间的馈电相位差。

每个等效辐射单元到观察点 P 点矢量 $\boldsymbol{r}_i$ 不同，其路径（幅度）为

$$r_i = \sqrt{x^2 + z^2} \qquad (2.98)$$

天线口径越大、焦点 F 距离天线越近，不同等效辐射单元到观察点空间路径差异越大，空间路径差异将引起辐射单元电磁场幅度和相位差异。调整各个等效离散辐射单元幅相，补偿不同辐射单元对观察点空程差引起的幅度和相位

差异，实现所有辐射单元在观察点聚焦（干涉叠加）。从图 2.15 可以看出，口径面上的相位分布应使各个等效辐射单元到观察点等相，各个阵元幅度锥消，实现能量会聚，形成聚焦天线。对于各个等效辐射单元的具体幅度和相位补偿，需根据天线口径和观察点距离来具体确定。

2.4.1　天线聚焦特性分析

微波能量传输天线一般采用辐射场菲涅尔区域，对收/发天线采用聚焦设计，辐射的为非平行波，不能直接应用 Friis 传输方程分析收/发天线间能量传输效率。

1. 聚焦天线分析

口径天线可视为离散多个辐射元组成的阵列天线，利用小辐射元的远场特性，结合阵列天线的干涉和叠加原理，进行大口径天线的聚焦分析。反射面和透镜天线也可离散等效为阵列天线，可参照该方法。

图 2.16 描述了广义离散等效阵列天线辐射元分布情况，图中所示的辐射元均是小的辐射面。每一辐射元方向图是一个矢量方向图，该方向图在相应辐射元附近与角度和离开辐射元的径向距离有关。但是，对于离辐射元非常远的观察点，其辐射是球面波 $[\exp(-jkR)]/R$ 乘以辐射元方向图的角度矢量函数。虽然这个矢量函数 $f_i(\theta, \varphi)$ 依赖于对应的辐射元，但第 i 个辐射元的远场可以写为

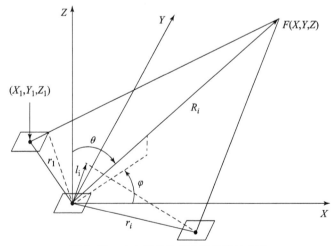

图 2.16　广义离散等效阵列天线示意图

$$E_i(\boldsymbol{r},\theta,\varphi) = f_i(\theta,\varphi)\exp(-jkR_i)/R_i \qquad (2.99)$$

式中，$k = 2\pi/\lambda$ 为在频率 f 时自由空间波函数。

如果在距离等效离散辐射元阵列非常远的地方测量方向图，那么上述指数可以用从以任意点为中心的坐标系测量的距离 R 作为参考来近似。

$$R_i \approx R - \hat{\boldsymbol{r}} \cdot \boldsymbol{r}_i \qquad (2.100)$$

$$\frac{\exp(-jkR_i)}{R_i} = \frac{\exp(-jkR)}{R}\exp(jkr_i \cdot \hat{\boldsymbol{r}}) \qquad (2.101)$$

式中，$\boldsymbol{r}_i$ 为第 i 个单元相对于所选坐标系中心的位置矢量；$\hat{\boldsymbol{r}}$ 为空间任一点 (R, θ, φ)。对任意一个阵列，通常用叠加原理写出方向图。

$$E(\boldsymbol{r}) = \frac{\exp(-jkR)}{R}\sum_i a_i f_i(\theta,\varphi)\exp(jkr_i \cdot \hat{\boldsymbol{r}}) \qquad (2.102)$$

如果阵中所有辐射元的方向图对于观察点是相同的，上式变为

$$E = f(\theta,\varphi)\frac{\exp(-jkR)}{R}\sum a_i\exp(jk\,\boldsymbol{r}_i \cdot \hat{\boldsymbol{r}}) \qquad (2.103)$$

当观察点离目标较远时，因子 $[\exp(-jkR)]/R$ 可省略。因为通常情况下方向图是在一个半径为常数的球上描述或测量的，而该因子只是一个归一化常数。于是，可以认为方向图是一个矢量单元方向图 $f(\theta,\varphi)$ 和一个标量阵列因子 $F(\theta,\varphi)$ 的乘积，其中阵因子为

$$F(\theta,\varphi) = \sum a_i\exp(jk\,\boldsymbol{r}_i \cdot \hat{\boldsymbol{r}}) \qquad (2.104)$$

式（2.104）就是通信雷达中常常应用的远场阵列公式，但对于应用于微波能量传输的大型口径天线，观察点离阵列口径较近，一般为非远场区域。虽然观察点位于各个等效离散辐射元的远场区，但是式（2.99）中的指数不能以任意点为中心的坐标系测量的距离 R 作为参考来近似，各辐射元到观察点 F 之间的空程差不同，观察点到各辐射元角度也不同，如图 2.17 所示。

从图 2.17 可以看出，当观察点位于远场时两个辐射单元接收信号角度均为 θ_1（方向图相同）、空程差为 d_1，空程差引起的功率差异影响可忽略；当观察点位于近场时，对观察点而言各辐射单元方向图不同，各辐射元信号传输的相位差和幅度衰减也不同。两个辐射单元接收信号角度分别为 θ_1 和 θ_2（方向图不同），两辐射单元到观察点的空程差不能够忽略，空程差为 d_2。第 i 个辐射元在远场区观察点产生的场强为

$$E_i = K_i I_i f_i(\theta,\varphi) \cdot \frac{e^{-j\frac{2\pi}{\lambda}r_i}}{r_i} \qquad (2.105)$$

式中，K_i 为第 i 个辐射元辐射场强的比例系数；r_i 为第 i 个辐射元至观察点的距离；$f_i(\theta,\varphi)$ 为第 i 个辐射元方向图；I_i 为第 i 个辐射元激励电流，可表示为

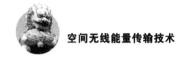

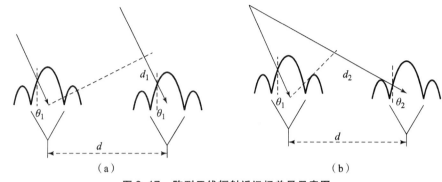

图 2.17　阵列天线辐射近远场差异示意图

（a）远场；（b）近场

$$I_i = a_i \mathrm{e}^{-\mathrm{j}\Delta\varphi_i} \tag{2.106}$$

式中，a_i 为第 i 个辐射元的幅度加权系数；$\Delta\varphi_i$ 为第 i 个辐射元的馈电相位（阵内相移值）。

根据阵列天线干涉和叠加理论，各个辐射元在观察点处场强叠加，故得

$$E = \sum_{i=0}^{N-1} E_i = \sum_{i=0}^{N-1} K_i I_i f_i(\theta, \varphi) \cdot \frac{\mathrm{e}^{-\mathrm{j}\frac{2\pi}{\lambda}r_i}}{r_i} \tag{2.107}$$

若各辐射元比例常数 K_i 一致，则总场强为

$$E = K \sum_{i=0}^{N-1} I_i f_i(\theta, \varphi) \cdot \frac{\mathrm{e}^{-\mathrm{j}\frac{2\pi}{\lambda}r_i}}{r_i} \tag{2.108}$$

第 i 个辐射元馈电相位 $\Delta\varphi_i$ 用于补偿不同辐射元到观察点不同路径引起的传输相位差异，实现不同位置辐射元在观察点场强同相叠加。

$$E = K \sum_{i=0}^{N-1} a_i f_i(\theta, \varphi) \mathrm{e}^{-\mathrm{j}\Delta\varphi_i} \cdot \frac{\mathrm{e}^{-\mathrm{j}\frac{2\pi}{\lambda}r_i}}{r_i} \tag{2.109}$$

设观察点 P 坐标为 (x, y, z)，第 i 个辐射元坐标为 (x_i, y_i, z_i)，则第 i 个辐射元到观察点的距离 R_i 为

$$R_i = \left[(x - x_i)^2 + (y - y_i)^2 + (z - z_i)^2 \right]^{1/2} \tag{2.110}$$

各辐射元到观察点的路径 R_i 引起的空间相移和空间衰减分别为

$$\frac{2\pi}{\lambda} \sqrt{(x - x_i)^2 + (y - y_i)^2 + (z - z_i)^2} \tag{2.111}$$

$$4\pi \{ (x - x_i)^2 + (y - y_i)^2 + (z - z_i)^2 \} \tag{2.112}$$

由上述公式可以看出，观察点距天线口径越近、天线口径越大，不同辐射元到观察点路径 R_i 差异（空程差）越大，引起的空间相移和空间衰减差异也就越大；各辐射元接收角度差异越大，等效于各辐射元对观察点而言方向图差异越大。因此，为实现各辐射元在观察点叠加场强最大，需要根据焦距和孔径

尺寸优化各辐射元激励系数。根据空程差和各辐射元叠加指向角差异，调整各辐射元或辐射源的激励系数，实现各辐射元或辐射源信号在焦点同相；根据各辐射元到观察点空程差和各辐射元叠加指向角差异，调整各辐射元激励电平，实现各辐射元在观察区域以外的旁瓣电平最小，从而达到聚焦的目的。

对于近场聚焦天线，随天线口径大小、焦距、焦斑等的不同，发射天线不同位置单元到焦点距离不同，对应空程差引起的幅度衰减和相位延迟也不同。对应焦点处能量叠加的发射单元方向图不同，单元提供的幅度和相位不同。以位于同一平面的 N 元线阵为例进行说明，如图 2.18 所示。

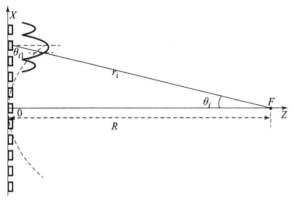

图 2.18　聚焦天线分析示意图

阵列中各辐射元位于坐标系 X 轴，各辐射单元相同，以坐标原点为中心对称均匀分布。不考虑互耦等影响，认为阵中各辐射元对远场而言方向图相同。阵列天线中心到焦点 F 的距离（焦斑）为 R，辐射元 i 到焦点的距离为 r_i、与 Z 轴夹角为 θ_i，辐射元 i 到焦点距离 $r_i = R/\cos\theta$，随角度增加，不同辐射元的空程差 $r_i - R = R/\cos\theta - R$ 越大，引起的幅度衰减和相位延迟也越大。阵列中各辐射单元在焦点 F 处叠加，不同辐射单元参与叠加对应的角度不同，中心辐射单元对应方向图 0°处，第 i 个辐射元对应角度为 θ_{i1}，而非角度 0°；随角度增加参与叠加对应的角度也越大，对阵列聚焦性能的影响也越大。

近场聚焦天线的设计，不仅要分析不同辐射单元相对于焦点空程差引起的幅度衰减和相位延迟的影响，更为重要的是还要考虑天线中不同辐射单元由于聚焦角度带来的单元方向图的差异，当然也需要考虑类似远场阵列分析中的互耦和阵列环境等影响。因此，近场聚焦阵列天线相对通信雷达中应用的阵列天线分析难度更大、考虑的影响因子更多，一般很难用阵列因子进行分析和综合，需要考虑辐射单元不同角度幅度和相位差异带来的影响。

2. 收/发能量传输天线理论分析

对于用于能量传输的天线，天线方向图具有很强的定向性，保证发射天线辐射的电磁波向接收天线处会聚，实现收/发天线之间的高效能量传输。设有两个理想口径天线 A 和 B，其天线口径半径分别为 R_A 和 R_B，分别位于 $z=0$ 和 $z=d$ 的平面，如图 2.19 所示。

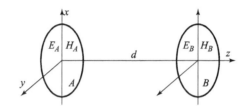

图 2.19　收/发天线系统示意图

若 A 为发射天线，B 为接收天线，则传输效率可表示为

$$\eta = \frac{R_e\left\{\iint_B E_B(x,y,d) \times H_B^*(x,y,d)] \cdot z \mathrm{d}x\mathrm{d}y\right\}}{R_e\left\{\iint_A [E_B(x,y,0) \times H_B^*(x,y,0)] \cdot z \mathrm{d}x\mathrm{d}y\right\}} \quad (2.113)$$

式中，"$*$"表示共轭值；z 为 z 方向的单位矢量；E_A、H_A 和 E_B、H_B 分别为口径 A 和口径 B 上的切向电场和切向磁场。由于 E_A 唯一地决定 $z>0$ 空间的场分布，H_A、E_B、H_B 均可以用 E_A 来表示。

$$E_B(x,y,d) = \frac{jk \exp(-jkd)}{\pi} \frac{1}{d} \iint_A E_A(\xi,\eta,0) \times$$

$$\exp\left\{-\frac{jk}{2d}[(x-\xi)^2 + (y-\eta)^2]\right\}\mathrm{d}\xi\mathrm{d}\eta \quad (2.114)$$

$$H(x,y,z) = \sqrt{\varepsilon/\mu[z \times E(x,y,z)]} \quad (2.115)$$

式中，$k=2\pi/\lambda$，λ 为工作波长。

如何选择 E_A 的形式，使两天线之间的传输效率最大，这在数学上归结为最优化问题，即求解最佳口径场分布。假设 E_A 振幅和相位为一慢变函数，对式（2.114）取变分得到口径场 E_A，其振幅一般为椭球函数分布，相位为聚焦在接收天线的凹球面分布。

口径场分布难以用简单的解析函数表达，传输效率 η 也是如此。若令

$$\tau = \frac{\pi R_A R_B}{\lambda d} \quad (2.116)$$

则 η 的近似形式可表示为

$$\eta(\tau) = \frac{16\tau^3}{1 - e^{-2\tau}} \int_1^0 \left[\int_0^1 e^{-\tau t^2} J_0(2\tau t t') \, t \, dt \right]^2 t' \, dt' \qquad (2.117)$$

图 2.20 给出了式（2.117）对矩形口径（虚线）和圆口径（实线）天线传输效率的数值积分结果，从效率曲线可以看出，收/发天线电磁波传输效率是由 $(A_t A_r)^{0.5}/(\lambda d)$ 决定，收/发天线间距离 d 增大引起的效率降低，可通过增大发射天线口径 A_t 和接收天线口径 A_r 来得到补偿。

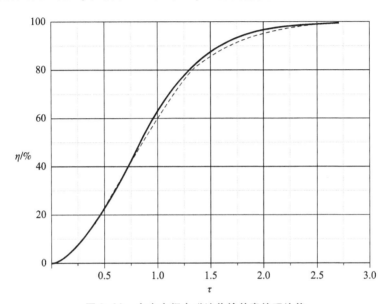

图 2.20　自由空间电磁波传输效率的理论值

对天线口径场的研究表明，当 τ 增大时，发射天线口径场分布变得越来越窄，这表明能量向天线口径中心集中，从客观上就尽量抑制了副瓣的能量。当天线的口径半径 R_A、R_B 和工作波长 λ 不变时，τ 随着传输距离 d 的增加而减小。

由于椭球函数口径场分布难以实现，最佳传输效率的口径场分布可以用高斯分布作为很好的近似，这也是习惯上将最佳口径场分布称作高斯分布而不叫椭球函数分布的原因。

基于上述分析，为了达到最高的传输效率，天线口径场的振幅分布为逼近高斯分布，相位为聚焦在接收天线的凹球面分布，天线工作在聚焦状态。该凹球面的曲率半径是工作传输距离，也是聚焦天线的焦距。

3. 矩形口径聚焦分析

矩形口径天线位于 $X-Y$ 平面内，如图 2.21 所示。a 和 b 分别为天线 X 和

Y 方向大小，Z 轴正交于口径面，坐标原点取在口径中心。口径上的振幅处处相等，相位为球形波阵面，该天线聚焦在沿 Z 轴方向 F 处，如图 2.22 所示，口径上等相面是一个以 M 点为圆心，以 F 为半径的球面的一部分，这样球面上各部分的波才会沿半径方向同相到达 M 点。因此，口径上各点必须要有相对于中心 O 点为 s 的相移长度。

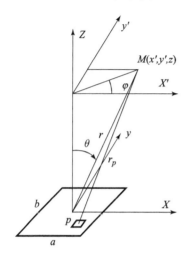
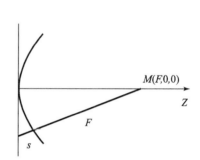

图 2.21　矩形口径场示意图　　　　图 2.22　凹球面波传播示意图

根据几何关系 $(F + s)^2 = F^2 + \rho^2$，利用二项式展开，$s = \rho^2/(2F)$。于是口径面上的场分布为

$$f(x, y) = E(x, y) \exp(-jk\rho^2/2F) \tag{2.118}$$

式中，$\rho^2 = x^2 + y^2$。根据绕射理论，空间点 M 的场为

$$E_M = \frac{1}{4\pi} \iint_s f(x, y) \frac{1}{r_p} e^{-jkr_p} \left[\left(jk + \frac{1}{r_p} \right) \mathbf{z} \cdot \mathbf{r}_p + jkz \cdot \mathbf{s} \right] dx dy \tag{2.119}$$

式中，$\mathbf{z}$ 和 $\mathbf{r}_p$ 分别为 Z 轴和 r_p 方向的单位矢量；$\mathbf{s}$ 为口径波阵面法线单位矢量。

在聚焦区，对式（2.119）进行如下近似：

（1）括号中的项 $1/r_p$ 与 $k = (2\pi)/\lambda$ 相比较时，可以忽略；

（2）$\mathbf{z} \cdot \mathbf{r}_p \times \mathbf{z} \cdot \mathbf{r} = \cos\theta$；

（3）括号外面的 $1/r_p$ 近似等于 $1/r$；

（4）$\exp(-jkr_p)$ 项中的变量 r_p 可以近似表示为

$$r_p \approx z + \frac{(x' - x)^2 + (y' - y)^2}{2z} \tag{2.120}$$

得到

$$E_M = \frac{j}{2\pi} \frac{e^{-jkz}}{r} \int_s f(x,y) \cdot \exp\left\{ -jk\left[\frac{(x'-x)^2 + (y'-y)^2}{2z} \right] \right\} \cdot (\cos\theta + z \cdot s \mathrm{d}x\mathrm{d}y)$$

(2.121)

式中，

$$\Psi = k\left[z - \frac{F/(F-Z)}{2z}(x'^2 + y'^2) \right]$$

(2.122)

根据三角法则展开指数项，进行积分，得

$$E_M = \frac{jE_0}{\lambda} \frac{e^{-j\Psi}}{r} \int_{-a/2}^{a/2} \left[\cos\frac{k}{2uz}(x-ux')^2 - j\sin\frac{k}{2uz}(x-ux')^2 \mathrm{d}x \right] \cdot$$
$$\int_{-b/2}^{b/2} \left[\cos\frac{k}{2uz}(y-uy')^2 - j\sin\frac{k}{2uz}(y-uyx')^2 \mathrm{d}y \right]$$

(2.123)

菲涅尔积分定义如下：

$$\begin{cases} C(u) = \int_0^u \cos\frac{\pi}{2}t^2 \mathrm{d}t \\ S(u) = \int_0^u \sin\frac{\pi}{2}t^2 \mathrm{d}t \end{cases}$$

(2.124)

积分后电场为

$$E_M = \frac{zu}{2} \frac{jE_0}{r} e^{-j\Psi} \left[C\left(\frac{a+2ux'}{\sqrt{2zu\lambda}}\right) + C\left(\frac{a-2ux'}{\sqrt{2zu\lambda}}\right) - jS\left(\frac{a+2ux'}{\sqrt{2zu\lambda}}\right) - jS\left(\frac{a-2ux'}{\sqrt{2zu\lambda}}\right) \right] \cdot$$
$$\left[C\left(\frac{b+2uy'}{\sqrt{2zu\lambda}}\right) + C\left(\frac{b-2uy'}{\sqrt{2zu\lambda}}\right) - jS\left(\frac{b+2uy'}{\sqrt{2zu\lambda}}\right) - jS\left(\frac{b-2uy'}{\sqrt{2zu\lambda}}\right) \right]$$

(2.125)

当 F 趋向于无穷远时，电场可以简化为不聚焦的情况，即

$$\begin{cases} \lim_{n\to\infty}u = \lim_{n\to\infty}\left(\frac{F}{F-z}\right) = 1 \\ \lim_{n\to\infty}\Psi = kz \end{cases}$$

(2.126)

根据上述替代，矩形口径在菲涅尔区内不聚焦的场为

$$E_M = \frac{jE_0 z}{2r} e^{-jkz} \left[C\left(\frac{a+2x'}{\sqrt{2z\lambda}}\right) + C\left(\frac{a-2x'}{\sqrt{2z\lambda}}\right) - jS\left(\frac{a+2x'}{\sqrt{2z\lambda}}\right) - jS\left(\frac{a-2x'}{\sqrt{2z\lambda}}\right) \right] \cdot$$
$$\left[C\left(\frac{b+2y'}{\sqrt{2z\lambda}}\right) + C\left(\frac{b-2y'}{\sqrt{2z\lambda}}\right) - jS\left(\frac{b+2y'}{\sqrt{2z\lambda}}\right) - jS\left(\frac{b-2y'}{\sqrt{2z\lambda}}\right) \right]$$

(2.127)

这与 Schelkunoff 给出的菲涅尔区场表达式完全一致。取 $x' = y' = 0$，由式 (2.126) 可求得轴上的场

$$E_{\text{axis}} = 2jE_0 \frac{F}{F-z} e^{-jkz} \left[C\left(a\sqrt{\frac{F-z}{2Fz\lambda}}\right) - jS\left(a\sqrt{\frac{F-z}{2Fz\lambda}}\right) \right] \cdot$$

$$\left[C\left(b\sqrt{\frac{F-z}{2Fz\lambda}} \right) - \mathrm{j}S\left(b\sqrt{\frac{F-z}{2Fz\lambda}} \right) \right] \tag{2.128}$$

可得电场强度为

$$|E_{\text{axis}}|^2 = \frac{E_0^2 A^2}{\lambda^2 z^2}\left[\frac{C^2(a\eta) + S^2(a\eta)}{(a\eta)^2} \right] \cdot \left[\frac{C^2(b\eta) + S^2(b\eta)}{(b\eta)^2} \right] \tag{2.129}$$

式中，$\eta = \sqrt{(F-z)/(2Fz\lambda)}$；天线面积 $A = ab$。

图 2.23 给出的是式（2.129）括号中的函数值，例如 q 等于 a 或者 b，如下式形式

$$M(q\eta) = \left[C^2(q\eta) + S^2(q\eta) \right] / (q\eta)^2 \tag{2.130}$$

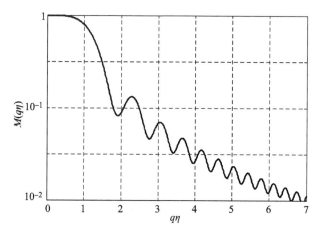

图 2.23　函数 $M(q\eta)$ 曲线图

从图 2.23 可以看出，当 η 趋近于零时，函数 $M(q\eta)$ 趋于最大值 1，由式 $\eta = \left[(F-Z)/(2Fz\lambda) \right]$ 知，此时对应于 z 趋近于焦点 F。

当 F 趋于无穷时，式（2.129）化为

$$|E|^2 = 4E_0^2 \left[C^2\left(\frac{a}{\sqrt{2\lambda z}} \right) + S^2\left(\frac{a}{\sqrt{2\lambda z}} \right) \right] \cdot \left[C^2\left(\frac{b}{\sqrt{2\lambda z}} \right) + S^2\left(\frac{b}{\sqrt{2\lambda z}} \right) \right] \tag{2.131}$$

聚焦于无穷远的矩形口径，其轴向场的最大幅度为 $2E_0$。

对于焦平面上的场，可以用下面的定理进行描述：对于聚焦口径，在靠近轴线的焦平面上，电场和远场区有着相同的性质。

在远场区或夫琅和费区，衍射场表达式经过近似，得到

$$E = \frac{\mathrm{j}}{\lambda r}\mathrm{e}^{-\mathrm{j}kr}\int_s f(x,y) \cdot \exp\left[-\mathrm{j}k\sin\theta(x\cos\varphi + y\sin\varphi) \right] \mathrm{d}x\mathrm{d}y \tag{2.132}$$

由式（2.119）可以修正为聚焦的情况，此时口径场分布 $f(x,y)$ 采用以

下形式

$$f(x,y) = E_0(x,y)\exp\left(jk\frac{x^2+y^2}{2F}\right)$$ （2.133）

式中，$E_0(x,y)$ 为口径上的幅度分布，指数项是聚焦项。

对式（2.133）指数项中的 r 进行菲涅尔区的近似

$$r = F + \frac{(x'-x)^2}{2F}\frac{(y'-y)^2}{2F}$$ （2.134）

对于焦平面，$z = F$，将上述各式整理，电场表达式为

$$E = \frac{\exp\left[-jk\left(F + \frac{x'^2+y'^2}{2F}\right)\right]}{4\pi} \cdot \int E_0 \ (x,\ y)\ \frac{e^{jk(xx'+yy')}}{r_p}$$

$$\left[\left(jk + \frac{1}{r_p}\right)z \cdot r_p + jkz \cdot s\right]dxdy$$ （2.135）

从图 2.21 和图 2.22 可以得到

$$r \approx F + \frac{x'^2+y'^2}{2F}$$ （2.136）

对于指数项外的积分，进行近似，$1/r \ll k$，分母项 $r \approx R$，电场化为

$$E = \frac{j}{2\lambda}\frac{e^{-jkr}}{r} \cdot \int_{\text{Are}} E_0(x,y) \cdot \exp\left[\frac{jk}{F}(xx'+yy')(z \cdot r_p + z \cdot s)\right]dxdy$$

（2.137）

而 $x' = r\sin\theta\cos\varphi$，$y' = r\sin\theta\sin\varphi$，在靠近轴的区域，有

$$\begin{cases} r \approx F \\ z \cdot r_p = \cos\theta \approx 1 \\ z \cdot s \approx 1 \end{cases}$$ （2.138）

将上述各式代入式（2.119），场变为

$$E = \frac{j}{\lambda r}e^{-jkr}\int_s E_0(x,y) \cdot \exp\left[-jk\sin\theta(x\cos\varphi + y\sin\varphi)\right]dxdy$$ （2.139）

根据前面对焦平面场的分析讨论，有着相同振幅的矩形口径聚焦场积分为

$$E = \frac{j}{\lambda r}e^{-jkr}\int_s E_0(x,y) \cdot \exp\left[-jk\sin\theta(x\cos\varphi + y\sin\varphi)\right]dxdy$$ （2.140）

由公式

$$E = \frac{jE_0 A}{\lambda r}\left[-jk\left(F + \frac{x'^2+y'^2}{2F}\right)\right] \cdot \left(\frac{\sin\frac{ka}{2F}x'}{\frac{ka}{2F}x'}\right)\left(\frac{\sin\frac{kb}{2F}y'}{\frac{kb}{2F}y'}\right)$$ （2.141）

得

$$E_M = \frac{zu}{2}\frac{\mathrm{j}E_0}{r}e^{-\mathrm{j}\Psi}\left[C\left(\frac{a+2ux'}{\sqrt{2zu\lambda}}\right) + C\left(\frac{a-2ux'}{\sqrt{2zu\lambda}}\right) - \mathrm{j}S\left(\frac{a+2ux'}{\sqrt{2zu\lambda}}\right) - \mathrm{j}S\left(\frac{a-2ux'}{\sqrt{2zu\lambda}}\right) \right] \cdot$$

$$\left[C\left(\frac{b+2uy'}{\sqrt{2zu\lambda}}\right) + C\left(\frac{b-2uy'}{\sqrt{2zu\lambda}}\right) - \mathrm{j}S\left(\frac{b+2uy'}{\sqrt{2zu\lambda}}\right) - \mathrm{j}S\left(\frac{b-2uy'}{\sqrt{2zu\lambda}}\right) \right] \quad (2.142)$$

基于矩形口径,进行了不同状态下天线聚焦能力分析。矩形天线口径 30 m,口径面上各点振幅相同,波长 $\lambda = 12.24$ cm(频率为 2 450 MHz)。根据远场区的界定 $2D^2/\lambda$ 可知,对于 30 m 的矩形口径,波长 $\lambda = 12.24$ cm 时,其菲涅尔区与远场区的分界为 1.47×10^4 m。针对聚焦在 1 000 m、2 000 m 和 5 000 m 时的情况进行仿真分析,给出了近轴的焦平面上的场强 E 与口径上场强 E_0 的比值,聚焦 1 000 m 时,焦点处场强约为 $7.3E_0$;聚焦 2 000 m 时,焦点处场强约为 $3.7E_0$;聚焦 5 000 m 时,焦点处场强约为 $1.5E_0$;聚焦 5 000 m 时,不聚焦辐射与聚焦辐射的差别已经不是很大。从分析可以看出,在菲涅尔区,聚焦时要比不聚焦时焦平面处有更高的场强值,两者的差值随着聚焦距离的增大而减小。轴上的最大场强并没有准确地出现在口径聚焦点处,而是出现在聚焦点附近,靠近口径面的焦点内侧,这是因为辐射场受到距离和相位的双重影响,越靠近口径,根据几何关系,轴上的空程差变化越明显,即相位变化明显;越远离口径面,距离的影响开始占优势,相位的影响开始变弱。还可以看出,在菲涅尔区,聚焦深度随着聚焦距离的变小而缩减,聚焦深度定义为轴上 3 dB 点间的距离。根据经验,当 $D/\sqrt{F} \geqslant 5$ 时,最大场强出现的点近似等于聚焦点。

对于聚焦口径,焦平面上辐射场的性质与不聚焦时辐射远场区的场性质相同,辐射场与离开口径的距离成反比。这也与前面推导的聚焦口径在菲涅尔区轴上的场公式(2.142)一致。

$$|E_{\mathrm{axis}}|^2 = \frac{E_0^2 A^2}{\lambda^2 z^2}\left[\frac{C^2(a\eta) + S^2(a\eta)}{(a\eta)^2}\right] \cdot \left[\frac{C^2(b\eta) + S^2(b\eta)}{(b\eta)^2}\right] \quad (2.143)$$

矩形均匀口径场辐射功率等于口径的辐射通量,其辐射功率 P 为

$$P = \int_{-a/2}^{a/2}\mathrm{d}x\int_{-b/2}^{b/2}\frac{E_0^2}{2\eta_0}\mathrm{d}y = \frac{1}{240\pi}E_0^2 ab \quad (2.144)$$

口径面上的 E_0($E_0 = \sqrt{(240\pi \cdot P)/(ab)}$)与口径长度成正比,与辐射功率的平方根成正比。假设 10 m 口径面上的场强为 E_0,则具有相同辐射功率 30 m 和 100 m 口径的场强分别为 $E_0/3$ 和 $E_0/10$。用于辐射远场的方向性系数在聚焦的菲涅尔区也是适用的。天线在最大辐射方向上的方向性系数是指在相同辐射功率、相同距离情况下,天线在该方向上的辐射功率密度 $S_{\max}$(或场强 $E_{\max}$ 的平方)与无方向性天线在该方向上的辐射功率密度 S_0(或 E_0^2)之比值。

有聚焦作用的口径天线在菲涅尔区的方向性系数与口径面积成正比。

4. 圆形口径聚焦

根据图 2.24 的球坐标系统，$M(R,\theta,\varphi)$ 点的标量衍射场为

$$E(R,\theta,\varphi)=\frac{1}{4\pi}\iint_s f(x,y)\frac{1}{r}\mathrm{e}^{-jkr}\Big[\Big(jk+\frac{1}{r}\Big)z\cdot r+jkz\cdot s\Big]\rho\mathrm{d}\rho\mathrm{d}\beta$$

$$(2.145)$$

设 $D=2a$ 为圆口径天线直径，若只考虑沿轴向聚焦场的幅度变化，利用菲涅尔区近似可得到的积分结果为

$$|E|=\frac{2E_0F}{F-z}\sin\Big[\frac{\pi D^2(F-z)}{8\lambda Fz}\Big]$$

$$(2.146)$$

当 $F=\infty$ 时，

$$|E|=2E_0\sin\Big(\frac{\pi D^2}{8\lambda Fz}\Big)\qquad(2.147)$$

聚焦于无穷远的圆口径天线（即通常无聚焦手段的天线），其轴向场的最大幅度为 $2E_0$。当 $z=F$ 时，式（2.146）具有极限 $\lim_{n\to\infty}\sin x/x=1$ 的形式。因此可得焦点位置幅度为

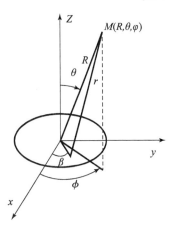

图 2.24　圆口径天线球坐标系

$$|E|=\frac{\pi D^2E_0}{4F\lambda}\qquad\qquad(2.148)$$

将圆口径天线轴向的辐射场和聚焦场分别绘于图 2.25 中，纵坐标为 E/E_0，横坐标（轴向距离）表示成 $\pi D^2/\lambda$ 的倍数。可见，对于没有聚焦的圆口径天线，在 $2D^2/\lambda$ 以内的菲涅尔区内，最大电场幅度仅为口径上的 2 倍，因此通过天线轴向单位面积的功率流是很小的。在大于 $2D^2/\lambda$ 的夫琅和费区，最大场幅度不到口径上的 0.4 倍，功率密度不足口径上的 16%。由此也说明，采用没有聚焦手段的天线来进行微波定向能量的传输其效率是非常低的。天线聚焦以后，对于远场区来说聚焦的口径天线在强度上没有得到任何的提高。在 $0.8D^2/\lambda$ 区域，焦点的场幅度已经低于口径上场强值。从式（2.146）可知，天线聚焦的实质是使在离天线口径距离小于 $0.8D^2/\lambda$ 的区域内，焦点的电场强度值随离开口径的距离（距离用 z 表示）的减小，按 $1/z$ 线性提高，而没有聚焦的天线其幅度在 $2E_0\sim 0$ 振荡变化。

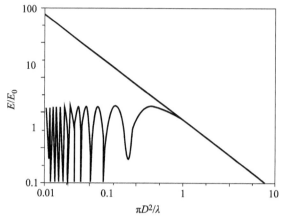

图 2.25 圆口径天线的轴向辐射场和聚焦场

参考图 2.25 的坐标，在近轴条件下还有 $R \approx z$，假设口径上的幅度为均匀振幅分布，则圆口径天线近轴聚焦辐射场的通用积分表达式为

$$E(z,\theta) = \mathrm{j}k\frac{E_0}{z}\mathrm{e}^{-\mathrm{j}kz}\int_0^a J_0(k\rho\sin\theta)\exp\Big(-\mathrm{j}k\frac{F-z}{2Fz}\rho^2\Big)\rho\mathrm{d}\rho \qquad (2.149)$$

令 $\Delta = (F-z)/F$，$x = k\rho\sin\theta$，$p = kz\sin^2\theta$、$q = ka\sin\theta$，可以得到

$$E = \frac{E_0}{\Delta}\bigg\{\Big[\sum_{n=0}^{\infty}(-1)^n\Big(\frac{\Delta q}{p}\Big)^{2n+1}J_{2n+1}(q)\Big]^2 + \Big[\sum_{n=1}^{\infty}(-1)^n\Big(\frac{\Delta q}{p}\Big)^{2n}J_{2n}(q)\Big]^2\bigg\}^{\frac{1}{2}}$$

$$\qquad (2.150)$$

式（2.150）即为圆口径天线近轴聚焦辐射场的通解，它是 Bessel 函数的无穷级数展开。当口径不聚焦（$F = \infty$），$\Delta = (F-z)/F = 1$，又当场点位于 z 轴上时，$\theta = 0$，$q = 0$，利用关系式

$$\lim_{x\to 0}J_n(x) = \frac{x^n}{2^n n!} \qquad (2.151)$$

结合三角函数关系，式（2.150）可以化简得到

$$|E| = 2E_0\sin\Big(\frac{\pi D^2}{8\lambda z}\Big) \qquad (2.152)$$

在 $z \geqslant 2D^2/\lambda$ 的夫琅和费区中，$(\pi D^2)/(8\lambda z) \leqslant \pi/16$，上式可化简为

$$|E| = \frac{\pi D^2 E_0}{4F\lambda} \qquad (2.153)$$

式（2.153）表示远场区辐射场中轴向场幅度随 $1/z$ 的变化，又与焦点位置的场公式（2.150）相同，说明聚焦是将远场区的轴向场搬到了焦点位置。

在远场区中（此时 $F = \infty$，$\Delta = 1$），$q/p \approx [a/(z\sin\theta)] \approx 1$，可以将高于 q/p 一次方的项忽略不计，为此得到远场区非轴向的结果为

$$E = E_0\left(\frac{q}{p}\right)J_1(q) = E_0 \tag{2.154}$$

$$E = E_0\left(\frac{q}{p}\right)J_1(q) = E_0\left(\frac{\pi D^2}{4\lambda z}\right)\left[\frac{2J_1(q)}{q}\right] \tag{2.155}$$

上式中第一个中括号代表了式（2.153）的轴向结果，第二个括号即是圆口径天线远场区辐射场的方向性函数。

2.4.2　自适应波束聚焦技术

根据聚焦天线分析，天线口径场分布对传输效率有较大影响，高效率传输天线口径场分布形式主要有椭球函数型、高斯型、广义椭球函数型。最佳场分布是椭球函数型，但是由于椭球函数比较复杂、难以实现，一般用高斯分布拟合出最佳分布。相位分布采用凹球面，保证各个辐射元到观察点同相。

聚焦天线是根据收/发天线位置和天线口径，优化天线口径场的幅度和相位分布，在接收目标形成焦斑。但是实际应用中收/发天线位置、天线口径、传输效率要求等不同，并且应用过程中可能发生动态变化，这些会引起聚焦天线的聚焦性能（如焦点和焦斑半径）随之发生变化。为此，天线需要采用自适应聚焦技术。

自适应聚焦方式主要包括三类，即开环自适应波束形成、闭环自适应波束形成、回复反射波束形成。

（1）开环和闭环自适应波束聚焦：目前研究和应用主要集中在天线远场区域，对于近场的研究还未见开展；主要应用于通信和雷达等系统，在微波能量传输和高能武器领域的应用尚处于空白。

（2）回复反射波束聚焦：目前在天线远场和近场均有研究和应用，主要应用于微波能量传输、高能武器，也可应用于通信和雷达等系统。

开环和闭环自适应波束形成研究较多，在工程上得到了一些验证。回复反射（Retro - reflective）波束形成虽然很早就提出来了，但是应用较少。回复反射阵列天线（Retro - directive Array，RDA）是 Van Atta 于 1959 年提出的，在此基础上，Gruenberg，Johnson 和 Skolnik，King 等人陆续提出了基于平衡和双平衡混频器回复反射天线，Brabetz 提出了双平衡谐波混频器回复反射天线。这些回复反射技术主要针对回复反射原理、频率漂移和补偿、极化变化、栅瓣、相位共轭、共轭相位实现方式、导引信号、反射和阻抗失配、信号泄漏、RF - IF 隔离、泄漏信号对消、谐波混频等方面开展了研究，有些通过产品进行了试验验证。

回复反射被广泛用于微波能量传输系统中，类似但不同于镜面反射，回复反射的路径是沿着入射波入射的反方向反射回去。所以，回复反射能够自动对入射波定位。微波信号反射示意图如图 2.26 所示。

图 2.26　微波信号反射示意图

（a）镜面反射；（b）回复反射

回复反射技术依据的是时间反转（Time Reversal）原理，即利用空间信道的互易性质形成一种空间 – 时间匹配滤波器，天线各辐射元按上述原理发射的电磁波可在空间形成回复反射波束。理论上，这些波束在目标设备所在位置上相互叠加，在其他位置上相互抵消从而形成聚焦。这种波束聚焦技术的优点包括可以定位跟踪目标，并且不受多径效应的影响。然而传统的回复反射无法完全满足无线能量传输的实际需求，主要体现在：

（1）能量传输要求回复反射天线阵列不仅要能够反射，而且要能够起到放大作用。这是由于目标设备发射的导航信号通常极其微弱，相对而言，反作用于目标设备的电磁波功率要强很多。因此在天线阵列端，导航信号的接收和功率发射两种功能必须分开处理，而这是传统的回复反射技术难以实现的。

（2）传统的回复反射技术采用连续波作为导航信号，通常需要较大的功耗，并有可能导致虚假的空间聚焦点。

回复反射可以有多种实现方法，主要包括直角反射器（Corner Reflector）、范·阿塔阵列（Van Atta Array）、庞阵列（Pon Array）、相位检测/移相 RDA、功率检测/移相 RDA、内部相位检测 RDA。目前一般采用回复反射阵列天线来实现，随着技术发展，结合时间反演空时技术，提出了基于时间反演的自适应聚焦技术。

1. 角反射器

图 2.27 为角反射器简化示意图，反射器由两块正交金属板构成，输入 RF 信号经过两次反射沿原来方向反射回去。该方法可用于雷达系统校正，但是难以将数据调制到反射波上，因此不适用于通信系统。并且由于角反射器结构原因，系统尺寸较大。

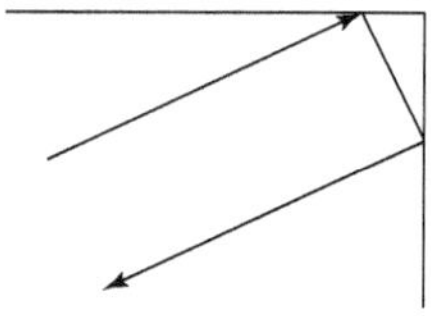

图 2.27　角反射器示意图

2. 范·阿塔阵列

范·阿塔阵列是实现回复反射的方法之一，这种天线阵列分布在同一平面内的等间距位置，并且用等长度的传输线将天线单元并联在一起。图 2.28 表示两种不同类型的范·阿塔阵列，一种是被动式实现回复反射，另一种是通过在传输线中间主动插入双向放大器来实现回复反射。因为连接每个天线单元的传输线的长度相等，所以各单元之间的相位差保持不变。

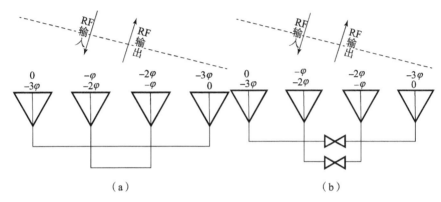

图 2.28 范·阿塔阵列原理图

（a）被动式；（b）主动式

3. 阵列天线相位共轭技术

范·阿塔阵列是通过各天线单元来实现相位反转，前提条件是所有的阵元等间距地分布在同一个平面，而实际应用中可能不满足上述条件。阵列天线相位共轭技术实现电磁波回复反射的方法是利用相位共轭补偿原理，如图 2.29 所示，阵列天线每个辐射单元接收信号与本振混频产生输入信号的共轭相位，基于共轭相位通过辐射单元辐射，使阵列天线向来波方向聚焦辐射。阵列天线相位共轭主要有两种方式，方法一是常用的相位共轭方法，本振信号为射频信号的 2 倍，即庞阵列天线；方法二的电路结构相对方法一更加复杂，并且用到两个本振信号和两个混频器。

（1）方法一的电路图如图 2.29（a）所示，本振信号为射频信号的 2 倍，中频信号的输出如式（2.156）所示，三次谐波分量被低通滤波器过滤掉，从而实现输入信号的相位共轭。

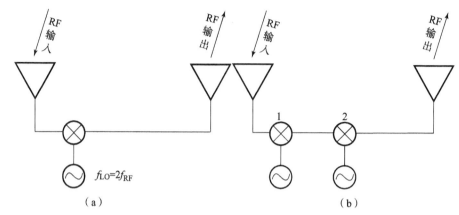

图 2.29　相位共轭方法原理图

（a）方法一；（b）方法二

$$V_{IF} = V_{RF}\cos(\omega_{RF}t + \varphi)V_{LO}\cos(\omega_{LO}t)$$

$$= \frac{1}{2}V_{RF}V_{LO}\left[\cos(\omega_{RF}t - \varphi) + \cos(3\omega_{RF}t + \varphi)\right] \quad (2.156)$$

这种方法的优点在于电路结构简单，只需要一个本振信号和一个混频器，当不存在三次谐波时，甚至不需要使用滤波器。然而，因为中频信号的频率和接收端的频率相等，致使这两个信号很难隔离开。这个问题可以通过对接收的信号和再次发射的射频信号做一定的频率偏移、使用定向耦合器或者采用正交极化的方式来解决，但是该方法还存在着只是对输入信号做出响应而不能自身传输信号的问题。

（2）方法二的电路图如图 2.29（b）所示，使用一个小中频信号。电路结构相对方法一更加复杂，要用到两个本振信号和两个混频器。该电路结构中，当本振信号频率为 $\omega_{RF} + \omega_{IF}$ 时对射频信号进行下变频，当本振信号为 $\omega_{RF} + \omega_{IF}$ 时对射频信号进行上变频，上、下变频数学表达式分别如式（2.157）和式（2.158）所示，其他频率分量可以通过滤波器滤除，从而实现输入信号的相位共轭。

$$V_{IF} = V_{RF}\cos(\omega_{RF}t + \varphi)V_{LO1}\cos(\omega_{LO1}t)$$

$$= \frac{1}{2}V_{RF}V_{LO1}\left\{\cos(\omega_{IF}t - \varphi) + \cos\left[(2\omega_{RF} + \omega_{IF})t + \varphi\right]\right\} \quad (2.157)$$

$$V_{RF} = V_{IF}\cos(\omega_{IF}t - \varphi)V_{LO2}\cos(\omega_{LO2}t)$$

$$= \frac{1}{2}V_{IF}V_{LO2}\left\{\left[\cos(\omega_{RF} - 2\omega_{IF})t + \varphi\right] + \cos(\omega_{RF}t - \varphi)\right\} \quad (2.158)$$

方法二的优点在于能实现全双工通信，运用简单的调制方法实现信号再发送；存在的不足是所用的滤波器和混频器数量较多，从而增大电路实现的成本，也使得电路结构更加复杂，而且与方法一同样存在只是对输出信号做出响应而不能自身传输信号的问题。

4. 相位检测/移相 RDA

由于上述回复反射技术有路径损耗大（$\approx R^4$）的特点，因此提出了基于相位检测的移相技术，如图 2.30 所示。

相位检测/移相 RDA 方法降低了路径损耗（$\approx R^2$），该方法也是实现回复反射的一项技术。通过相位检波（Phase Detection，PD）测量阵元间对应的相位差电压量，通过电压量来检测输入信号的相位信息。利用检测处理的相位控制阵列中各个移相器相位，从而实现相位共轭，最终通过发射端的移相器使得发射的微波波束沿着信号输入的路径返回。

5. 功率检测/移相 RDA

基于相位检测/移相 RDA 技术虽然解决了路径损耗大的问题，但是该方法适用条件是平行波，适用于辐射远场区。对于无线能量传输，应用的是近场球面波，为此提出了基于功率检测的移相 RDA 技术，其原理如图 2.31 所示。

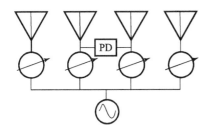

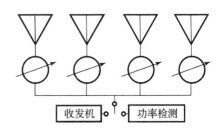

图 2.30　相位检测/移相 RDA 原理图　　　图 2.31　功率检测/移相 RDA 原理图

系统主要包括移相阵列、RF 功率检测电路和控制电路。通过功率检测扫描，微控制器计算检测的峰值功率方向，控制电路输出对应的移相器电压，调整最大接收功率指向角度 θ，从而实现发射波束指向来波方向。

6. 内部相位检测 RDA

内部相位检测 RDA 原理如图 2.32 所示，该方法具有适应跟踪移动目标的特点。相位检测电路检测单元间相位差，控制电路根据相位差调整移相器实现波束指向调整，利用简单处理电路也能够得到波达方向估计（Direction of Arrival，DOA）信息。

7. 基于时间反演的自适应聚焦天线技术

时间反演是一种自适应空时聚焦技术。时间反演后的声波或电磁波可自适应地匹配于传输信道，并有效地抑制甚至利用多径干涉，提高信息传输可靠性和探测精度。将时间反演技术应用于波束形成算法当中，既可应用于近场区的聚焦波束形成算法，也可应用于远场区的波束形成算法。在近场区采用时间反演波补偿球面波的幅度和相位，实现了聚焦波束，并利用去自谱的聚焦算法得到主波瓣更窄、旁瓣电平更低的波束。

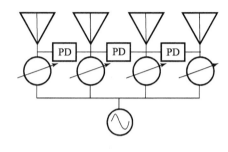

图 2.32　内部相位检测 RDA 原理图

时间反演技术又称为时间反转，简称时反，具有空间和时间双重聚焦的性质。经过时间反演处理后的声波或电磁波可自适应地匹配于传输信道，有效地抑制甚至利用多径干涉进行传播。时间反演操作可简要描述如下：当传播空间中存在一个点源，可以是主动源（Active Source，AS）或者是探测源（Probe Source，PS），其辐射的信号通过传播空间后被收/发分置的天线阵列接收并记录下来。相应的天线及后端处理系统将接收的时域信号进行归一化，并在时间轴上进行反转，以时间反演后的序列重新发射。时间反演信号将返回原信道，在初始源所在的位置汇聚，从而形成能量聚焦点。在聚焦区域内，时间反演后的波不仅能量最大，而且其波形也与初始源发射出来的信号极其相似，仅是在幅度上和时间上翻转而已，整个过程好似时间倒流一般，因此将该技术称为时间反演。

时间反演技术将信号和环境紧密地联系在一起。接收天线阵列在反演过程中获得的点源响应可以构建一个信道模型。显然，时间反演信号即是该信道的自适应匹配信号，时间反演信号通过该信道必然可获得较大的输出。而时间反演波的形成，即时间反演处理过程中不需要知道传播空间信息，也不用对其进行精确的建模，只需要构建与传播环境自适应匹配的时间反演信号，这种信号很容易通过接收信号来重构。因此，时间反演技术操作简单，并易于实现。多项试验亦表明时间反演技术无须任何先验知识就能减少复杂信道多径干扰的影响，甚至可以利用多径效应扩大阵列的有效口径，提高聚焦能力，表现出了良好的时间压缩和空间聚焦能力。

由于时间反演具有超分辨率的特性，可以打破单元间隔须大于半个波长的限制，能够将多个信道独立的天线集成在较小的空间内。

基于微波能量传输特点，研究和应用最多的是基于阵列天线相位共轭的回复式反射聚焦，即反射波的相位是入射波相位的共轭，波束聚焦的过程可以描述为如下三个基本步骤：

　　（1）目标设备向天线阵列发送一个连续波信号作为"导航信号"；

　　（2）天线阵列中各单元对接收到的导航信号作相位和幅度分析；

　　（3）天线阵列中所有天线单元发射与接收到的导航信号形成复数共轭的电磁波，从而形成聚焦于目标设备的波束。

　　基于相位共轭的回复反射阵列天线典型构型如图 2.33 所示，适用于平行波和非平行波辐射情况。各天线辐射单元接收输入 RF 信号（f_{RF}），该信号与相位共轭电路中的本振信号（$f_{LO} = 2f_{RF}$）混频，混频后（$\omega_{IF} = \omega_{RF} - \omega_{LO}$）的信号与天线辐射单元接收的 RF 信号频率相同、相位反相（共轭），共轭相位单元就实现了波束反向聚焦。

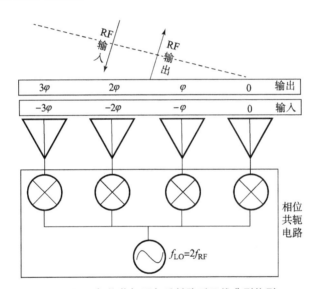

图 2.33　相位共轭回复反射阵列天线典型构型

　　混频过程公式如下所示：

$$V_{IF}(t) = V_{RF} \cos(\omega_{RF}t + \varphi_n) \cdot V_{LO} \cos(\omega_{LO}t) \tag{2.159}$$

展开后得到

$$V_{IF}(t) = \frac{1}{2} V_{RF} V_{LO} \{ \cos[(\omega_{LO} - \omega_{RF})t - \varphi_n] + \cos[(\omega_{LO} + \omega_{RF})t + \varphi_n] \}$$

$$\tag{2.160}$$

中频信号（下边频）为

$$V_{IF}(t) = \frac{1}{2}V_{RF}V_{LO}\cos\left[(\omega_{LO}-\omega_{RF})t - \varphi_n\right] \tag{2.161}$$

发射天线将接收到的 RF 导引信号与本振信号进行下变频和数/模转换,再经信号处理得到导引信号的相位信息,利用相位差的共轭相位控制对应通道上的移相器。能量发射系统中,还需对射频信号进行放大。整个回复反射过程中,因为每个阵元是同时接收到导航信号,获取的相位信息也是独立的,所以运用这种方法天线阵元不一定要等间距分布或者形成严格的平面结构。

外差共轭相位系统采用外差混频需要对带外频率进行抑制,降低其他频率信号对共轭相位的影响,减小误差。上变频和本振泄漏信号离共轭信号频率较远,易于滤除,但是谐波和载频漂移也会引起反射波束指向误差,在相位共轭电路中需要滤波电路进行抑制;特别是 IF 信号与输入 RF 信号相同,必须在电路中采用滤波器进行隔离。外差共轭相位系统中,相比导引信号而言,射频信号能量较强,当发射导引信号和微波传输能量同时进行时,接收到的导引信号很有可能会被射频能量泄漏部分所湮没。因而导引信号发射和微波能量传输同时进行可能存在一定问题,为此可采用两种方案加以解决。一种方案是使导引信号与发射信号有一定的频差,从而解决信号湮没问题;另一种方案是采用时分复用的方法将导引信号和能量进行隔离,以保证微波传输的射频能量不会对导引信号造成干扰,使整个系统保持正常运行。为解决上述各种问题,提出了不同的外差共轭相位方案。图 2.34(a)为典型混频相位反相器(Rudimentary Mixer – phase Inverter),本振频率为输入 RF 信号频率的 2 倍,反相器电路对天线终端阻抗失配和本振输入端口泄漏到输出端口的信号敏感。图 2.34(b)为带延迟线的混频相位反相器(Mixer – phase Inverter with Delay Line),采用两级混频能够有效解决泄漏问题,提供了较好的 RF – IF 隔离。图 2.34(c)为谐波混频反相器(Subharmonic Mixing – phase Inverter),反相器本振频率为 RF 信号频率的 1/2,减小了本振频率,第一级混频器的输出通过低通滤波器与第二级混频器输入相连接,解决了本振泄漏和输入的 RF 信号问题。图 2.34(d)为基于混合环的谐波混频相位反相器(Sub – harmonic Phase – inverter Using Ratrace Hybrid),采用双平衡谐波混频器,通过混合环对消本振信号,提供了较好的 LO – IF 隔离。图 2.34(e)为基于 RF 和 LO 对消的相位反相器(Phase Inverter with RF and LO Cancellation),反相器电路通过两个混频器对消了 RF 和 LO 信号。

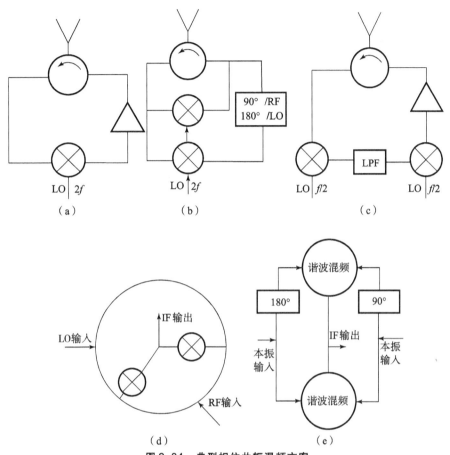

图 2.34 典型相位共轭混频方案

（a）典型混频相位反相器；（b）带延迟线的混频相位反相器；（c）谐波混频反相器；
（d）基于混合环的谐波混频相位反相器；（e）基于 RF 和 LO 对消的相位反相器

|2.5 天线波束控制、跟踪和校准分析|

无线能量传输收/发天线系统主要实现微波功率波束在空间的高效率定向
传输，一般情况下收/发天线波束极窄、传输的功率大，因此对波束的控制、
跟踪和校准提出了较高的要求。

2.5.1 波束控制和跟踪

发射天线一般采用反射面天线或阵列天线，接收天线一般采用阵列天线。

对于机械可动反射面天线，一般采用控制器完成波束控制，采用程控或和差单脉冲的方式完成自跟踪。对于阵列天线而言同样采用程控或和差单脉冲完成自跟踪，但是对于极窄波束，可采用回复反射自适应跟踪。

1. 机械可动反射面天线的波束控制和跟踪

机械可动反射面天线的波束控制和跟踪，可以直接继承机械可动反射面天线的波束控制和程控及和差波束单脉冲自跟踪方式。

1）程控跟踪

根据波束指向角度（θ，φ），天线伺服控制器根据指向信息，控制电机在方位和俯仰方向转动，实现波束对准目标。

由于程控方式的指向精度取决于输入给天线控制器的指向精度，一般工程用于波束宽度相对较宽，并且指向信息需要已知的情况。

2）和差波束单脉冲自跟踪

对于高增益反射面天线，由于波束较窄，一般采用和差单脉冲方式实现跟踪。反射面天线和差波束主要通过高次模馈源来实现和波束、方位差和俯仰差波束。和差波束信号通过单通道跟踪接收机处理，实现跟踪。

反射面天线自跟踪技术成熟，可以直接参照相关文献，这里不做进一步分析。

2. 阵列天线波束控制和跟踪

为了提高微波的传输效率，需要一个很大的天线系统，由于系统很大，所以就需要给每个单元都分配参考信号，或者使单元之间实现相位同步，且保证各个单元在可控的相位和幅度上实现整体波束的控制，通过最优法对各单元进行适当的调节，可以实现在中心功率最高、边缘降低的阵列分布。

由于微波能量传输波束一般较窄，需要采取波束方向精密控制技术，以保证向目标传输最多能量，限制向其他方向的辐射以消除对通信等系统的危害。对于一般规模相控阵天线，波束跟踪和控制可以采用以下方式实现，具体根据工程实际、波束宽带、收发平台等进行考虑。

1）程控跟踪

根据波束指向角度（θ，φ），波束控制器根据指向信息，向阵列天线各个通道的移相器和衰减器发送控制码，移相器和衰减器接收控制码，完成各个通道幅度和相位的激励，在辐射中场区域形成高效定向波束。

由于程控方式的指向精度取决于输入给天线控制器的指向精度，一般工程用于波束宽度相对较宽的，并且指向信息需要已知的情况。

2）单脉冲跟踪和控制

对于大规模相控阵天线，由于波束宽度窄，程控跟踪难以满足要求，可以考虑采用和差单脉冲跟踪。微波能量传输单脉冲跟踪与相控阵雷达单脉冲跟踪在系统上稍有区别，但是单脉冲本身没有区别。

单脉冲跟踪用于微波能量传输系统的基本原理图如图 2.35 所示，微波功率发射系统由多个子模块构成，每个子模块包括和差单脉冲天线和自跟踪器，根据和差单脉冲测角原理得到每个子模块的角度，利用控制器调整子模块中的各个移相器，实现波束的跟踪对准。微波反射功率子系统如果为机械可动反射面天线，利用反射面馈源产生和差信号，经过跟踪器得到角度，利用伺服控制器，实现反射面天线波束对准微波功率接收目标。

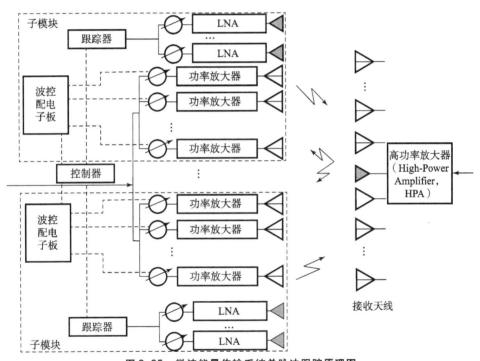

图 2.35 微波能量传输系统单脉冲跟踪原理图

反射面单脉冲理论成熟，可直接参照反射面天线。本书重点讨论相控阵和差单脉冲，其和差单脉冲波束形成原理如图 2.36 所示。天线阵面对应辐射单元按照图示 4 个象限分为 4 个子阵，每个子阵所有单元的接收信号相加，得到 4 个子天线阵的输出信号，然后再送单脉冲比较器分别形成和波束（Σ）、方位差波束（ΔA）和仰角差波束（ΔE）。

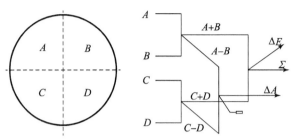

图 2.36　相控阵天线单脉冲波束形成图

多波束相控阵天线单脉冲形成与单波束类似,只是 4 个象限对应的子阵中每个子阵均输出多路信号,分别送入多个单脉冲比较器,形成多个波束对应的和波束、方位差波束和仰角差波束。

(1)和差矛盾。

为提高天线的增益和测角精度,要求和波束增益最大,故和波束天线口径照射函数应是均匀分布的;角灵敏度取决于差波束的斜率,为了得到最大的差斜率,差波束的天线口径照射函数应是线性奇函数。和波束照射函数为均匀分布,差波束照射函数为 Bayliss 函数。

采用图示 4 个象限子阵直接形成的和差单脉冲接收波束形成方法,不能实现和差波束的独立馈电,存在"和差矛盾",不能得到满意的差波束。为了获得不同的口径照射函数,以实现和、差波束的低副瓣电平,原则上,可以分别对 3 个波束(Σ,ΔA,ΔE)各自独立地进行最佳照射函数的选择,从根本上解决"和差矛盾",从而获得高增益的和波束以及具有高斜率与低副瓣电平的差波束。

对于相控阵天线,如果每个通道采用独立馈电的和差波束,则需要 3 套网络,网络复杂,移相衰减芯片数量成倍增长,成本和功耗大为增加;对于大规模、多波束相控阵天线,更是如此。

①基于子阵的和差波束独立形成设计。

为了既解决"和差矛盾",又降低和差馈电网络的复杂度,满足工程可实现性,一般采用基于子阵的和差波束设计。将相控阵天线分成若干子阵,在子阵级别上形成独立的符合单脉冲测量要求的多个接收波束,然后将各个子阵比较器输出的和差波束分别相加,如图 2.37 所示。

天线阵面分为 4 个象限,每个象限划分为同样多的子阵,再按和、差单脉冲测角原理,将 4 个象限对应的 4 个子阵输出信号通过子阵比较器分别形成子天线的和差输出 Σ_i、ΔA_i、ΔE_i。再将每个子阵比较器输出 Σ_i、ΔA_i、ΔE_i 分别进行相加,最后得到 Σ_i、ΔA_i、ΔE_i 三个波束。在相加时,这三个波束按各自的加权函数进行加权，因而得到独立最佳的三个波束。

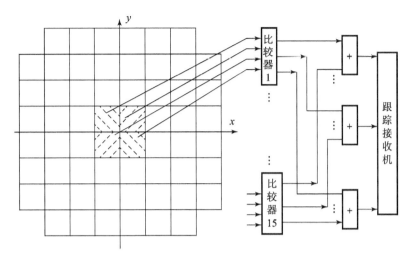

图 2.37　基于子阵的和差波束接收系统

和波束相加器输出：$\Sigma = \sum\limits_{i=1}^{M/4} w_i \Sigma_i$

方位差波束相加器输出：$\Delta A = \sum\limits_{i=1}^{M/4} w'_i \Delta A_i$

仰角差波束相加器输出：$\Delta E = \sum\limits_{i=1}^{M/4} w''_i \Delta E_i$

由于形成三个波束的加权系数是独立的，故三个波束可分别独立形成。此外，由于采用基于子阵和差波束，减少了通道数目，故实现独立馈电的和、差波束的设计将大为简化。

②和差波束仿真设计。

根据基于子阵的和差波束形成方法，对某喇叭阵列天线和差波束特性进行仿真，得到差波束仿真结果如图 2.38 所示。天线包括 3 360 个辐射单元，分为 60 个子阵列；天线波束宽度较窄，大约为 0.3°。

③捕获跟踪设计。

利用信标天线引导信息，输入到波控机，利用波控机对天线指向进行控制，天线波束指向该位置，或者利用顺序波束扫描，通过信号比较，指向该位置，完成搜索捕获后转入自跟踪阶段，从而实现天线的捕获跟踪。

自跟踪接收机采用单脉冲的方式实现角误差信号的提取，接收机对接收的和差单脉冲信号进行处理后，得到角误差信号送入波控机，实现自跟踪。

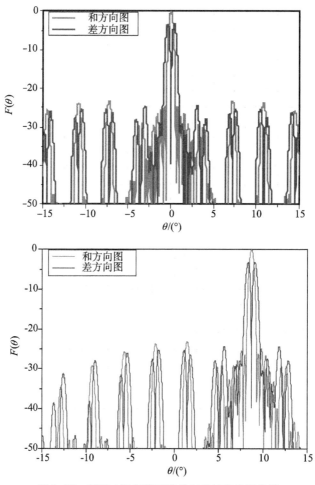

图 2.38　0°和 13°扫描对应的和差波束仿真曲线

（2）动态低载噪比扩频信号的角跟踪技术。

　　针对对地面高机动物体的自动角跟踪，需要解决大多普勒动态及低载噪比下信标信号捕获跟踪问题，由于信标信号需具备隐蔽特性，采用扩频信号作为信标信号防止被敌方侦察截获。

（3）动态低载噪比扩频信号的角跟踪解决途径。

　　对于高机动物体，需要对载波信号进行捕获跟踪同步化处理，该部分工作主要由 FPGA 软件算法实现。电路上电后，首先进行载波与伪码的捕获和跟踪，完成扩频信号的解扩、解调，产生两个本地低频调制信号，并用这两个低频调制信号对输入的载波信号进行幅度调制，然后对调幅信号进行解调，输出所需要的角误差信号。

3. 回复反射波束控制和跟踪技术

回复反射波束控制和跟踪不需要预先知道来波入射的角度，也不用进行复杂的数字信号运算，只依赖于自身硬件的处理便可以将阵列的发射波束指向来波方位。回复反射天线阵具有结构紧凑、成本低、体积小和数据处理简单等特点。

无线能量传输收/发天线一般采用大规模阵列天线，通常为极大规模相控阵天线，收/发天线为一对合作目标天线，这为反向天线阵的应用奠定了基础。无线能量传输天线阵列规模大、波束窄，要求具有高的指向控制和跟踪精度。采用反向阵列天线技术，将波束指向控制和高精度跟踪实现了统一，简化了系统结构、降低了系统成本，克服了大规模相控阵天线和差波束形成的瓶颈和复杂难题。

下面以空间太阳能电站精密波束控制技术为例进行分析。

假定波束往返时间内波束传播方向的扰动因子不变，这样的结果是自动消除传播路径的扰动。为实现反注，必须开发反注波束形成技术以抑制旁瓣，获得最大传输效率。另外，控制措施还必须考虑指令的时延，对 GEO 的 SPS 为几百毫秒。必须设定紧急措施，一旦波束方向不在预定的 0.000 5°内就应启动。解决方法之一是指定一个 RF 传输中断，但对星上直流 – 射频变换的突然中断引起的有害影响应予以评估，且阵列的负载也需要认真处理。

微波波束中心应对准整流天线中心 0.000 5°区域，对应于一直径为 1 000 m 的 SPS 抛物面天线的 8″半功率波束宽度，获得这样的指向精度和稳定度，目前还是一个主要的技术挑战。SPS 微波能量传输系统所要求的波束控制精度可通过大量功率发射天线单元以及减小天线阵总相位误差到几度以内来获得。波束收集效率与波束控制精度同样重要，此效率取决于旁瓣和栅瓣功率损失。

波束控制通过回复反射实现，即在微波电能波束发射之前，整流天线向 SPS 发射一个导引信标，意在指示其位置，信标波束用于引导功率波束沿信标波束路径相反方向传输。基于回复反射的天线阵列和波束聚焦技术已被提出并研究多年，其实现波束聚焦的过程可以描述为如下三个基本步骤：

（1）目标设备向天线阵列发送一个连续波信号作为导引信号；

（2）天线阵列中各单元对接收到的导引信号作相位和幅度分析；

（3）天线阵列中所有天线单元发射与接收到的导引信号形成复数共轭的电磁波，从而形成聚焦于目标设备的波束。

1）回复反射波束控制实现理论分析

回复发射波束控制实现理论如图 2.39 所示，自由空间中布置的阵列天线。

若在自由空间中存在一平面波 $S(t)$，其波前为 $P(R_0,\theta_0,\varphi_0)$，可以知道阵列中第 i 个阵元所感知的信号应含有相位因子 $\exp(-jkr)$，则接收到的信号可以写为

$$S_i(t) = S(t)f(r_i,\theta_0,\varphi_0)\exp[j(\omega t - kr_i)] \qquad (2.162)$$

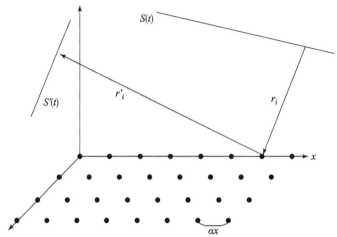

图 2.39　回复发射波束控制实现理论示意图

式中，r_i 为第 i 个天线单元与波前 P 之间的距离；$f(r_i,\theta_0,\varphi_0)$ 为与天线单元的增益和距离有关的函数。

若将天线 i 接收到的信号进行处理，然后发射，发射波中引入了加权系数 a_i，那么发射波的信号函数表达式为

$$S_i^{\mathrm{T}}(t) = a_iS(t)f(r_i,\theta_0,\varphi_0)\exp[j(\omega t - kr_i)] \qquad (2.163)$$

式中，$a_i = |a_i|\exp(-j\varphi_i)$，$|a_i|$ 为引入的幅度系数，φ_i 为处理过程中延时引入的相位系数。上式可以写为

$$S_i^{\mathrm{T}}(t) = |a_i|S(t)f(r_i,\theta_0,\varphi_0)\exp[j(\omega t - kr_i - \varphi_i)] \qquad (2.164)$$

若阵列发射波方向图在空间角 (θ_0',φ_0') 上有最大值，则在发射波的波前 P' 处感知的信号为所有天线单元发射波的叠加，即

$$S_{p'}(t) = \sum_{i=1}^{N} S_i^{\mathrm{T}}(t)f(r_i',\theta_0',\varphi_0')\exp(-jkr) \qquad (2.165)$$

式中，r_i' 为第 i 个天线单元与发射波的波前 P' 之间的距离。

忽略信号在传播信道中的失真，以及其他失真的情况下，可以令

$$S_{p'}(t) = AS(t)\exp[j(\omega t - \beta)] \qquad (2.166)$$

式中，β 为传输路径所引起的相位变化以及路径损耗引起的衰减，均为已固定常数。

由上述两式可以知道

$$\begin{cases} \beta = kr_i + kr'_i + \varphi_i \\ \varphi_i = \beta - kr_i - kr'_i \end{cases} \qquad (2.167)$$

当 $P = P'$ 时，阵列为反向天线阵，如图 2.40 所示。考察通过反向天线阵的信号的相位关系，由前面的分析可以知道，阵列接收信号包含有相位因子 $\exp(-jkr)$，不妨设阵元接收到的信号相位为 $\theta_{Ri} = -kr_i$。

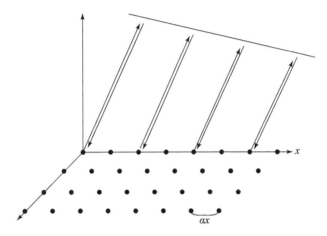

图 2.40　通过反向阵列信号图

考察由阵列发射的信号，可知阵元发射信号的相位信息为

$$\boldsymbol{S}_i^{\mathrm{T}}(t) = |a_i| \boldsymbol{S}(t) f(r_i, \theta_0, \varphi_0) \exp[\mathrm{j}(\omega t - kr_i - \varphi_i)] \qquad (2.168)$$

$$\theta_{Ti} = -(kr_i) + \varphi_i \qquad (2.169)$$

由上式可得

$$\theta_{Ti} = -kr_i - \beta + kr'_i \qquad (2.170)$$

$$\theta_{Ti} = kr_i - \beta = -\theta_{Ri} + \beta \qquad (2.171)$$

由于 β 是一常数项，若取 β 作为相位参考面，由式（2.171）可知反向天线阵每个阵元的接收和发射之间的相位存在一个共轭关系。也就是说，在阵列天线中，发射信号的相位梯度与接收到的相反，阵列的发射波束就会指向来波方向。

需要指出的是，上面的分析过程没有指定频率，因此在任何频率下均适用；分析过程以阵因子为基础，忽略了阵元方向图和互耦的影响。

2）基于相位共轭的反向天线阵

微波能量传输的回复反射天线阵一般采用基于外差混频的相位共轭技术，实现对每一个天线辐射单元接收到的信号都进行相位共轭，通用性强。无须像 Van Atta 阵一样，要求天线阵列分布在同一平面内的等间距位置，并且用等长度的传输线将天线单元并联在一起。

S. L. Karode 等人在文献中提出了自适应相位匹配相控阵（Self – phased Array）天线，如图 2.41 所示。参考面相位设置为 0，辐射单元到参考面距离为 L_n，单元的输入和输出相位分别为 φ_{input} 和 φ_{output}，阵中每个单元对应参考面的双程相位为 0，则辐射单元入射信号经过参考面后的反射信号相位可表示为 $\varphi_{return} = 2(2\pi L_n/\lambda) + \Delta\varphi_n$，共轭辐射单元自身相位可表示为 $\Delta\varphi_n$，阵列天线单元的输出相位为 $\varphi_{output} = -\varphi_{input} = -2\pi L_n/\lambda$，因此，输入相位的共轭相位被要求为产生参考面输入信号的反向信号。如果每个辐射单元采用相同方法产生共轭相位，这样就实现了相位共轭，得到回复反射波束。

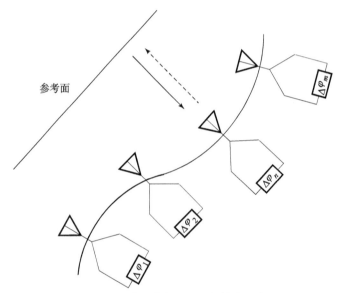

图 2.41　自适应相位匹配相控阵天线

图 2.42 为 Hiroshi Matsumoto 等人提出的一种新的相位共轭电路（Phase Conjugate Circuit，PCC），采用两个非对称导引频率解决相位比较中的 $2n\pi$ 模糊。天线发射功率 90 W，发射阵列天线由 7 个偶极子天线单元构成。

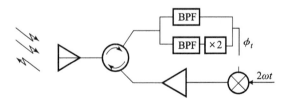

图 2.42　基于非对称导引频率的回复反射控制跟踪

图 2.43 为京都大学和日产公司提出的回复反射波束控制和跟踪方法，导引信号频率为微波功率发射信号频率的 1/3，该方法简化了系统，其缺点是导引接收天线占用了较大面积。微波发射功率波束频率为 2.45 GHz，微波发射功率为 80 W，导引信号频率为 815 MHz。

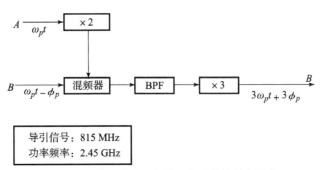

图 2.43　基于谐波混频的回复反射控制和跟踪

Takanori Narita 等人提出了两种用于空间太阳能微波能量传输的典型的高精度相位控制方法，解决了基于多子板的大型柔性天线板平面度问题，形成了两种高精度相位控制方法。第一种是 PAC（Position and Angle Correction）法，第二种是 Parallel 法，通过这两种方法，相位控制精度小于 1°。

（1）PAC 法。

利用来源于接收天线的导引信号估计每个子板与参考板的位置关系，其基本思想如图 2.44 所示。

①各子板同时检测来源于接收天线的导引信号（Continuous Waveform，CW）相位；

②根据导引波束相位，求解每个子板的位置；

③利用回复反射技术，得到每个板的角度；

④基于②和③的信息，求解每个子板相对参考面的信息；

⑤调节各子板相对参考面的相位偏差。

PAC 法控制跟踪子系统由导引波束发射单元、相位检测单元、控制单元构成，导引波束发射单元发射频率为 2.945 33 GHz 的导引信号到相位检测单元，相位检测单元用两个辐射单元同时接收导引信号，然后进行变频、I/Q 解调，控制器接收 I/Q 数据，检测两个辐射单元接收的导引波束相位。

（2）Parallel 法。

利用相位调制微波信号来检测相对参考信号的相位偏离，具体方法如图 2.45 所示，由以下步骤构成：

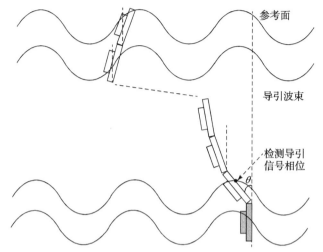

图 2.44　基于多子板的 PAC 法控制跟踪

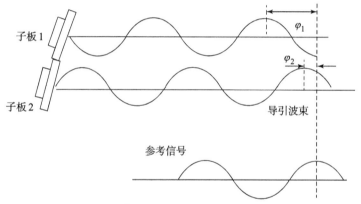

图 2.45　基于多子板的 Parallel 法控制跟踪

①每个子板向接收天线发射相位调制微波信号，通过不同调制频率来区分不同子板；

②接收天线将接收到的微波信号与参考信号比较，接收天线采用 I/Q 解调和快速傅里叶变换（Fast Fourier Transform，FFT）；

③接收天线检测各子板相对参考信号幅度，实现每个子板的相位差测量；

④接收天线发送每个子板的相位调整信息；

⑤每个子板接收相位调整信息，校正其与参考信号的相位偏差。

Parallel 法控制跟踪子系统由功率发射单元、管理单元和控制单元组成。功率发射单元发射频率为的 5.8 GHz 相位调制微波（调制频率为 100 kHz 和 130 kHz），通过两个独立辐射单元辐射，接收天线将接收信号经变频、放大、模/数变换，然后与参考信号进行比较，获得相位偏差值。

基于外差相位共轭混频器的反向天线阵如图 2.46 和图 2.47 所示，阵元天线接收到信号以后，输入到相位共轭混频器 RF 端口，利用外差的相位共轭混频器，将输入的信号进行共轭混频，混频器 IF 端口输出即为相位信息共轭后的信号。

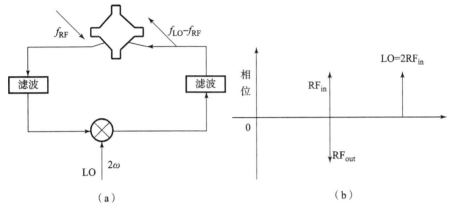

图 2.46 相位共轭反射阵单元图

（a）相位共轭单元；（b）相位和频率变化示意图

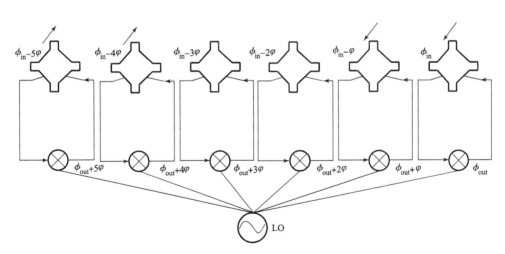

图 2.47 基于外差相位共轭混频器的反射阵构型示意图

相位共轭混频器本振为 2 倍于射频的频率，RF_{in} 与 LO 进行混频。输出的 RF_{out} 信号如下：

$$V_{RF_{out}}(t) = V_{RF}\cos(\omega_{RF}t + \varphi)V_{LO}\cos(\omega_{LO}t) \tag{2.172}$$

式（2.172）展开后由上边带和下边带组成，再通过中心频率为 ω_{RF} 的带

通滤波器，可得

$$V_{RF_{out}} \approx \cos\left[\left(\omega_{RF}t + \omega_{RF}\right)t + \varphi\right] + \cos\left[\left(\omega_{LO} - \omega_{RF}\right)t - \varphi\right] \rightarrow$$
$$\cos\left[\left(\omega_{LO} - \omega_{RF}t\right) - \varphi\right] \tag{2.173}$$

观察最后得到的输出信号 RF_{out}，包含了负的输入信号的相位，从而完成了相位共轭。将每一个相位共轭单元组成阵列天线，就得到基于外差共轭混频器的反向阵。当入射的水平极化波信号被阵列天线接收以后，输入到阵列的相位共轭单元，然后转换成发射信号输出到天线的垂直极化端口，因此在垂直极化端口发射信号的相位序列梯度与接收状态的相反，因此可知阵列在垂直极化模式下的发射波束指向来波方向。

2.5.2　天线诊断和校准

微波无线能量传输中发射和接收天线一般采用阵列天线来实现，通过调整各个通道的幅度和相位激励系数实现波束聚焦对准，满足高效率能量传输的需要。阵列天线可以看成反射面天线的离散化，形成多个辐射单元在空间的矢量叠加。这样带来波束易于赋形和指向调整，还有一个最大优点是通过空间功率叠加，提高了能量传输能力，能够实现在线各个通道诊断以及实时幅度和相位调整，提高了天线工作寿命和可靠性。

阵列天线的诊断和通道校正一般是综合实现的，在校正过程中通过数据采集，获得各个通道的幅度和相位，实现在线诊断；在此基础上，通过通道中移相器和衰减器的调整，实现在线校正。目前，阵列天线诊断和校正已经发展为一个新的专业方向，国内外高等院校和研究所开展了大量的相关研究，提出了适用于近场、中场、远场等不同的校正方法，部分方法得到了产品实际验证，实现了推广应用。

阵列天线校正分为非在线校正和在线校正，还包括地面联合校正和在轨自校正。地面非在线（利用测试场地和资源）校正由于约束条件较少，可以利用的硬件和软件资源多，方法较多，应用也较为成熟。对于在线校正，特别是星载产品在轨校正，由于受资源限制，可供选择的方法较少。基于地面试验场地和测试系统的产品非在线校正这里不做详细分析，主要针对在轨校正进行分析。

1. 典型在轨校正技术

相控阵天线在轨工作时，由于温度变化和器件老化等因素的影响，各个射频通道间的相对幅度和相位会发生变化，特别是各射频通道间温度变化不一致时，各通道的相对幅度和相位变化会很大，同时还要求相控阵天线长寿命、高可靠。因此，一般要求相控阵天线具有在轨诊断和校正能力。

天线校正包括发射幅度和相位校正、接收幅度和相位校正，校正方案主要包括在轨自校正、星地一体化校正。星地一体化校正子系统包括星载产品、空间传输、地面系统，信号传输路径长，需要多个地面站参与，测试复杂，相对时间长，还可能存在传输过程中信号质量变化，引起测试误差。前面提出的 PAC 法和 Parallel 法也可以看成是一种校正方法。目前在轨相控阵产品采用在轨自诊断和校正的较多。由于星地一体化校正从原理上来说与在轨自校正本质上无区别，因此本书重点讨论在轨自校正方法。目前，在轨相控阵天线在轨自校正方法主要包括旋转单元电场矢量（Rotating - Element Electric - field Vector，REV）、归一化传输编码（Unitary Transform Encoding，UTE）、控制电路编码（Control Circuit Encoding，CCE）、换相等方法，各种方法特点如表 2.6 所列。

表 2.6　典型在轨校正方法列表

序号	方法	定义	资源开销	复杂度	精度
1	REV	旋转单元电场矢量	较高	较复杂	高
2	UTE	归一化传输编码	高	复杂	较高
3	CCE	控制电路编码	较高	复杂	较高
4	换相	测算融合换相	较小	简单	高

相控阵天线在轨指向自校正是一项正在发展的技术，国内外相控阵天线在轨指向自校正技术应用较少。相比地面和返回式武器平台，星载相控阵天线的在轨指向自校正提出了更高的要求。目前国外在星载通信卫星 Ka 频段相控阵天线，国内在星载导航卫星 Ka 频段相控阵天线方面开展了在轨自校正技术的验证，从测试结果来看均取得了较好的效果。

星载在轨幅度和相位自校正要求资源开销小、硬件少、算法简单、时间短、稳定性高，自校正部分不影响天线本体设计、不增加天线本体复杂度。为满足相控阵天线在轨指向自校正对总体方案、硬件和软件的要求，需要提出一种简单、高效的在轨指向自校正方法，校正方法时间短、资源需求少、校正精度高、高低温特性好，充分满足星载工程应用需求。

UTE 法（归一化传输编码方法）和 CCE 法（控制电路编码方法）是两种利用时分多路正交编码信号来远距离校正发射/接收有源相控阵系统的算法。UTE 法可以有效地校正采用数字波束形成发射机的相控阵系统，因为数字波束形成所需要的各单元幅度和相位都是在基带中数字化控制的，精确度很高。基带的数字信号先被转化为模拟信号，然后被调制到所需要的载波频率上。UTE

法也可以应用于校正模拟波束形成系统，不同的是在模拟应用中，它需要在波束形成移相器之后加上额外的硬件，来提供精确的信号编码。如果这些额外的硬件失效，那么校正系统就不能很好地运行。而 CCE 法不需要额外的硬件电路就可以做到精确编码，所以是远距离校正模拟波束形成相控阵的理想选择。

REV 法是一种适用于在轨自校正的经典技术，该方法不需要附加的硬件设备或者参考信号，通过软件控制相控阵阵列单元前端的移相器，当单个单元相移值改变时，测量合成电场矢量电场强度的变化。将测试结果进行数学处理，从而得到该单元的幅度和相位值。由于只需要测量合成电场矢量的幅度值，所以测量精度及可实现性相比测量相位而言要高。

CCE 法有其校正精度的优势，但需要利用相干检测提取相位信息；REV 法只需要测量幅度信息，因而设备量和校正复杂度大大减小，但是在实际应用中存在一些问题。由于 CCE 法需要采用相干检测，因此校正复杂度较高，而且需要在卫星上增加一个额外的参考通道。

2. REV 典型在轨校正技术

REV 法校正原理如图 2.48 所示，一个阵列的合成电场矢量是各单元电场矢量的叠加。单元电场矢量正比于该方向辐射电场的激励幅度和相位的乘积。当一个单元的移相器相移改变时，该单元的矢量以类似于圆半径的形式旋转，合成电场矢量端点位置落在这个圆上。测量合成电场矢量的幅度波动，然后通过数学计算求解该旋转单元的幅度和相位值，这就是 REV 方法的原理。阵列各单元合理地随机布相，为的是单个单元对合成电场变化的影响足够大。

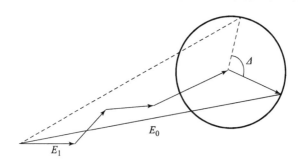

图 2.48　REV 法校正原理

合成电场矢量的初始状态用 E_0 和 θ_0 表示，第 n 个单元的电场矢量用 E_n 和 θ_n 表示。当第 n 单元的相位偏移了 Δ，那么合成电场矢量为

$$\boldsymbol{E} = (\boldsymbol{E}_0 \mathrm{e}^{\mathrm{j}\theta_0} - \boldsymbol{E}_n \mathrm{e}^{\mathrm{j}\theta_n}) + \boldsymbol{E}_n \mathrm{e}^{\mathrm{j}(\theta_n + \Delta)} \tag{2.174}$$

定义第 n 单元的相对幅度为 $k = E_n/E_0$，相对相位为 $X = \theta_n - \theta_0$，则得到相

对功率为

$$Q = |\boldsymbol{E}|^2 / |\boldsymbol{E}_0|^2 = Y^2 + k^2 + 2kY\cos(\Delta + \Delta_0) \qquad (2.175)$$

式中，$Y^2 = (\cos X - k)^2 + \sin^2 X$，$\tan\Delta_0 = \sin X / (\cos X - k)$。式（2.175）体现了合成功率 Q 随着辐射单元相位的变化以余弦形式变化。

可以看到，Δ_0 是使得 Q 为最大值的相位值，最大功率和最小功率的比值为

$$r^2 = (Y + k)^2 / (Y - k)^2 \qquad (2.176)$$

处理得到

$$r = \pm (Y + k) / (Y - k) \qquad (2.177)$$

也可以表示为

$$r = \sqrt{Q_{\max} / Q_{\min}} \qquad (2.178)$$

式中，r 为 Q 最大值和最小值之比的平方根的绝对值。基于 r 和 Δ_0，第 n 单元的相对幅度 k 和相对相位 X 可以依据 r 的不同，从下述公式得到。

当 r 为正时，得到的解为

$$\begin{cases} k \equiv k_1 = \dfrac{\Gamma}{\sqrt{1 + 2\Gamma\cos + \Gamma^2}} \\ X \equiv X_1 = \arctan\left[\sin\Delta_0 / (\cos\Delta_0 + \Gamma)\right] \end{cases} \qquad (2.179)$$

当 r 为负时，得到的解为

$$\begin{cases} k \equiv k_2 = \dfrac{1}{\sqrt{1 + 2\Gamma\cos + \Gamma^2}} \\ X \equiv X_2 = \arctan\left[\sin\Delta_0 / (\cos\Delta_0 + 1/\Gamma)\right] \end{cases} \qquad (2.180)$$

式中，$\Gamma = (r - 1) / (r + 1)$。

当第 n 单元相位变化，测量变化的合成功率变化 Q 及对应的 Δ_0 值，可以得到第 n 单元的相对幅度和相位值。

由式（2.175）可知，通过改变阵列的第 n 单元的相位来得到阵列的复合功率 Q 的最大值和最小值，然后由式（2.179）和式（2.180）就可以得到第 n 单元的幅度和相位。依次改变每个单元上的相位，得到每个单元上辐射的幅度和相位后，单元间的幅相误差即可得到校正。需要指出的是，由上述公式所得到的对应幅度和相位都是指在初始状态下的幅度和相位。

REV 法应用于采用数字移相器的相控阵系统中，当移相器不同状态下存在幅度波动时，校正结果就不再准确，而且受信道噪声影响和合成电场矢量幅度测量误差影响较大。REV 法在理论上可行，但随着算法理论与实际应用的深入，各种问题也逐渐凸显出来，主要体现在以下几个方面：

（1）采用数字移相器之后，只能测量得到有限的离散点，REV 法的应用

受到限制。

（2）对相控阵进行校正时，由于单个单元功率仅占整个阵列很小的一部分，单个单元状态变化受信道噪声和测量误差影响较大，应考虑在子阵级别上对不同子阵进行校正。

（3）在相控阵单元数量比较少的情况下，待测单元矢量旋转所造成的合成电场矢量幅度波动较大。当单元数量较多时，待测单元电场矢量旋转，但合成电场矢量的变化很小，使得测量不易分辨。

为此，提出了基于子阵分组或 Hadamard 矩阵的方式，解决相位旋转时信号电平动态变化可测；求解出移相器各状态的实际相对幅度增益和相移，结合插值或其他方法来解决共圆特性，解决移相器各状态的幅度波动对校正精度的影响。

中国空间技术研究院西安分院李成国等人提出了一种基于测算融合的多态校正技术，在某星载相控阵天线完成了在轨幅度和相位自校正在轨测试验证。在轨幅相自校正方案示意图如图 2.49 所示，包括相控阵本体、信标天线和校正组件。

星载相控阵在轨自校正要求不影响相控阵天线本体设计，资源需求少，算法简单、易于实施。该方法中幅相测量模块相对独立，信标天线可采用阵面嵌入式或阵面外置式，信标可一个也可多个、灵活多变、适应性强。通过校正组件（包括信标天线、幅相测量模块）、相控阵天线本体组成的闭合回路，完成相控阵

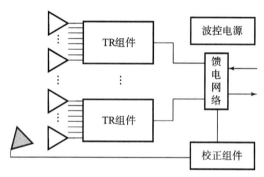

图 2.49　天线幅相自校正框图

天线各个 RF 通道的信号测量，利用测算融合多态法对测量数据进行处理，得到需要调整的幅相数据，送入控制器完成阵列天线各个通道的幅相校正。

校正原理如下：

测算待测通道各种不同移相状态下幅相数据，通过对多次测试数据的处理，得到待测通道的新的初始幅相值，然后通过传递函数进行修正，完成阵列通道的幅相校正。待测通道对应的幅度和相位值分别为

$$a = \frac{\sqrt{(A_1\cos\varphi_1 - A_i\cos\varphi_i)^2 + (A_1\sin\varphi_1 - A_i\sin\varphi_i)^2}}{2} \tag{2.181}$$

$$\alpha = \arctan\left(\frac{A_1\sin\varphi_1 - A_i\sin\varphi_i}{A_1\cos\varphi_1 - A_i\cos\varphi_i}\right) \tag{2.182}$$

式中，A_1，φ_1 分别为第一次测量幅度和相位值；A_i，φ_i 分别为第 i 次测量幅度和相位值。

用测量方程将通道激励和相控阵天线与探头之间传输系数联系起来：

$$y(t) = \sum_{n=0}^{N-1} w_{nl(n,t)} c_n + \varepsilon_i \tag{2.183}$$

式中，c_n 为单元到探头的传递函数；n 为单元编号；l 为移相器状态序号；ε_i 为测量误差。

利用测量结果，求解矩阵方程，可以消除各种误差对校正精度的影响。通过测量方程将通道激励和相控阵天线与探头之间传输系数联系起来，形成矩阵传输函数，通过对矩阵进行处理形成关联数据，将复杂运算在调试阶段完成，降低了产品复杂度。通道配置和幅相设置提高了抗干扰能力，多态相差设置和传输矩阵实现了链路的多径相消，降低了对收/发隔离度、干扰电平要求。

采用该技术进行校正，经过验证通道校正误差：幅度 $\leqslant \pm 0.25$ dB，相位 $\leqslant \pm 2.5°$。该在轨自校正技术在某型号约 600 元规模 Ka 波段相控阵天线分别对发射态和接收态进行了在轨自校正。通过了地面高低温指向校正验证和在轨应用，对比校正前后方向图、EIRP 和 G/T 值、旁瓣电平，性能与要求一致。相控阵天线校准前后指向方向图测试结果如图 2.50 所示。

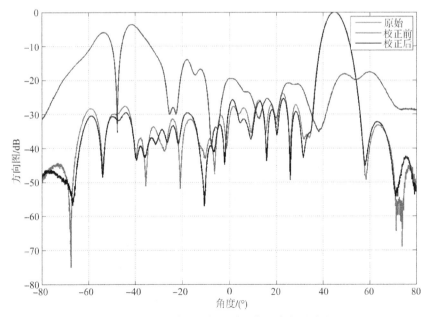

图 2.50 相控阵天线校准前后指向方向图对比

3. 微波能量传输相控阵天线校正

对于微波能量传输，特别是 SPS - MPT 系统的大型相控阵要求精确的波束控制，SPS 和 MPT 系统的测量和标定很重要。空间环境严酷，温度梯度大，太阳风和电离辐射强（注意 GEO SPS 可设计为在大的地磁爆发期间位于太阳风中，而不在磁气圈里）。在缩比的实验室环境模拟这种物理条件限制很多。SPS 天线的测试不仅存在真实口径上精确 RF 测量这样的正常困难，还存在空间机械和热的严酷条件下设备测试（可准确预计天线性能）这样的非常困难。必须研究新的测量和校准方法，对微波能量、干扰、SPS 和整流天线寄生发射的评估都要求进行测量和校准。

发射天线和整流天线尺寸都非常大，实景测试将非常有难度，计算机仿真可以给出天线增益、带宽、近旁瓣等特性的精确预估，但发射天线的测试只能在轨运行之后，为实现在轨运行，必须研究测试和校准技术。在微波能量传输等系统中，需要使发射天线波束精确对准接收单元，且收/发两端的相对位置会发生变化，现有的幅相校准算法需要参考信道的信息或者需要控制各路器件的开关，均会占用正常工作时间，无法在正常工作时进行跟踪校准。为了对各路幅相误差进行跟踪校准且减小对系统正常工作时间的占用，提出了一种发射天线幅相校准方法，首先通过导引信号确定接收端位置，并使发射波束自适应地对准接收端，然后在目标位置处接收正交编码信号，计算各路信号的幅度相位信息并与理论预设值比较，得到校准因子反馈到合成输入端进行校准。

为了实现大功率微波波束的定向传输并且能够精确快速控制微波波束方向，发射天线往往采用相控阵或反向阵的形式。为了使天线波束的指向准确，必须对空间微波能量传输系统中发射天线的各路信号相位和幅度进行严格控制，且能够在全天候的运行中根据环境变化实时检测调整。由于空间发射天线各部分位置变化的影响以及各通道的微波器件、电路对空间环境变化的响应不尽相同，这些都会影响到微波波束精确指向，使得波束不能正确指向接收方向。不论什么原因造成的误差，均可归结为阵列单元的幅相误差。各路信号发射时的幅相误差对合成效率的影响很大，幅相误差会使波束指向偏移、副瓣电平升高，由此造成能量传输效率的下降，因此空间微波能量传输中发射天线的幅相误差校准十分必要。

目前已有的各种幅相校准方法，有些需要对天线口面进行近场测量，有些需要参考信道提供幅相参考信息，对系统正常工作时间占用较多。利用正交编码矩阵的幅相校准方法，无须参考信道的信息，对系统工作时间占用较少。

Takehiro Miyakawa 等人在微波能量传输地面验证试验系统中，提出采用 REV 技术对发射相控阵天线模块进行通道幅度和相位校正。中国空间技术研究院西安分院董亚洲和董士伟提出了图 2.51 所示的空间微波能量传输阵列天线及其校准系统，发射天线阵列各阵元之间的距离为 d，发射端本振频率为 $2f$，接收端发射的导引信号频率为 f，通过一个外差式电路结构获得接收端位置信息并实现发射波束对准和自适应跟踪。波束对准之后，由空间微波能量传输系统发射端发送正交编码信号，发射天线单位数与正交编码矩阵的阶数均为 N（N 为偶数）。接收端可在不同的目标位置处进行接收，利用正交编码矩阵的逆矩阵解码，求解出各路信号的幅相误差，反馈回发射端进行调整，可实现对目标方向进行自适应持续跟踪校准。

　　校准步骤如下：

　　（1）在发射天线远场的所需位置 θ 处放置接收端天线。

　　（2）接收端发射频率为 f 的导引信号，如图 2.51 所示，此时发射端天线的各天线单元接收到导引信号的波程差为 $d\sin\theta$，反映到信号的相位差为 $\Delta\phi = 2\pi d\sin\theta/\lambda$，与频率为 $2f$ 的本振信号混频后得到各发射天线单元间相位差为 $\Delta\phi$、频率为 f 的发射信号，由此便可使合成后的发射波束指向接收端的方向实现自适应跟踪，并获取接收端所处位置信息（θ 值）。此时只需对各路本振信号的初始相位 ϕ_0 和放大器增益幅度进行校准，便可以使发射波束精确对准接收方向。

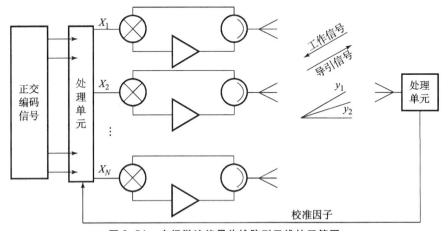

图 2.51　空间微波能量传输阵列天线校正简图

　　（3）将 N 阶 Hadamard 矩阵编码的 N 个正交信号输入经发射天线发射，接收单元可分别在所需的不同方位角处接收，接收单元位于第 k（$k = 1, 2, \cdots, N$）

个位置时接收到的第 h 个信号为

$$y(h) = \sum_{m=1}^{N} H(h,m) \sum_{m=1}^{N} g(m,n) e^{-j\frac{2\pi}{\lambda}d(n-1)\sin\theta_k} e(m,n) + n(h), h = 1,2,\cdots,N$$

$$(2.184)$$

式中，$H(h,m)$ 为 N 阶 Hadamard 矩阵 $\boldsymbol{H}$ 的第 h 行第 m 列的元素；d 为各发射天线之间的距离；θ_k 为接收天线方位角；$g(m,n)$ 为形成第 m 个波束时第 n 个合成通道包含了功率放大器幅度和本振初始相位信息的复增益理论设计值；$e(m,n)$ 为形成第 m 个波束时由各种因素引起的各通道的幅相误差；$n(h)$ 为噪声。令

$$T_k(m) = \sum_{n=1}^{N} g(m,n) x_k(n) e(m,n) \qquad (2.185)$$

$$x_k(n) = e^{-j\frac{2\pi}{\lambda}d(n-1)\sin\theta_k} \qquad (2.186)$$

将接收端接收到的 N 个信号累积成向量为 $\boldsymbol{Y}$，同时令

$$\boldsymbol{Y} = [y(1),y(2),\cdots,y(N)]^{\mathrm{T}}$$

$$\boldsymbol{T} = [T_k(1),T_k(2),\cdots,T_k(N)]^{\mathrm{T}} \qquad (2.187)$$

$$\boldsymbol{N} = [n(1),n(2),\cdots,n(N)]^{\mathrm{T}}$$

则有 $\boldsymbol{Y} = \boldsymbol{HT} + \boldsymbol{N}$，左右两边分别左乘 Hadamard 矩阵 $\boldsymbol{H}$ 的逆矩阵 $\boldsymbol{H}^{-1}$，可得

$$\tilde{\boldsymbol{T}} = \boldsymbol{H}^{-1}\boldsymbol{Y} = \boldsymbol{T} + \boldsymbol{H}^{-1}\boldsymbol{N} \qquad (2.188)$$

即

$$\tilde{\boldsymbol{T}} = T_k(m) + \sum_{h=1}^{N} H^{-1}(m,h) n(h) \qquad (2.189)$$

式中，$H^{-1}(m,h)$ 为 $\boldsymbol{H}^{-1}$ 的第 m 行第 h 列的元素。

由此可得 $T_k(m)$ 的估计值为 $\tilde{T}(m)$，由于 $T_k(m)$ 的表达式中 $g(m,n)$ 和 $xk(n)$ 均为已知量，仅有幅相误差 $e(m,n)(n=1,2\cdots,N)$ 为未知量。

接收端位于不同方位角 θ_k 时分别接收信号并做以上相同处理，可得到 $T_k(m)$ 在不同方向的 N 个值，联立可得方程组

$$\begin{cases} Tx_1(m) = \sum_{n=1}^{N} g(m,n) s_1(n) e(m,n) \\ Tx_2(m) = \sum_{n=1}^{N} g(m,n) s_2(n) e(m,n) \\ \qquad\qquad \vdots \\ Tx_N(m) = \sum_{n=1}^{N} g(m,n) s_N(n) e(m,n) \end{cases} \qquad (2.190)$$

　　由方程组（2.190）可解得空间微波能量传输系统发射端在形成第 m 个方向指向的波束时幅相误差的估计值 $e(m,n)$ $(n=1,2,\cdots,N)$。式中的误差项对于实际系统的影响很小，将校正因子 $e(m,n)$ $(m,n=1,2,\cdots,N)$ 反馈回空间微波能量传输系统发射端，调整各路的放大器增益和本振信号相位，即可实现对目标方向的自适应跟踪校准。

第 3 章

微波功率发射技术

3.1 微波大功率发射器件

在微波无线能量传输系统中,直流功率需要转换成微波功率,然后利用天线将微波能量发射出去,经自由空间传输后再利用天线接收该微波能量,最后通过整流电路将微波能量整流转换为直流能量,为目标供电。这种直流到射频的能量转换需要通过微波发射机来完成。微波无线能量传输系统和微波通信系统之间的最大区别是效率,在无线能量传输系统研制中,应该选择高效率的微波器件。

目前,常用的微波功率发生器包括电子管、半导体和混合型固态器件等,其中电子管又包含磁控管、行波管和速调管等。20世纪60年代初期,随着大功率、高效率真空电子管微波源的研制成功,美国雷神公司的研究人员开展了大量的无线能量传输研究工作,从而奠定了无线能量传输的试验基础,使得无线能量传输技术从概念变为现实。因此,在微波无线能量传输系统研制过程中,为获得高效率高功率微波发射机,可采用磁控管、行波管以及固态器件三种方式。微波真空器件和半导体固态器件的性能比较如表3.1所列。

表 3.1　微波真空器件和半导体固态器件性能比较

指标	微波真空器件	半导体固态器件
功率	1 000 W 量级	100 W 量级
电压	约 4 000 V	约 50 V
效率	>80%	>60%
功质比	<25 g/W	>50 g/W
功分器	需要	不需要
频率	从低到高	低
寿命	10^6 h	$10^6 \sim 10^7$ h
散热	集中	分布
相控阵	大功率移相器	低功率移相器

3.1.1　磁控管

磁控管作为一种高功率真空电子管微波发生源，是一种重入式谐振型正交自激振荡器，具有工作效率高、微波输出功率大、工作电压低（数千伏）、结构简单、体积小、重量轻、使用方便、工作可靠性高和成本低等优点，是真空电子管中应用最广泛的一类大功率微波发生源，在雷达、微波武器、通信、医疗设备等各领域具有广泛的应用。

磁控管发明于 20 世纪 20 年代初期，直到第二次世界大战在雷达装备上得到了大量应用。科学家们先后设计出了同轴磁控管、反同轴磁控管、电压调谐磁控管几种结构，其中同轴磁控管具有较好的频率稳定度，反同轴磁控管具有更高频率、更大功率输出，电压调谐磁控管具有宽频带范围内的电子调谐和较高的功率输出平稳度，三种磁控管阳极谐振结构如图 3.1 所示。

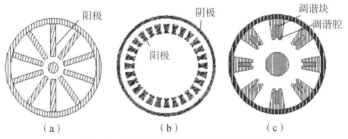

图 3.1　三种典型磁控管阳极谐振系统

（a）同轴磁控管；（b）反同轴磁控管；（c）电压调谐磁控管

20 世纪 60 年代，固态半导体因其工作电压低、体积小而得到了迅速发展，各国学者投入了大量精力进行研究，试图制造出大功率的半导体微波器件来取代传统的微波电真空器件，但在高频（至 THz 频段）、高功率（至 GW 级）、抗干扰方面还无法和真空电子器件相比。20 世纪 70 年代，磁控管向着高功率、高频率、高效率方向迅速发展，1975 年第一只相对论磁控管问世，在 4.6 GHz 工作频率输出峰值功率达 900 MW。随着技术水平不断发展，近年来磁控管在工作频率和输出功率等技术指标上有了更大的提升。

磁控管阳极包含一个谐振射频结构，属于正交场器件，电子损失位能使高频场放大，在多种能量转换系统中的优势使其更适合于太阳能微波无线能量传输系统。然而，微波真空器件需要的直流高压，在卫星上提供较为困难，很大程度上限制了磁控管在航天领域的应用，因此，磁控管在空间无线能量传输系统中的应用存在一定的实现难度。

3.1.2 行波管

行波管作为一种重要的微波电真空放大器件已有 70 多年应用的历史，具有高功率、高增益、高效率以及宽频带等优点。因其大宽带以及较高功率输出特性，在军事、通信等方面得到广泛的应用。而如何获得更高频率的带宽一直是各个国家研制行波管的重点。随着技术水平不断发展，行波管体积变得越来越小，输出功率越来越高。行波管主要可分为六个部分，分别是电子枪、输入/输出装置、慢波结构、聚焦系统、集中衰减器和收集极，结构如图 3.2 所示。

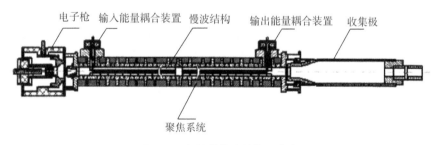

图 3.2 行波管基本结构示意图

1. 电子枪

行波管中电子枪的作用是为整个行波管提供稳定的电子流，这种电子流具有一定的电流强度。

2. 聚焦系统

聚焦系统的功能是对电子枪发射的电子流进行约束，保证电子流顺利穿过慢波电路并与微波场发生有效的相互作用，最后由收集极接收，同时也可延长行波的生命周期。

3. 慢波结构

要使电磁场与电子注进行有效而持续的相互作用来进行能量交换，其在轴向的速度要确保基本相同。慢波结构通过改变电磁波的运动轨迹使得其沿着轴向的速度和电子的速度基本接近，以便互作用时能够进行有效的能量交换。通常在该部分加入切断和衰减来对反波振荡进行抑制。

4. 输入/输出装置

输入/输出装置的作用是让电磁波从外界传输进入慢波系统中，并最后传输出去。

5. 收集极

在行波管中，收集极的主要作用是收集那些通过相互作用后从慢波电路中发射出来的电子。电子经过互作用，仍保留了较高的动能，通过回收这些电子的动能，可有效提高整体能力利用率。

行波管通过电子束和射频信号进行能量交换实现微波信号放大，产品按照性能分类已到达数千种之多，其工作频率已覆盖 500 MHz ~ 110 GHz，输出功率已达数百瓦。目前，行波管已经在全世界的民用、军事电子和空间技术等各个领域得到了广泛应用，技术相对更为成熟，然而成本较高。在微波无线能量传输系统研制中，可以考虑采用行波管放大器。

3.1.3　半导体固态器件

半导体固态放大器是微波系统的关键，对系统性能有重要影响。半导体固态放大器随着半导体技术和应用需求的发展而发展，根据发展历程可以大体将其分为三个不同的发展阶段。第一代半导体材料以硅（Si）和锗（Ge）等元素半导体为主；第二代半导体材料以砷化镓（GaAs）、磷化铟（InP）、锗硅（SiGe）等化合物半导体为代表，相比于第一代半导体材料，其禁带更宽、电子迁移率更高，而且器件的抗电磁辐射能力更强，工作温度范围更宽，适合在恶劣环境下的应用；第三代半导体材料以氮化镓（GaN）、碳化硅（SiC）等宽禁带材料为代表，是目前性能最好的半导体材料，具备最高的击穿场强和电子迁移率，非常适合制作大功率微波器件。

固态放大器（Power Amplifier，PA）性能关键指标包括效率、功率、频带、线性度等，除高效率和高功率共同关注指标外，不同系统对放大器关注的关键指标不完全相同，根据不同系统需求可将放大器需求分为三类：通信系统要求放大器具有宽带和线性特性，雷达系统要求放大器具有脉冲调制和稳定饱和输出，能量传输系统要求的放大器一般用于单色波和饱和输出。

一般情况功率放大器根据不同的工作方式可以分为线性功率放大器和非线性功率放大器。线性功率放大器按照导通角的不同通常分为 A 类、B 类、AB 类、C 类功率放大器，此时输出信号的相位、幅度与输入信号的相位、幅度有着线性关系，但是一般情况下线性功率放大器的效率比较低。非线性功率放大器即所谓的开关模式功率放大器，它按照晶体管漏极电压、电流波形的不同通常可以分为 D 类、E 类、F 类功率放大器。由于在理想情况下，开关模式功率放大器的漏极效率可以达到100%，所以在高效率功率放大器的设计中有着重要的研究价值。高效率功率放大器通常工作在开关模式上，如 D 类、E 类、F 类等放大器，这类功率放大器是设计人员研究的重点。尤其是，F 类和逆 F 类功率放大器以开关模式工作，通过对信号的谐波频率进行控制，在信号谐波频率处使阻抗为短路或开路来提高效率，同时降低晶体管开关过程中的功率损耗。其效率较传统的 AB 类功率放大器有显著的提高，理论值可以达到100%。与其他类型的高效率放大器比较，F 类和逆 F 类放大器由于具有体积小、效率高、应用频带宽等优点，近年来已成为研究焦点，特别适合应用于微波能量传输系统功率放大器。

1. A 类功率放大器

A 类功率放大器的静态工作点为：静态电流选择器件最大漏极输出电流的 1/2，A 类功率放大器的导通角是360°，也就是说信号在整个周期内全部导通。A 类功率放大器是放大器中线性度最好的，但是其效率却特别低，其效率的理论值仅仅达到50%，在实际的电路中其效率会更低，基本限制在30%以下。通过计算得到 A 类功率放大器的最佳负载阻抗 R_{opt} 为 2 VDC/IDmax。

2. B 类功率放大器

B 类功率放大器的晶体管在半个周期内处于导通状态，即它的导通角为180°，当驱动电压幅度减小时，晶体管导通角保持不变，输出电流中基频成分比例减小，直流成分也有所减小；在负载阻抗保持不变时，输出电压的幅度也会成比例减小，导致输出功率下降。因此 B 类功率放大器满足线性关系。但是线性度比 A 类功率放大器小，效率最高可达 78.5%。

3. AB 类功率放大器

AB 类功率放大器的偏置介于 A 类和 B 类功率放大器之间，其导通角大于 180°小于 360°。其效率比 A 类高但是比 B 类低，一般介于 30% ~ 60%。

4. C 类功率放大器

C 类功率放大器的偏置选择在器件截止以后的偏置点，其信号的导通小于半周期，因此其导通角低于 180°。C 类功率放大器输出的波形通常为周期性脉冲波，理论上 C 类功率放大器效率可以达到 100%。

5. D 类功率放大器

D 类功率放大器属于开关类功率放大器范畴，它将功率器件作为开关，在电路的输出端添加滤波网络和匹配网络等使电路能够输出完整的波形。通常电路采用双管推挽的形式。两个功率晶体管通常等效为受输入信号控制的开关使用，在一个周期内两只功率晶体管轮流导通，即间隔开或关，使得最终在输出端合成一个完整的与输入相对应的波形。根据漏极电压和电流的波形的不同可以将 D 类功率放大器分为电压型和电流型两种。

在驱动信号作用下，功率晶体管等效为开关，理想状态下，漏极电压和电流不同时出现，管耗为零，漏极效率达到 100%，当然在实际应用中不可能实现理想条件，所以实际的效率达不到 100%。针对 D 类功率放大器而言，导致效率降低的原因在于：①饱和压降不为零和晶体管的开关特性非理想；②在较高频段，寄生参数的影响较大，使得电压和电流的波形产生失真，所以会有一部分产生重叠，重叠部分即产生管耗，所以会使效率降低；③在双管推挽的 D 类工作模式下，两只晶体管做开关使用，且轮流导通，考虑到管子自身的开关延迟特性，所以在更高的频段，在整个周期内也会存在电压和电流同时出现的时间段，故而也导致了效率的降低。

优点：效率高，体积小，低失真，便于设计调试。

缺点：一般适合低频段使用，很少应用于射频。

6. E 类功率放大器

E 类功率放大器也属于开关类高效功率放大器的范畴，与 D 类功率放大器不同之处在于 E 类功率放大器采取的是单管工作方式，避免了开关延迟效应产

生电压、电流波形重叠产生功耗进而降低效率的可能性，使实际工作效率有所提高。E 类功率放大器的单管工作状态，要实现开关类高效率的工作模式，其重点在于其特定的负载网络的设计，这个特定的负载网络使得功率晶体管漏极电压和漏极电流交错开来，使功率放大器管自身管耗达到理想状态下的零损耗，理论效率可达到 100%。

E 类功率放大器的优点在于结构简单、便于实现，其理论效率达到 100%。E 类功率放大器适用于微波射频频段，工作于非线性区。所以，在实际应用中得到的结果会和理论分析的结果有所差异，这些差异的存在是由电路的寄生参数（包括寄生电容、寄生电感等）以及功率晶体管本身的漏极输出电容等非理想因素所引起的。当然，这也是在实际应用中降低功率放大器效率指标的根本所在。所以，就目前的技术而言，实际应用中漏极效率也是达不到理论效率的 100% 的。因此，为了得到更高的效率，减轻上述非理想因素的影响是很有必要的。

E 类功率放大器的拓扑结构有 4 种类型，即并联电容型、串联电容型、并联电感型和串联电感型。较之其他类型的结构，并联电容型 E 类功率放大器具有更高的实用研究价值，因此开展对具有并联电容结构的 E 类功率放大器的研究更具有现实的工程应用意义。

7. F 类/逆 F 类功率放大器

F 类/逆 F 类功率放大器由于具有电路结构简单、效率高等优点，已成为目前高效率功率放大器研究的热点。

F 类和逆 F 类功率放大器理论来源于过激励的 B 类功率放大器理论分析的发展和提升，理想情况下 B 类功率放大器的漏极电流波形是半正弦波，电压则是正弦波。过激励的 B 类功率放大器，漏极电压的顶部将被削平，进而包含高次谐波分量。对这些谐波分量的阻抗做适当调整，可以得到合适的电压、电流组合波形，进而提高效率。偏置在 B 类工作状态，在输出端的负载匹配网络中，若能实现奇次谐波阻抗开路，偶次谐波阻抗短路，这样得到的漏极电压波形便为方波，并且在时域上和电流波形（半正弦波）没有重叠，即称为 F 类功率放大器，反之则为逆 F 类功率放大器。理论上 F 类和逆 F 类功率放大器晶体管内部没有功率消耗，高次谐波也没有能量传输，效率为 100%。但在实际的设计中无法实现无穷多次谐波的精确控制。实际中大多处理到三次谐波，便会使 F 类和逆 F 类的高效率特性稍打折扣。此外，F 类和逆 F 类功率放大器的高效率工作状态依赖于对偶次谐波和奇次谐波的精确控制，这些控制电路往往对频率变化敏感，使得它们的工作带宽不可能很高。近几年 F 类和逆 F 类放大器由于具有体积小、效率高、应用频带宽等优点已成为研究焦点。

从上述可以看出，传统导通角模式的 A 类、AB 类、B 类和 C 类功率放大器输出功率和效率有着矛盾；而高效率开关类功率放大器 D 类和 E 类、谐波控制类的 F 类和逆 F 类功率放大器虽然效率高，但由于依赖特殊的阻抗环境，带宽较窄，特别适合于基于单色波的、无线性要求的微波能量传输应用。

3.2 F 类/逆 F 类功率放大器工作原理

3.2.1 理想 F 类功率放大器工作原理

传统的功率放大器在设计时很难实现高效率的传输，是因为电路的输出部分消耗了很大的功率。为了降低功率放大器的损耗并且提高系统的工作效率，提出了 F 类功率放大器。F 类功率放大器作为过激励 B 类工作模式的延伸，可以看作为 B 类与 E 类功率放大器结合的一种拓扑结构。它偏置在 B 类工作点附近，同时采用了 E 类开关模式工作，因此该电路结构既可以充分利用谐波分量来提高效率，又可以降低晶体管工作过程中的功率消耗。

F 类功率放大器设计中添加谐波抑制网络，通过这些网络来抑制系统的谐波成分，使晶体管漏极输出端的电流为半正弦波，电压为方波，电压和电流间没有重叠部分，相位分别为 0° 和 90°。类似过激励 B 类放大器分析可知，晶体管工作在理想开关状态时可大大提高了电路的工作效率，F 类功率放大器的理论效率可以达到 100%。F 类功率放大器工作模式的理想电压和电流波形如图 3.3 所示。

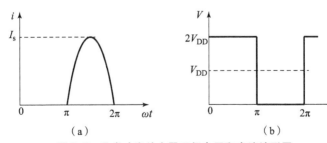

图 3.3　F 类功率放大器理想电压和电流波形图

（a）电流波形图；电压波形图

理想情况下，F 类功率放大器结构如图 3.4 所示。

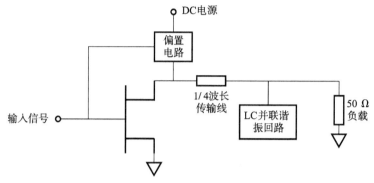

图 3.4　理想 F 类功率放大器示意图

在图 3.4 中，除偏置电路，主要由一段 1/4 波长传输线和一个调谐在基频 f_0 的并联谐振回路组成。

对于基频分量，并联谐振回路可视为开路，通过合理调节 1/4 波长传输线的特性阻抗，使得从输出端漏极向负载看去，可以看到最佳的实阻抗，从而保证得到最大的漏极电压和电流，这个最佳实阻抗可以通过对基频阻抗进行负载牵引得到。

理论上要求对于偶次谐波要呈现短路，此时的频率为 $2nf_0$（$n = 1$，2，3，…），那么在此频率下传输线的长度为 $n\lambda_g/2$，其中 λ_g 为传输线的波导波长，所以此时传输线对偶次谐波呈现短路状态，满足理论要求。同理，对于奇次谐波要呈现开路状态，频率为 $(2n + 1)f_0$（$n = 1$，2，3，…）时，原 1/4 波长传输线在该频率下长度变为 $(2n + 1)\lambda_g/4$，此时该传输线对奇次谐波呈开路状态。

因此该电路可以实现在基频呈现最佳实阻抗，同时对偶次谐波短路，对奇次谐波开路，满足理论的要求。F 类功率放大器就是使用和上面类似的设计方法，通过对谐波分量的控制而达到提升放大器效率的目的。

理想 F 类功率放大器基波的电压、电流公式分别为

$$V_1 = \frac{4}{\pi} V_{DD} \tag{3.1}$$

$$I_1 = \frac{I_S}{2} \tag{3.2}$$

基波输出功率为

$$P_1 = \frac{V_{DD} I_S}{\pi} = P_0 \tag{3.3}$$

理论上可以得到的极限漏极效率为

$$\eta = \frac{P_1}{P_0} = 100\%$$ (3.4)

得到 100% 的漏极效率所需的阻抗条件为

$$\begin{cases} Z_1 = R_1 = \dfrac{8}{\pi} \dfrac{V_S}{I_0} \\ Z_n = 0，n \text{ 为偶数} \\ Z_n = \infty，n \text{ 为奇数} \end{cases}$$ (3.5)

式（3.5）给出了理想电压和电流波形对应阻抗表达式，在电路设计中常常通过无功率损耗的 1/4 波长传输线与高 Q 值谐振回路结合来实现。另外，通过对理想 F 类功率放大器的方波电压与半正弦波电流做傅里叶变换进行理论分析，此时电压、电流的表达式分别为

$$v(\theta) = V_{DD} + V_1 \sin\theta + \sum_{n=3,5,7,\cdots}^{\infty} V_n \sin n\theta$$ (3.6)

$$i(\theta) = I_S - I_1 \sin\theta - \sum_{n=2,4,6,\cdots}^{\infty} I_n \cos n\theta$$ (3.7)

式中，$\theta = \omega_0 t$，$\omega_0 = 2\pi f_0$，f_0 为基波频率。

根据最大平坦度波形近似理论，方波电压为直流分量和奇次谐波分量之和，半正弦波电流为直流分量与偶次谐波之差。因此，可以通过获得各奇次谐波之和来近似理想方波电压，获得各偶次谐波来近似理想正弦电流。

为了求得电压各次谐波与直流分量的比例关系，对电压求各阶微分。得到电压各阶微分表达式如下：

一阶微分：

$$\frac{d(V)}{d\theta} = V_1 \cos\theta + n \sum_{n=3,5,7,\cdots}^{\infty} V_n \cos n\theta$$ (3.8)

二阶微分：

$$\frac{d^2(V)}{d^2\theta} = V_1 \sin\theta - n^2 \sum_{n=3,5,7,\cdots}^{\infty} V_n \sin n\theta$$ (3.9)

三阶微分：

$$\frac{d^3(V)}{d^3\theta} = V_1 \cos\theta - n^3 \sum_{n=3,5,7,\cdots}^{\infty} V_n \cos n\theta$$ (3.10)

四阶微分：

$$\frac{d^4(V)}{d^4\theta} = -V_1 \sin\theta + n^4 \sum_{n=3,5,7,\cdots}^{\infty} V_n \sin n\theta$$ (3.11)

五阶微分：

$$\frac{d^5(V)}{d^5\theta} = -V_1 v\cos\theta + n^5 \sum_{n=3,5,7,\cdots}^{\infty} V_n \cos n\theta$$ (3.12)

从图3.3理想电压波形图可知，电压的最大和最小值中间点对应相位值分别为$\theta = \pi/2$和$\theta = 3\pi/2$。根据电压最大平坦度要求，电压在$\theta = 3\pi/2$时偶阶导数为零；n为奇数时奇阶导数为零。

当电压三次谐波峰化，及只考虑三次谐波与基波信号时，则由式（3.6）和式（3.9）可得

$$0 = V_{DD} - V_1 + V_3 \tag{3.13}$$

$$0 = V_1 - 3^2 V_3 \tag{3.14}$$

求解得电压基波与三次谐波分量：

$$V_1 = \frac{9}{8} V_{DD}$$

$$\tag{3.15}$$

$$V_3 = \frac{1}{8} V_{DD}$$

当电压五次谐波峰化，及考虑五次谐波、三次谐波与基波信号时，则由式（3.6）、式（3.9）和式（3.11）得

$$\begin{cases} 0 = V_{DD} - V_1 + V_3 - V_5 \\ 0 = V_1 - 3^2 V_3 + 5^2 V_5 \\ 0 = -V_1 + 3^4 V_3 - 5^4 V_5 \end{cases} \tag{3.16}$$

求解得电压基波、三次谐波和五次谐波分量：

$$V_1 = \frac{759}{64} V_{DD} \tag{3.17}$$

$$V_1 = \frac{25}{128} V_{DD} \tag{3.18}$$

$$V_1 = \frac{3}{128} V_{DD} \tag{3.19}$$

通过上式求解，可以获得电压的三次谐波峰化和五次谐波峰化波形图，随着n增加，电压波形越来越近似方波。

同理可以求得电流偶次谐波峰化波形图，先求电流各阶微分表达式，再根据电流最大平坦度要求，即在$\theta = 3\pi/2$时偶阶导数为零，依次求得电流二次谐波峰化和四次谐波峰化时，各次谐波与直流信号对应关系，再得到电流二次谐波峰化和四次谐波峰化波形图。

电流二次谐波峰化，二阶分量与基波分量最佳振幅值分别为

$$I_1 = \frac{4}{3} I_S \tag{3.20}$$

$$I_{21} = \frac{1}{3} I_S \tag{3.21}$$

电流四次谐波峰化，四阶分量、二阶分量与基波分量最佳振幅值分别为

$$I_1 = \frac{64}{45}I_S, \ I_2 = \frac{16}{45}I_S, \ I_4 = \frac{1}{45}I_S \tag{3.22}$$

根据式（3.4）得效率公式为

$$\eta = \frac{P_1}{P_0} = \frac{0.5I_1V_1}{I_S V_{DD}} \tag{3.23}$$

可以看到，通过各次最大平坦波形的叠加，电压波形逐渐变为方波，电流波形逐渐变为半正弦波。不同数量的受控谐波分量的组合在理想状况下得到的效率不同，在不同的谐波峰化工作模式下的功率放大器的效率值如表3.2所列。从表中显示的数据可知，效率随着电压和电流波形的谐波数目增加而增加，随着受控电压和电流谐波数目的增加，放大器的效率逐渐提升，当将所有谐波都考虑进去之后，效率可以达到100%。

表3.2 不同电压和电流谐波分量组合后得到的效率

电流谐波组成	电压谐波组成				
	1	1,3	1,3,5	1,3,5,7	1,3,5,…,∞
1	50%	56.3%	58.6%	59.8%	63.7%
1,2	66.7%	75%	78.1%	79.8%	84.9%
1,2,4	71.1%	80%	83.3%	85.1%	90.5%
1,2,4,6	73.1%	82.3%	85.7%	87.5%	93.1%
1,2,4,…,∞	78.5%	88.4%	92.0%	94.0%	100%

因此，通过增加电压和电流的谐波分量，可以获得高效率。如F类功率放大器电压三次谐波峰化和电流四次谐波峰化，F类功率放大器与B类功率放大器相比效率更高。同时，仅包含电压五次谐波峰化的F类功率放大器，效率最高可以达到83.3%；电流波形六次谐波峰化和电压波形七次谐波峰化，效率可以达到94%。

上述分析只是在理想的情况下，在实际应用当中，不可能做到对无限次谐波都进行控制，而且由于晶体管制作中不可避免地存在着寄生参数、导通阻抗等非理想因素，在设计实际电路时，必须考虑有源晶体管的内部和外部寄生参数，因为这些寄生参数对各次谐波分量影响很大，特别是在高频时，晶体管的输出电容、栅极电容的影响以及寄生电容、电感和焊盘寄生电容的影响等。实际电路中基频最佳输出阻抗并非是理论推导中的实阻抗，而是一个复数。理想F类放大器漏极电压和电流相位关系为

$$\theta_v - \theta_i = \pi + \arctan \frac{X_L}{R_L} \qquad (3.24)$$

由此相位关系可知，当基频输出阻抗没有电抗成分而为实阻抗时，电压和电流没有重叠，效率可达到100%。但是由于寄生参数的存在，其输出阻抗包含电抗成分，这样电压和电流波形会出现重叠，引起功率损耗。同时，在实际应用中，由于寄生参数的存在，谐波阻抗值也是复数。由于输出基频阻抗的模值小于预期值，这时如果仍然对各次谐波做简单的开路、短路处理，就会引起漏极电压和电流波形的重叠，从而达不到预期效率。所以要对各次谐波复杂的阻抗条件进行控制，就必须使用相应复杂的谐波控制电路，这将会引起整体电路复杂度的增加，使得电路调试难度变大，同时过多器件的使用会造成过大的电路损耗从而引起放大器效率的损失。

综合以上因素，在实际应用中，通常只考虑二、三次谐波即可，考虑更高次谐波，并不会使放大器效率得到很大提升，而只会增加电路的复杂性。同时，对二、三次谐波并非做简单的短路、开路处理，而是通过负载牵引得到其最佳值。从表3.2可以看出，只考虑到三次谐波时，理论上效率会达到75%，但由于晶体管本身漏极和源极之间电容的存在，会使得大部分更高次谐波短路，所以在此情况下，只考虑三次谐波时的效率会进一步提升到80%以上。

3.2.2　理想逆F类功率放大器工作原理

逆F类与F类功率放大器设计是相反的，电压和电流波形在理论上互换，电压和电流分别为半正弦波和方波。其特点是减小了由于寄生电阻引起的两端电压以及一些电路参数上的损耗，常应用于低压功率放大器设计中。理想情况下，逆F类功率放大器效率达100%。

逆F类功率放大器与F类功率放大器设计理论类似，它们晶体管漏极的电压和电流波形互逆，即输出电流为方波，电压为半正弦波。理想的逆F类功率放大器的电压和电流波形如图3.5所示。

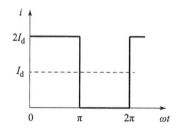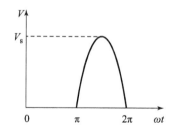

图3.5　理想逆F类功率放大器电压和电流波形图

同样，假设晶体管寄生参数在各次谐波上匹配良好，漏极电压和电流波形近似半正弦波和方波，这样基波电流和电压分量分别为

$$V_1 = \frac{V_S}{2} = \frac{\pi}{2} V_{CC} \tag{3.25}$$

$$I_1 = \frac{4 I_0}{2\pi} \tag{3.26}$$

基频功率表达式为

$$P_1 = \frac{V_S I_0}{\pi} = V_{CC} I_0 = P_0 \tag{3.27}$$

逆 F 类功率放大器效率达到理论效率 100% 的阻抗条件为

$$\begin{cases} Z_1 = R_1 = \dfrac{\pi}{8} \dfrac{V_{DD}}{I_S} \\ Z_n = 0, n \text{ 为奇数} \\ Z_n = \infty, n \text{ 为偶数} \end{cases} \tag{3.28}$$

根据式（3.5）和式（3.28），对于逆 F 类功率放大器，最优输出阻抗值为

$$R_{out}(逆 F) = \frac{\pi}{2} \frac{V_{CC}}{I_1} = \frac{\pi^2}{8} \frac{V_{CC}}{I_0} = \frac{\pi^2}{8} R_{out}(F) \tag{3.29}$$

从式（3.29）可以看出，逆 F 类功率放大器最优输出阻抗比传统的 F 类功率放大器略大，说明逆 F 类功率放大器基频阻抗匹配较 F 类功率放大器简单。同时，理想逆 F 类功率放大器不能如经典 F 类功率放大器一样，只通过一根 1/4 波长微带线完成对所有基波分量的短路。但是可采用 RF 短路 1/6 波长微带线与串联微带及二次谐波终端 1/8 波长开路短截线组合实现。同理，对理想逆 F 类功率放大器的方波电流与半正弦波电压做傅里叶变换，理论分析电压和电流波形特点。它们的表达式如下：

$$v(\theta) = V_{DD} - V_1 \sin\theta + \sum_{n=3,5,7,\cdots}^{\infty} V_n \cos n\theta \tag{3.30}$$

$$i(\theta) = I_S + I_1 \sin\theta + \sum_{n=2,4,6,\cdots}^{\infty} I_n \sin n\theta \tag{3.31}$$

式中，$\theta = \omega_0 t$，$\omega_0 = 2\pi f_0$，f_0 为基波频率。

3.3　F 类功率放大器设计分析

功率放大器种类繁多，如饱和型、线性以及高效型等，尽管互有区别，但

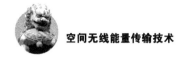

仍有一些共同特性。所有高功率放大器都工作在大信号条件，都需要实现器件的低阻抗和系统的高阻抗之间的匹配。输出匹配电路的设计是获得优良功率性能的最为关键的步骤之一。

对于高效率开关模式放大器，在常规放大器设计基础上，需要考虑基于谐波次数的波形选择和谐波网络设计，以实现高效率。

3.3.1 功率放大器特性分析

功率放大器设计需要根据应用需求特点，开展半导体材料、放大器工作类型、放大器网络、热控、结构封装、工艺等分析和设计。

1. 半导体器件概述

放大器材料伴随着电子技术、材料和工艺等的发展而发展，主要分为第一代、第二代和第三代。

锗（Ge）和硅（Si）是第一代半导体材料。锗材料最早实现提纯和完美晶体生长，并且最早用来制造晶体管。但是，由于锗的禁带较窄，锗器件的稳定工作温度不如硅器件高，加之资源有限，其重要地位早就被硅所取代。到目前为止，硅是制造晶体管和集成电路的最主要材料。

第二代半导体材料以砷化镓（GaAs）为代表。与硅相比，砷化镓的禁带稍宽且电子迁移率是硅的 5 倍，有利于制作需要在较高功率和频率下工作的器件，其缺点是热导率较低。

在半导体技术的发展历程中，第一代、第二代半导体在半个世纪中发挥了不可估量的作用，但是随着设备的快速更新换代，传统半导体的发展已经接近其应用的极限，特别是在高功率、高频率、高温领域。

第三代半导体材料有 SiC、GaN、金刚石等。宽禁带半导体具有高的击穿电压、很高的热导率、明显高于其他材料的电子饱和速率和极佳的抗辐射能力，非常适合制作高温、高频和大功率器件。GaN 是第三代宽禁带半导体材料的典型代表。GaN 功率器件是 VeLox 半导体公司首先提出。目前，GaN 器件的性能已经可以与 SiC 器件相媲美，而且售价比 SiC 器件低，尤其是 GaN 高电子迁移率器件（GaN HEMT）的出现，把固态功率放大器的发展推向了一个新的高度。GaN 材料具有禁带宽、高击穿电场、高电子饱和速度及高热导率等特点，使得基于 GaN 材料的高电子迁移率晶体管具有输出功率密度大、工作电压高、工作结温高、输出阻抗高、效率高、抗辐照性能好等优点，这些优点特别适合微波能量传输应用，能够大大促进其工程化和商业化。

微波能量传输一般天线口径和辐射功率大，为提高可靠性和能量传输的灵活性，微波能量传输天线大部分采用阵列天线来实现，为减轻重量和降低热控要求，对功率放大器提出了高功率、高效率、高结温、环境适应性强的要求。采用基于 GaN 的功率放大器能够实现微波功率组件的小型化、轻量化和高效化，对于微波能量传输具有以下优点：

（1）单片输出功率大，易于小型化和轻量化；

（2）效率高，热耗小，降低了大规模阵列天线热控难度；

（3）结温高，降低了热控要求，增加了可靠性；

（4）电压高，降低了供配电网络的损耗，提高了系统效率；

（5）具有极佳的抗辐射能力，降低了封装要求，减轻了重量。

2. 放大器主要性能指标

功率放大器的主要指标包括工作频带、工作带宽、输出功率、增益、效率、稳定性、非线性、驻波比、电压电流、工作温度等。

1）工作频带

工作频带就是能够满足功率放大器所要达到的指定功能和性能要求，所在的工作频率的范围。

工作带宽通常有两种形式：带宽、相对带宽。普通的带宽（Band Width，BW）为

$$BW = f_H - f_L \tag{3.32}$$

相对带宽 B_f 定义为

$$B_f = (f_H - f_L)/f_0 \tag{3.33}$$

式中，f_0 为工作的中心频率。

微波能量传输一般为窄带，大部分采用单色波。

2）输出功率和增益

在射频功率放大器测试中通常用为器件增益压缩 1 dB 时输出功率 P_{1dB} 和器件饱和时的输出功率 P_{sat} 来表征功率放大器的输出功率这一指标。

在功率放大器中用 dBm 作为功率的单位。射频功率放大器的输出功率和增益的变化从线性过渡到非线性。输入较小时输出功率随输入功率线性变化，增益保持不变。但是输入功率增大到一定程度时输出功率的增加量逐渐减小，增益开始下降，输出功率逐渐达到饱和。

饱和时的输出功率：如果功率放大器的输出功率不再随输入功率的增加而增加时，这时电路的输出功率就是 P_{sat}。

1 dB 压缩点输出功率：由于射频功率放大器中存在的非线性特性，当输出功率与线性输出功率相差 1 dB 时，即电路的增益下降 1 dB，这时的输出功率

就是功率放大器的 1 dB 压缩点的输出功率 P_{1dB}。

不同于通信系统对线性特性要求，微波能量传输采用单色波传输功率信号，一般用于饱和态提高输出的微波功率和效率，同时保持输出稳定。

3）效率

射频功率放大器就是将直流电源中的直流功率转变成交流信号。通常效率有两种不同的定义方式，即漏极效率和功率附加效率。定义输出功率 P_{out} 与电源直流功率 P_{DC} 之比为漏极效率，即

$$\eta = \frac{P_{\text{out}}}{P_{\text{DC}}} \tag{3.34}$$

由式（3.34）可以看出，它并没有考虑输入信号的因素，这时漏极效率 η 就不能精确地描述功率放大器的转化能力。因此常常用功率附加效率（PAE）来表征功率放大器的性能：

$$\text{PAE} = \frac{P_{\text{out}} - P_{\text{in}}}{P_{\text{DC}}} \tag{3.35}$$

从式（3.35）可以看出，PAE 中涉及了输入功率，这时除了能体现功率放大器直流功率的转换率，还能体现功率放大器在特定直流功率时射频功率输出的增加情况，即 PAE 能够间接反映功率放大器增益的变化。如果保持 P_{DC} 不变，PAE 变大就意味着 $P_{\text{out}} - P_{\text{in}}$ 的增加，而 $P_{\text{out}} - P_{\text{in}}$ 就是功率放大器的增益，这就意味着增益也随着 PAE 的增加而增加。

4）稳定性

稳定性是指放大器在环境变化比较大的情况下依旧保持正常工作特性的能力。若放大器不稳定时便不再发挥放大器的作用而变成振荡器。稳定性分为绝对稳定和条件稳定（潜在不稳定）两种。我们将稳定条件的考虑主要集中在电源和负载上，采用二端口分析法推导绝对稳定和条件稳定的准则，如图 3.6 所示。

图 3.6　S 参数表征晶体管的二端口网络

上述可表示为，对所有

$$|\Gamma_{\text{s}}| \leqslant 1 \tag{3.36}$$

$$|\Gamma_{\text{L}}| \leqslant 1 \tag{3.37}$$

$$|\Gamma_{\text{out}}| = \left| S_{22} + \frac{S_{12}S_{21}\Gamma_{\text{s}}}{1 - S_{11}\Gamma_{\text{s}}} \right| \leqslant 1 \tag{3.38}$$

$$|\Gamma_{\text{in}}| = \left| S_{11} + \frac{S_{12}S_{21}\Gamma_{\text{L}}}{1 - S_{22}\Gamma_{\text{L}}} \right| \leqslant 1 \tag{3.39}$$

从而得到定义晶体管稳定性的两个重要参数：

$$K = \frac{1 - |S_{11}| - |S_{22}| + |\Delta|^2}{2|S_{12}S_{21}|} > 1 \tag{3.40}$$

$$|\Delta| = |S_{11}S_{22} - S_{12}S_{21}| < 1 \tag{3.41}$$

当二端口 S 参数同时满足式（3.40）、式（3.41）时，则该晶体管为绝对稳定。

5）非线性分析

在射频信号的传输中存在两种失真：谐波失真和交调失真。这是由于有源器件中存在非线性特性。下面对这两种失真分别做简单介绍。

谐波失真：当功率放大器输入单一频率信号时，由于有源器件引起的输出信号比输入信号多出的额外谐波成分。这是由于系统的非线性造成的。如图3.7 所示，在基波外还存在二次谐波和三次谐波等其他谐波。谐波失真大小由下式决定：

$$HD_n = 10 \lg \frac{P_n}{P_s} \, (\text{dBc})$$

即 n 次谐波的输出功率与基波输出功率之比。

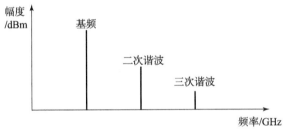

图 3.7　频域中的谐波

交调失真：如果两个或多个频率的信号经过放大器时，由于放大器中存在的非线性特性，在输出端就会产生各种频率组合波形，这些波形有的频率与基波接近，这样就对通信信道造成一定的干扰。其中常见的是三阶交调和五阶交调。

对于微波能量传输一般为单载波应用，功率放大器设计中主要考虑谐波抑制和利用，对于 F 类功率放大器通过谐波网络将谐波功率转化为微波功率，从而提高微波能量传输效率。针对微波能量传输一般为单载波，交调一般不需要考虑。

6）输入/输出驻波比

在入射波和反射波相位相同的地方，电压振幅相加形成波腹；在入射波和反射波相位相反的地方，电压振幅相减形成波节。其他各点的振幅介于波腹和波节之间，这种合成波称为行驻波。驻波比是驻波波腹处的电压幅值和波节处的电压幅值之比。

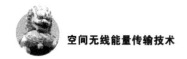

输入/输出驻波要求和设计与常规功率放大器一致，只是对于微波能量传输，由于输出功率、阵列规模较大，为提高稳定性和减少链路损耗引起的热耗，一般对于输出驻波提出较高的要求。

3. 结构和热控一体化分析和设计

微波能量传输系统一般要求功率放大器具有小型化、高效化、轻量化和批产，以满足大规模阵列的应用。为此一般采用 MMIC 芯片进行瓦式和片式设计，实现功率放大器的小型化和轻量化，其热控和结构需要采用一体化封装设计。

微波功率放大器受效率约束，部分功率成为热耗引起器件温度升高。实际上，器件温度每升高 10 ℃，射频输出功率会降低近 5%，而寿命缩短近一半。因此，功率放大器的热控对辐射功率、可靠性和寿命等有重要影响，放大器的热设计成为分析和设计的重点。功率放大器器件要尽量保持较低温度，主要通过减小损耗、提高效率和增加散热途径来解决。

功率放大器设计散热往往通过强制风冷的大块热沉来实现，这种方法对于商用地面站或许可以接受，但很难适用于其他场合，如机载应用。无疑，在设计周期之初就进行仔细的热分析对于放大器规范和系统设计都是重要的一步。但即使采用相当复杂的热沉，其重量和体积也会占到整个放大器的一半以上。传热问题更多源于以下需求，即保持热源和热沉之间的温差尽可能低，引入在高温下仍能高效工作的新型器件则可以缓解这一问题，这就是促进宽禁带半导体如 GaN、SiC 发展的主要因素之一，在这方面已取得不少优秀成果。

功率放大器组件结构封装实现方式包括瓦式和片式，采用金属壳体和陶瓷实现裸芯片的气密性封装，功率放大器芯片通过热流通道或热沉，实现一体化和轻型化。

1）多通道瓦式组件一体化多腔体管壳封装（图3.8）

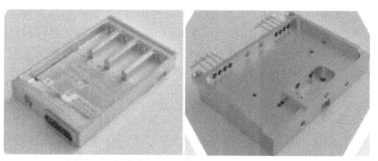

图 3.8 多通道瓦式组件一体化多腔体管壳封装

◆ 壳体材料：可伐（4J29）、硅铝、钨铜等。

◆ 射频端子介质材料：高频低损耗玻璃介质。

◆ 馈电端子介质材料：DM305 类玻璃。

◆ 管壳特性：管壳采用银铜高温焊接后镀金工艺，支持金硅、金锗、金锡铅锡等多温度梯度焊料的使用，可采用金锡焊接介质基板实现一体化管壳组件产品，管壳可实现三维正反面多腔体一体化布置。

2）片式/柔性组件陶瓷一体化封装（图 3.9）

通过陶瓷无引脚封装（CQFN PACKAGE）实现芯片的集成和封装，保证气密性和预基板烧结互连。

图 3.9　片式/柔性组件陶瓷一体化封装

◆ 引线与壳体间绝缘电阻：$\geqslant 1.0 \times 10^{9}\ \Omega$（DC：500 V）。

◆ 管壳表面镀镍镀金，镍层厚度 $1.3 \sim 8.9\ \mu m$；金层厚度 $1.3 \sim 5.7\ \mu m$。

◆ 封帽形式：

※ 可伐材料管壳：胶封、激光封、平行封；

※ 硅铝材料管壳：胶封、激光封。

◆ 管壳气密性：$\leqslant 1.0 \times 10^{-9}\ Pa \cdot cm^3/s（He）$。

◆ 管壳典型尺寸和引出端数：$3\ mm \times 3\ mm \times 1\ mm \sim 7\ mm \times 7\ mm \times 1\ mm$，16 ~ 44。

◆ 用于射频功率封装的新型复合热沉：

※ 外壳翘曲度小于 $1\ \mu m/mm$；

※ 适用大尺寸多级放大电路封装；

※ 外壳热阻：$2.4 \sim 2.7\ ℃/W$（10 ~ 50 W）。

4. 典型 GaN 固态高效率功率放大器产品

目前在 C 波段已有输出功率大于 100 W，效率大于 67% 的单级 GaN 固态功率放大器；在 2 GHz 已有 100 W、效率 75% 的 E 类工作模式的 GaN HEMT。与行波管放大器（Traveling – Wave Tube Amplifier，TWTA）相比，SSPA 还具有线性度好、体积小、易于集成等特点，这些优点使得在 4 GHz 以下的窄带工作时，SSPA 具有了替代 TWTA 的能力。

美国 David Schmelzer 等人在 2007 年采用新型的 GaN HEMT 器件设计了一款高效率 F 类功率放大器，其 2 GHz 频率下拥有 85% 的高额附加效率，同时它的输出功率也达到 16.5 W。德国汉诺威莱布尼茨大学的射频和微波工程研究所在 2010 年使用 GaN HEMT 器件设计了一款拥有自适应匹配网络的 F 类功率放大器，工作频率为 1 GHz，并且最大功率附加效率达到了 82%，输出功率为 10 W。2009 年中电三十八所和合肥工业大学使用 GaN HEMT 器件完成了一款应用于 L 波段的 F 类功率放大器，它的 PAE 达到 75%，输出功率为42 dBm。

3.3.2　F 类功率放大器设计

功率放大器实现高效率需要结合实际电路非理想和功率放大器组件电路复杂度、小型化和轻量化等要求，选择合适的谐波次数实现平坦波形；利用网络实现谐波的控制和类型，提高组件效率。F 类功率放大器网络设计对放大器性能有很大影响，主要包括常规的偏置网络设计和 F 类功率放大器要求的谐波控制网络设计。

1. 放大器匹配设计

功率放大器设计的第一步就是定义输出匹配电路。为表述清楚，先考虑图 3.10（a）所示的简单情况，有源器件输出端口用带输出电容的电流源表征，该器件部分地通过并联电感 L_p 调谐。如果在上述端口处进行负载牵引，将得到图 3.10（b）所示 Smith 圆图中的最优负载阻抗 Z_{opt}，其中 F_1 和 F_2 分别为带宽的底限和上限，F_c 为中心频率。现在我们的任务就是设计一个阻抗 Z_L 以严格拟合 Z_{opt} 的网络。如果目标是匹配 Z_{opt} 的曲率，可以考虑图 3.10（a）所示的并联电感和电容的网络。正如图 3.10（b）所示，其阻抗 Z_L 确实很好地拟合了 Z_{opt}。

由图 3.10（b）所示阻抗曲线可知，Z_L 和 Z_{opt} 在两个频点处匹配，因此功率响应成为双调谐电路的典型形状。对于微波能量传输一般为单载波应用，只需要在单频点匹配即可，匹配设计相对较为简单。

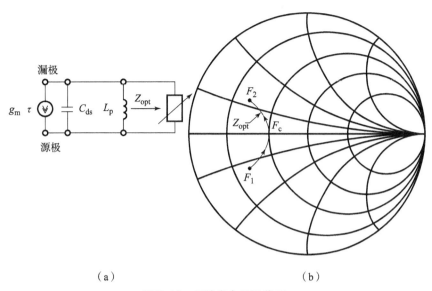

（a）　　　　　　　　　　　　　　　　（b）

图 3.10　用输出电感调谐 Z_{opt}

2. 负载牵引设计

功率器件为验证大信号模型的有效性，常常采用负载牵引的方法。负载牵引方法也是功率放大器设计，尤其是输出匹配网络设计的重要工具。

放大器设计从有源器件特征提取开始，被测器件（Device Under Test，DUT）与输入调谐电路、可调输出负载电路连接。调谐输入电路使 RF 输出功率增大直到器件完全饱和，即输出功率不再随 RF 输入变化。然后调节输出电路，使输出功率最大化，并记录对应的负载阻抗。在不同的频率重复上述过程，就可以定义 Z_{opt}，获得最优输出功率的频域输出阻抗轨迹。然后严格按照最优阻抗 Z_{opt} 进行输出匹配电路的设计，而输出匹配电路就与输出测试端口连接。最后，仿真整个放大器级，完成设计过程，如图 3.11 所示。

用 S 参数表征的器件的负载就是前面定义的输出匹配电路，再优化输入匹配电路以获得工作带宽内均匀的增益。这种模块化的设计过程将输入与输出网络设计分离开来，因此简单而有效。

3. 放大器偏置网络设计

偏置网络是晶体管的静态工作点上工作的直流通路，它在给晶体管的漏极和栅极提供直流工作电压的同时，也影响功率放大器的稳定性和频率特性，尤其在射频段，偏置网络对功率放大器电路的射频匹配网络产生的影响更加明

显，所以在射频段功率放大器电路设计时，可以考虑将偏置网络电路和射频匹配网络组合在一起设计。偏置网络电路设计要求：首先是为栅极和漏极提供稳定的直流电压，保证功率放大器工作在静态工作点上；其次确保功率放大器在工作频段内的稳定性良好；限制栅极和漏极电流，防止晶体管由于电流过大而损坏；同时，必须在保证输入和输出电路匹配不被影响的情况下滤除不需要的信号，防止射频信号耦合到直流通路中。射频匹配网络与直流通路去耦合主要方法：

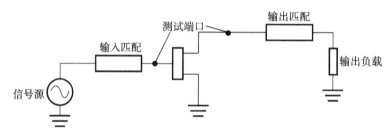

图 3.11　基于负载牵引的设计原理

（1）通过将一个射频扼流电感（Radio Frequency Choke，RFC）连接到射频电路与直流源之间来实现去耦合。因为射频扼流电感对射频信号阻抗无穷大，相当于开路，但对直流阻抗几乎为零，相当于短路，这样可以有效地将射频输入信号与直流偏置信号进行隔离。

（2）通过将一段1/4波长微带线连接到射频电路与直流源之间来实现去耦合，1/4波长微带线可以作为阻抗变换器，当直流信号通过时，会表现为低阻抗，当射频信号通过时，会表现为高阻抗，相当于开路。

（3）如图3.12所示，通过将一段1/4波长微带线与一个大电容接入到射频电路与直流源之间来实现去耦合。与方法（2）相比，此方法进一步考虑了耦合到直流偏置电路中射频信号的处理，接入的大电容可以短路射频信号，同时1/4波长微带线作为阻抗变换器，对射频信号会表现为高阻抗，相当于开路。

4. F类功率放大器设计波形选择

理想的F类功率放大器通过在输入和输出端添加谐波抑制网络来抑制输出端谐波，使电压波形和电流波不产生叠加，继而使得F类功率放大器拥有较高的输出效率。但是由于种种原因，我们无法构建一个理想状态下的F类功率放大器以实现对所有谐波的抑制，以致我们只考虑对有限次谐波的抑制。前面介绍了F类功率放大器的电压和电流波形的表达式，从中可以看到通过调节表达

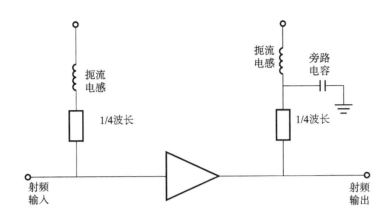

图 3.12　偏置网路电路示意图

式中的傅里叶系数来改变输出电压和电流的波形，从而可以近似实现波形的最平坦波形。

　　根据 F 类功率放大器的理论基础，高效率是通过对谐波抑制得到的，其对于奇次谐波开路，对偶次谐波短路，使得输出电压和电流波形没有重叠，进而获得很高的效率。所以对于 F 类功率放大器而言，其设计的核心内容就是通过合理设置输入/输出匹配网络，使其达到对谐波抑制的要求。

　　理想 F 类功率放大器的输入/输出匹配网络与图 3.4 所示电路类似，其目的是为了实现以下目标：

　　（1）对基频分量呈现最佳输入/输出阻抗，实现最大功率匹配输出。

　　（2）对偶次谐波分量呈现短路状态，即阻抗为零。

　　（3）对奇次谐波分量呈现开路状态，阻抗无穷大。

　　之前已经讨论过，这种理想的状态在实际应用中是无法实现的，而且在实际应用中，一般只考虑到三次谐波。

　　在开关型功率放大器中，当信号频率较大时，由于电路中晶体管的非线性，信号的谐波分量对电路效率影响很大。电路设计中，一般通过加入无源谐波控制网络来实现电路在各次谐波达到最优振幅，使输出信号获得更多的谐波分量，这样可以显著提高功率放大器的工作效率。理论上，F 类或逆 F 类功率放大器的谐波控制网络是实现漏极对奇数波或偶数波短路或开路。但是，由于晶体管内部和外部存在寄生参数，因此设计谐波抑制网络时，必须考虑寄生参数的匹配。

　　在实际应用中，只考虑输出匹配电路的谐波抑制是不够的，因为 F 类功率放大器对输入信号的质量也有一定要求，所以输入端的匹配也十分重要。但是，由于射频功率晶体管在栅极存在一个和输入电压相关的非线性电容 C_{gs}，这个电容是引起栅极信号质量退化的一个主要因素，当大信号输入或者功率放大器的偏置电压被设置在栅极的导通电压时，这个电容对输入信号的影响就十分明显。而 F 类功率放大器通常会满足这两个条件，所以这个非线性因素会影响 F 类功率放大器输入信号的质量，进而造成效率的损失。因此在设计中，要对输入信号及其谐波进行处理，这就需要引入输入匹配电路来调整。和输出匹配类似，其最佳输入阻抗的确定并没有规律可循，一般是通过阻抗牵引来达到设计要求。

5. 包含寄生参数匹配电路的谐波抑制电路

在开关型 F 类功率放大器电路的设计中，晶体管作为开关使用，由于晶体管输出电容和电感等寄生参数存在，使得晶体管不可能达到理想开关的功能。同样，由于寄生电容的存在使得谐波阻抗不能达到无限大，寄生电感使得阻抗不能达到理想零值。由于以上原因，在电路设计中必须考虑寄生参数的补偿。

为了克服这些寄生参数对 F 类功率放大器的影响，实现 F 类功率放大器的高效率性能，相关文献中提出了不同的寄生参数阻抗匹配电路设计，该设计主要适用于三阶以内补偿电路，同时功率放大器的工作频带一般很窄。有些文献中提出一种在原始电压上添加正交电压波形的方法获得 F 类功率放大器的高效率和宽带的设计方法。

谐波抑制电路可看作为滤波器电路，它对输入和输出信号谐波进行整形，获得所需要的波形，进而提高功率放大器的效率。谐波抑制电路的设计是 F 类功率放大器设计的核心，其设计的好坏直接影响功率放大器工作性能。谐波抑制电路设计目标是对传输在电路中的信号进行整形，通过对传输信号的各次谐波分量进行有效的抑制，得到所需要的电流和电压波形。结合设计指标和电路设计的可实现性，在实际 F 类功率放大器谐波抑制电路的设计中，主要控制传输信号的二、三次谐波分量。

谐波抑制网络设计可考虑将寄生参数匹配电路插入到谐波抑制电路中实现对寄生参数的匹配，即在输出端将寄生补偿电路作为二次、三次谐波抑制电路的一部分进行设计，然后再对基波进行阻抗匹配。设计流程是将功率放大器输出回路的谐波抑制电路与基频负载匹配电路分步进行，这样有利于增加设计的可操作性。

在实际波 F 类功率放大器设计中，对谐波的抑制一般仅考虑前三次谐波。而考虑更高次的谐波时可以由输出电容短路来滤除，此时对输入谐波的调谐，在晶体管的输入端塑造的输出波形和晶体管的输入与输出波形的转换等方面起着重要的作用。

多次谐波双向牵引设计是采用多次谐波 Load – pull/Source – pull 方法找到前三次谐波晶体管的输入和输出等的最佳谐波阻抗。这种方法是一个基于仿真的试验设备描述扩展的提议。提出这种仿真的方法是因为它具有不需要昂贵的多次谐波 Load – pull/Source – pull 试验装置以及耗时测量等优点。该功率放大器采用双电源供电，电路测试时功率晶体管栅极电压为 2.85 V，漏极电压为 28 V，当输入信号功率达到 30 dBm，输出信号功率达到 46.1 dBm，功率放大器功率附加效率达到 71%，测试结果与仿真结果相符，验证了仿真设计功率放大器的可实现性和可靠性。

李玉龙在论文中提出了一种在谐波抑制网络中插入寄生参数匹配电路设计 F 类功率放大器的方法。采用谐波双向牵引技术，在 ADS 仿真软件上仿真设计了一款工作在 1.25 GHz 频率的 F 类功率放大器。该款 F 类功率放大器具有高效率、工作频带宽的特点，在输入信号功率为 34 dBm 时，功率放大器的输出功率为 47.6 dBm，附加效率达到 74.3% 以上，小信号增益为 16.6 dB，带宽为 240 MHz。

2013 年张量等人研究了谐波抑制对 F 类功率放大器输入端的影响，设计了一款 S 波段的 F 类功率放大器，在输入功率为 28 dBm 时，输出功率为 40.3 dBm，最大功率附加效率达到 75.4%。

第 4 章

微波能量接收整流技术

在微波能量传输系统中，整流天线阵列完成微波能量的接收和整流，整流天线的设计对于保证微波能量传输的整体效率至关重要。"整流天线"（Rectenna）一词来源于"整流电路"（Rectifying Circuit）和"天线"（Antenna）的结合，最早由 W. C. Brown 于 20 世纪 60 年代提出。整流天线接收微波能量并将其转换成直流电能。整流天线由无源的接收天线单元和整流二极管构成，工作时不需要额外的电源输入。通常在接收天线和整流二极管电路之间包含一个低通滤波器，用来抑制高次谐波的再次辐射。

整流天线中所用的接收天线可以是任意形式，如偶极子天线、八木天线、微带天线以及抛物面天线等。整流电路的输入功率由接收天线的有效口径面积和功率密度共同决定。整流电路也存在多种形式，如并联全波整流电路、全波桥式整流电路以及其他混合整流电路等。整流电路尤其是二极管整流器件是决定微波 – 直流转换效率的主要因素。通常整流天线中采用的是硅基的肖特基二极管作为整流器件，最近采用新型半导体器件如 SiC 和 GaN 等有望进一步提高整流效率。

4.1　微波能量接收整流技术进展

4.1.1　美国

1975 年，美国喷气推进实验室（Jet Propulsion Laboratory，JPL）在微波能量传输试验中采用了 3.4 m×7.2 m 整流天线阵列，每个整流天线单元都包括偶极子天线、低通滤波器、GaAs 肖特基二极管整流电路等，整流天线的直流输出通过并联和串联的形式最终合成为一路输出。整流天线单元为偶极子天线，长度为 0.47λ，各偶极子之间的间距为 0.6λ，矩形栅格分布，距离接地板 0.2λ，整个阵列经过优化与入射波束匹配。整个整流天线阵列分为 17 个子阵（顶端由于安装结构问题省去了一个子阵），共包含 4 590 个整流天线单元。

针对近十几年平流层平台的研究热点，2006 年美国 NASA 兰利研究中心开展了微波能量传输在高空飞行器（High Altitude Airship，HAA）中的应用研究。为了在夜间保持全功能工作，利用接收整流天线接收来自地面的微波能量作为燃料电池的补充，可保证至少 1 MW 的功率来满足间歇性的工作需求。接收整流天线的转换效率可达 85%，但是由于距离较远（21 km），必须解决波束扩散导致的波束收集效率下降的问题。如果采用 W 频段（90~100 GHz），则需要口径为 48 m 的接收天线才能接收到大部分的微波能量。整流天线如图 4.1 所示，集成在柔性基板上，预期整流效率可达 85%。

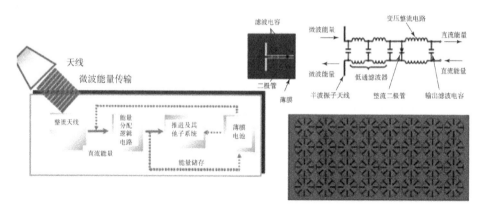

图 4.1　夜间 HAA 能源供应框图和接收整流天线

2012 年，基于美国国防部远景规划处推动的微型飞行器计划，美国海军研究生学院发表报告探索了采用微波无线能量传输方式为微型空中飞行器（Micro Air Vehicle，MAV）进行供能，其应用设想如图 4.2 所示，通过舰载雷达为体积超过 15 cm^3 的 MAV 供能，使其能够长时间、不间断地执行通信及监视工作。重点研究了全波整流电路的效率以及功率反射问题，全波整流电路原理框图见图 4.3，并对其研制的全波整流天线硬件在 8 ~ 10.5 GHz 频率范围内的效率与输入功率关系进行测试，如图 4.4 所示。测试结果显示，在 10 GHz 时输出功率最大，为 0.103 W，此时的输入功率为 0.18 W，计算效率为 57%，8.5 GHz 时效率最大为 66%，输入功率 0.1 W 时输出功率 0.066 W。

图 4.2　通过舰载雷达为微型空中飞行器供电

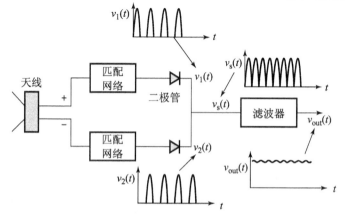

图 4.3　全波整流天线原理框图

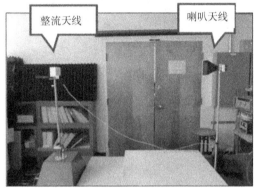

整流天线   喇叭天线

图4.4　舰载雷达为微型空中飞行器供电整流天线验证

4.1.2　日本

　　日本京都大学于 2010 年研制了新型微波能量传输系统，发射端采用256单元有源相控阵，总输出功率达到 1.9 kW，工作频率为 5.8 GHz，末级功率放大器采用高效 GaN 器件，采用幅度单脉冲法的波束控制精度达到 0.4°。这套系统验证了新型半导体功率器件、高精度波束控制等创新思路。整流天线阵列由 256 个整流天线单元构成，如图 4.5 所示，各整流天线单元在 1 mW 输入功率时整流效率超过 50%。在整流天线阵列上放置了频率选择表面（Frequency Selective Surface，FSS）用来抑制高次谐波的辐射，并且针对阵列进行了阻抗的优化设计。

　　除此之外，日本针对空间太阳能电站的微波能量传输进行了实质性的探索。1983 年首次进行了 MINIX 火箭试验，使用 2.45 GHz 的磁控管从子航天器向母航天器进行电力传输，发射功率达到 780 W，主要研究了空间大功率微波波束与电离层的非线性相互作用，是世界上首次在电离层进行的微波无线能量

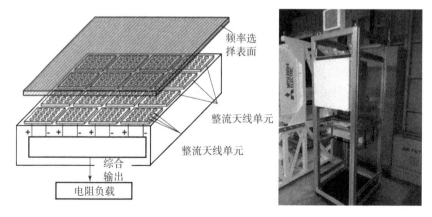

图 4.5　日本京都大学 5.8 GHz 整流天线阵列

传输试验。1993 年，日美合作进行了 ISY – METS 火箭试验，总体思路与 MI-NIX 类似，但发射天线采用了有源相控阵，功率放大器采用了半导体器件，子火箭携带了两种整流天线，其中一种为 Texas A&M 大学研制，工作在 2.411 GHz，最高输入功率可达 44 dBm。这两次空间试验不仅研究了大功率微波波束与电离层的非线性作用，同时验证了空间大功率 MPT 的可行性，如图 4.6 所示。

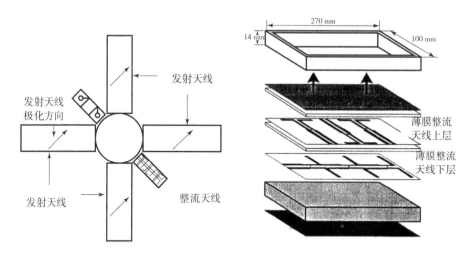

图 4.6　ISY – METS 火箭试验中美国 Texas A&M 大学研制的整流天线

2015 年 3 月，日本先后两次进行了微波无线输电试验，首先是 3 月 8 日 JAXA 将 1.8 kW 能量传输到 55 m 距离外的接收装置，试验系统如图 4.7 所示。在接收端接收功率范围在 320 ~ 340 W，通过变换为无线电爱好者的通信设备供电。此次试验工作频率为 5.8 GHz，微波 – 直流转换效率为 18.8%。但是由于采用的相控阵发射天线效率为 35%，因此系统总体直流 – 直流转换效率约为 6.6% 。此次试验效率较低的原因是发射天线尺寸为 1.2 m，接收天线尺寸为 2.5 m，在传输距离为 55 m 的情况下，波束收集效率仅为 67% 左右，而且固态相控阵发射天线的整体效率较低，从而限制了系统总体传输效率。在整流天线阵列的设计中，首先分析了接收整流处的微波能量功率分布，根据功率密度分布的不同将整流天线阵列划分为多个子阵，分别进行整流效率的优化，如图 4.8 所示，每个子阵的尺寸为 370 mm × 320 mm，接收天线单元为圆形贴片，间距 0.9λ，呈三角形栅格分布，如图 4.9 所示。整流电路分布在子阵背面，如图 4.10 所示。根据功率密度的不同，在 165 ~ 902 mW 的输入功率范围内优化整流电路效率，抑制 2 ~ 4 次谐波的再辐射。整流天线阵列的整体效率可达 56.8% 。

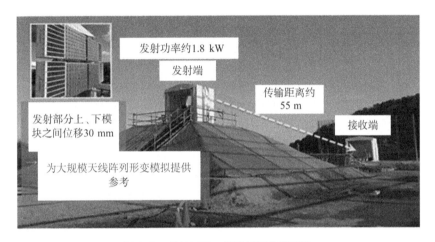

图 4.7　JAXA 55m 微波能量传输试验

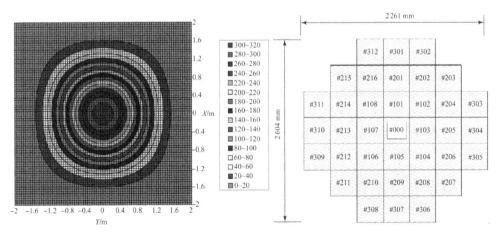

图 4.8　接收整流处的微波能量功率分布及子阵划分

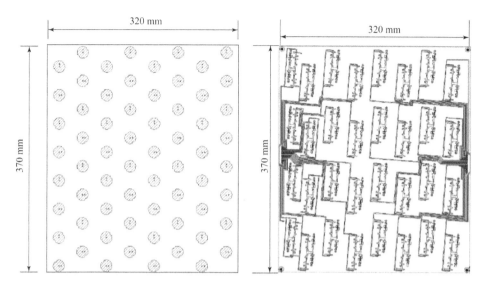

图 4.9　整流天线子阵的正反面示意图

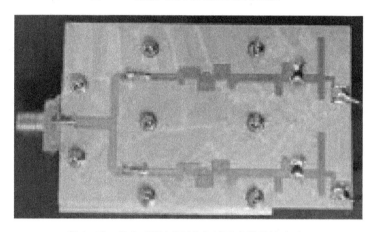

图 4.10　日本 JAXA 2015 年试验中的整流电路

4.1.3　欧洲及其他

　　1987 年，世界首个利用地面传输的微波作为动力的节能飞机在加拿大实现首次飞行，该系统被称为 SHARP（固定高空中继平台），如图 4.11 所示。其在 21 km 高空缓慢盘旋飞行数月，在直径 600 km 范围内对通信信号进行中继。采用一个高功率发射机在 2.45 GHz 频率下，将能量通过微波波束传输到在空中盘旋的飞机上，飞机内有二极管天线印制电路，利用整流二极管将微波能量转换成直流电，作为电动机的动力。整流天线阵列为双极化，可接收任意极化方式的来波，整流天线阵列尺寸为 0.86 m × 0.86 m，单个整流天线单元的输出功率为 4 W，整个阵列的直流输出功率约为 150 W。

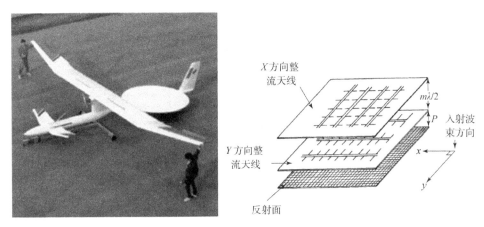

图 4.11　加拿大 SHARP 无人飞行平台无线能量传输及其双极化整流天线

2001 年，欧洲搭建了一个点对点的无线能量传输实验验证系统，分析了为法属留尼旺岛的村落供电的可行性，设计可以传输 10 kW 的电能，传输距离为 700 m，估算的传输效率约为 5%，如图 4.12 所示。

图 4.12　法属留尼旺岛微波无线能量传输整流天线

|4.2 高效率微波能量整流电路设计技术|

4.2.1 整流二极管建模与分析

整流电路是无线能量传输系统接收端整流天线的一个重要组成部分，也是决定整流天线整流效率最重要的一个因素，所以针对不同的应用场合，选择不同形式的整流电路显得尤为重要。整流电路最重要的组成部分为整流二极管。微波整流二极管，特指那些能工作在微波频段的二极管，是固态微波器件的一种。随着科技的不断发展，用于制作微波二极管的材料也在不断更新，这使得二极管的工作频段直线上升，目前最高的工作频段可达 300 GHz。其种类也十分丰富，主要包括变容二极管、体效应二极管、雪崩二极管、PIN 二极管以及肖特基势垒二极管等，可用于信号检测、开关、变频、解调、振荡器以及微波整流等射频电路的各个方面。如今，最常用的整流二极管是 W. H. Schottky 博士发明的肖特基势垒二极管（Schottky Barrier Diode，SBD），也称肖特基二极管。该二极管利用金属 – 半导体接触原理制作，具有功耗低、电流大、反向恢复时间短（纳秒级别）以及正向导通压降低等特点，这些特点使其成为性能极佳的中小功率高频微波整流二极管。

图 4.13 所示为理想情况下单管整流电路中肖特基二极管两端的输入信号与结电压的时域波形。为了避免高次谐振所带来的能量损耗，这里假设二极管的谐波阻抗为零或者无穷大，基频电压波形不会受高次谐波成分的影响。在这种情况下，整流电路的整流效率仅取决于二极管的电参数以及电路在直流和基频上的能量损失。

对于输入单频的功率信号，经过肖特基二极管之后产生的直流电压对二极管产生自偏置电压，且该自偏置电压随着输入功率的增大而增大。输入电压可以表示为

$$V_I = -V_D + V_P \cdot \cos\omega t \tag{4.1}$$

式中，V_D 为负载上的输出直流电压；V_P 为输入射频能量波形的峰值电压。

当二极管导通时，二极管的结电压为导通电压；不导通时，二极管的结电压为单频电压，可以表示为

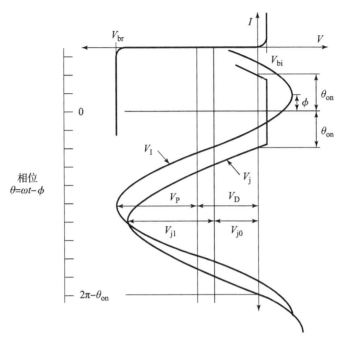

图 4.13　二极管 I–V 输入信号与结电压时域波形曲线

$$V_j = \begin{cases} -V_{j0} + V_{j1} \cdot \cos(\omega t - \phi), & \text{不导通} \\ V_{bi}, & \text{导通} \end{cases} \qquad (4.2)$$

式中，V_{bi} 为二极管的正向导通电压；V_{j0} 和 V_{j1} 分别为二极管结电压的直流和基频成分。

当忽略二极管的封装电容和封装电感时，二极管的等效电路可以表示为一个串联电阻 R_s、二极管的非线性结电阻 R_j、非线性结电容 C_j。对于并联整流电路，其等效电路如图 4.14 所示。根据基尔霍夫电压定律，得到

$$V_D + I_D R_s + V_{j,DC} = 0 \qquad (4.3)$$

将 $V_D = I_D R_L$ 代入式（4.3），则得到直流输出电压为

$$V_D = -V_{j,DC} \frac{R_L}{R_s + R_L} \qquad (4.4)$$

直流输出电压由肖特基二极管的结电压决定，在一个周期内，V_j 的平均值为

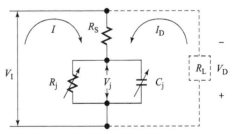

图 4.14　单管整流电路等效电路图

$$V_{j,DC} = \frac{1}{2\pi} \int_{-\theta_{on}}^{\theta_{on}} V_{bi} \mathrm{d}\theta + \frac{1}{2\pi} \int_{-\theta_{on}}^{2\pi - \theta_{on}} (-V_{j0} + V_{j1} \cos\theta) \mathrm{d}\theta$$

$$= \frac{\theta_{on}}{\pi} V_{bi} - V_{j0} \left(1 - \frac{\theta_{on}}{\pi} \right) - \frac{V_{j1}}{\pi} \sin\theta_{on} \qquad (4.5)$$

当二极管导通时，$V_j = V_{bi}$，故

$$-V_{j0} + V_{j1}\cos\theta_{on} = V_{bi} \qquad (4.6)$$

二极管截止时，R_j 为无穷大，因此有

$$-V_I + IR_S + V_j = 0 \qquad (4.7)$$

其中，$I = \dfrac{\mathrm{d}C_j V_j}{\mathrm{d}t}$，代入式（4.7）得

$$\frac{\mathrm{d}(C_j V_j)}{\mathrm{d}t} = \frac{(V_I - V_j)}{R_S} \qquad (4.8)$$

将 C_j 傅里叶展开，有

$$C_j = C_0 + C_1\cos(\omega t - \phi) + C_2\cos(2\omega t - 2\phi) + \cdots \qquad (4.9)$$

根据式（4.7）～式（4.9），可以得出

$$\omega R_S (C_1 V_{j0} - C_0 V_{j1})\sin(\omega t - \phi) =$$
$$V_{j0} - V_D + (V_P\cos\phi - V_{j1})\cos(\omega t - \phi) - V_P\sin\phi\sin(\omega t - \phi) \qquad (4.10)$$

比较两边的各项式系数，可以得出

$$V_{j0} = V_D \qquad (4.11)$$

$$V_{j1} = V_P\cos\phi \qquad (4.12)$$

将式（4.11）、式（4.4）代入式（4.5），有

$$\frac{R_S}{R_L} = \frac{V_{j1}}{V_D}\frac{1}{\pi}\sin\theta_{on} - \frac{\theta_{on}}{\pi}\left(1 + \frac{V_{bi}}{V_D} \right) \qquad (4.13)$$

将式（4.6）代入式（4.13），有

$$\tan\theta_{on} - \theta_{on} = \frac{\pi R_S}{R_L \left(1 + \dfrac{V_{bi}}{V_D} \right)} \qquad (4.14)$$

由式（4.14）可以计算得到 θ_{on}。

二极管的整流效率为

$$\eta = \frac{P_{DC}}{P_{Loss} + P_{DC}} \qquad (4.15)$$

式中，P_{DC} 为直流负载上的功率；P_{Loss} 为二极管上所消耗的能量，分别为

$$P_{Loss} = Loss_{on,R_S} + Loss_{off,R_S} + Loss_{on,diode} \qquad (4.16)$$

$$P_{DC} = \frac{V_D^2}{R_L} \qquad (4.17)$$

其中，消耗在二极管上的能量分别为

$$\text{Loss}_{\text{on},R_S} = \frac{1}{2\pi}\int_{-\theta_{\text{on}}}^{\theta_{\text{on}}} \frac{(V_I - V_{\text{bi}})^2}{R_S}\mathrm{d}\theta \qquad (4.18)$$

$$\text{Loss}_{\text{off},R_S} = \frac{1}{2\pi}\int_{\theta_{\text{on}}}^{2\pi-\theta_{\text{on}}} \frac{(V_I - V_j)^2}{R_S}\mathrm{d}\theta \qquad (4.19)$$

$$\text{Loss}_{\text{on,diode}} = \frac{1}{2\pi}\int_{-\theta_{\text{on}}}^{\theta_{\text{on}}} \frac{(V_I - V_{\text{bi}})V_{\text{bi}}}{R_S}\mathrm{d}\theta \qquad (4.20)$$

将利用式（4.18）~式（4.20）得到的结果代入式（4.15），单管并联整流电路的效率可以表示为

$$\eta = \frac{1}{1 + A + B + C} \qquad (4.21)$$

其中，

$$A = \frac{R_L}{\pi R_S}\left(1 + \frac{V_{\text{bi}}}{V_D}\right)^2\left[\theta_{\text{on}}\left(1 + \frac{1}{2\cos^2\theta_{\text{on}}}\right) - \frac{3}{2}\tan\theta_{\text{on}}\right] \qquad (4.22)$$

$$B = \frac{R_S R_L C_j^2 \omega^2}{2\pi}\left(1 + \frac{V_{\text{bi}}}{V_D}\right)\left(\frac{\pi - \theta_{\text{on}}}{\cos^2\theta_{\text{on}}} + \tan\theta_{\text{on}}\right) \qquad (4.23)$$

$$C = \frac{R_L}{\pi R_S}\left(1 + \frac{V_{\text{bi}}}{V_D}\right)\frac{V_{\text{bi}}}{V_D}(\tan\theta_{\text{on}} - \theta_{\text{on}}) \qquad (4.24)$$

$\omega = 2\pi f$；二极管的结电容为

$$C_j = C_{j0}\sqrt{\frac{V_{\text{bi}}}{V_{\text{bi}} + |V_D|}} \qquad (4.25)$$

由以上表达式可以看出，在未达到二极管反向击穿电压的情况下，并联整流电路的整流效率随着输入功率的增大而增大，随负载电阻的增大而增大。图 4.15 为利用上述公式计算得到的整流效率随负载电阻的变化情况，其中假设输出直流电压 $V_D = 3.3$ V，二极管的正向导通电压 $V_{\text{bi}} = 0.73$ V，串联电阻 $R_S = 4.6$ Ω。

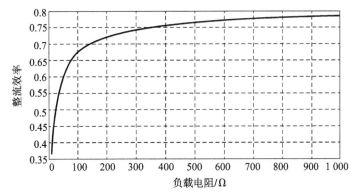

图 4.15　整流效率随负载电阻的变化情况示例

4.2.2　整流电路原理与结构

整流电路的基本原理就是利用二极管的单向导通特性，使方向随时间周期性变化的交流电通过电路时，只能沿一个方向导通，从而将其变成方向单一恒定的直流电能。微波整流电路与简单的交流电整流电路有些许不同，主要是因为普通的交流整流电路一般都是直接从端口输入，且频率较低，采用的多为集总参数元件，搭建出的电路也仅在低频下正常工作；而微波整流电路作为高频电路，通常会用到大量的分布参数元件。

整流电路中的关键器件——整流二极管，是非线性器件。作为非线性器件，整流二极管在整流电路中会产生高次谐波。若不对这些高次谐波进行处理，谐波会向整流电路的前端和后端传递。向前，高次谐波会通过接收天线重新发散到自由空间中，造成能量损失；向后，谐波会混入整流直流分量，造成输出直流不平整，影响整流效率。因此，整流电路中需在整流二极管的前后分别添加低通滤波器（Low – Pass Filter，LPF）和直通滤波器。

低通滤波器的主要作用有三个：①仅使整流电路工作频率的微波信号，也就是基波信号通过，阻止二极管产生的二次及更高次的谐波通过，并将谐波反射回二极管；②实现接收天线和整流二极管之间的阻抗匹配，避免基波信号无法完全进入整流二极管，造成射频能量整流不完整，整流电路整流效率下降；③阻止接收天线其他频率的分量进入整流电路。

直通滤波器负责滤除直流分量以外的任何射频分量，包括整流不完整所产生的残余基波信号以及因整流二极管非线性而产生的高次谐波，以得到纯净的直流能量，并且将残余的基波信号和高次谐波反射回二极管。如此，再加上前方的低通滤波器，就可以成功地将射频信号限制在两个滤波器之间来回反射，供整流二极管多次整流利用，以此提升整流电路的整体整流效率。

整流电路原理如图 4.16 所示。基波信号由接收天线从自由空间接收，然后传入整流电路。首先通过低通滤波器，进入整流二极管进行整流。由于二极管的非线性，会在整流电路中产生高次谐波，与整流产生的直流输出分量继续向后传输。这时，后端的直通滤波器将高次谐波反射，仅允许直流分量通过，传输给负载电阻。前端的低通滤波器则再次将高次谐波进行反射。如此，高次谐波被限制在低通滤波器和直通滤波器之间来回反射，经整流二极管多次整流，产生更多的直流分量，从而提高整流电路的整流效率。

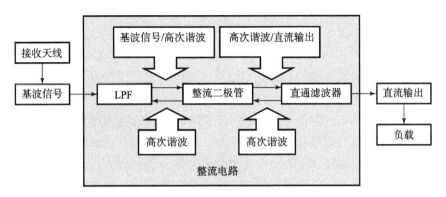

图 4.16 整流电路原理说明图

现在广泛应用于射频微波整流电路的形式主要有三种，即单管串联电路、单管并联电路以及双管串并联电路，如图 4.17 所示。

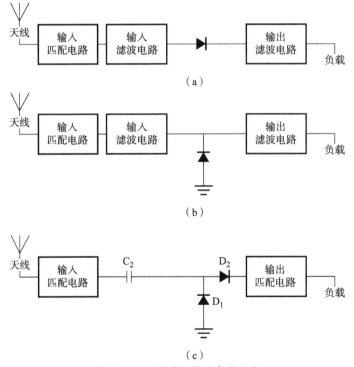

图 4.17 三种常见整流电路形式

（a）单管串联；（b）单管并联；（c）双管串并联

单管串联整流电路为半波整流电路，单管并联整流电路为全波整流电路。相比单管电路结构，双管串并联结构有更大的直流输出。单管整流形式虽然结构简单，但是随着输入功率的增加，当加载于整流二极管两端的电压大于反向击穿电压时，则整流效率会大幅度下降，而双管串并联形式则进行了分压，使电路在较大功率输入时仍有较好的整流效率。而从成本和电路布局的角度考虑，单二极管半波整流电路的设计方案成本更低，布局更加方便，结构更加简单，因此具有更大优势。尤其对接收天线是半波振子天线的整流电路设计而言，采用单二极管半波整流电路结构，可以非常方便地直接将整流二极管及滤波电容等电子元器件布置在传输线的中间，所以，目前几乎所有的接收整流天线都普遍采用单二极管半波整流电路结构进行整流天线的设计。

谐波抑制技术，如 F 类谐波抑制结构，被广泛应用于功率放大器的设计用以提高效率。在一个高效率的 F 类功率放大器中，通过加载微带枝节，使得偶次谐波近似短路且奇次谐波近似开路，改变输出电流与输出电压的波形，从而得到近似 100% 的效率。而此类结构也可以同样用于整流电路设计中，典型的 F 类整流电路结构如图 4.18 所示。

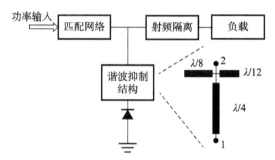

图 4.18　典型的 F 类整流电路结构图

其中，从端口 2 输出的电流为半个正弦波，而电压为近似方波，如图 4.19 所示。

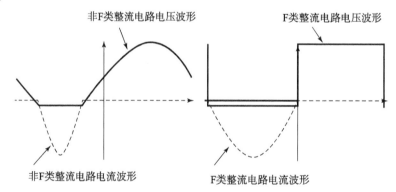

图 4.19　F 类与非 F 类整流电路的电流与电压波形

图 4.20 所示为在微波仿真软件 Advance Design System 中的 F 类谐波抑制结

构的电路模型，由 1/4 波长微带线以及几个开路枝节构成，使用 S - Parameters 仿真结果如图 4.21 所示。图 4.20 中，MLOC 表示终端开路线，MCROSO 表示 4 通道，MLIN 表示微带线，Term 表示端口，Z 表示阻抗，W 表示线宽，L 表示线长。在二次、四次等偶次谐波输入时阻抗接近零，近似短路；而三次、五次等奇次谐波输入时阻抗无穷大，近似开路。

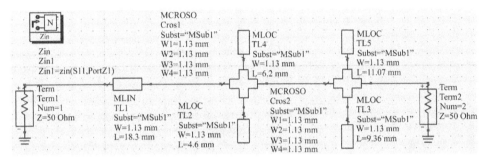

图 4.20　F 类谐波抑制结构模型图

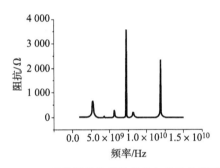

图 4.21　F 类谐波抑制结构输入阻抗仿真图

将此结构接入到单管并联整流电路中，如图 4.22 所示，仿真结果如图 4.23 所示。可以看到，在 "2" 处其电压呈方波，电压最大处电流近似为 0，电压最小处电流最大。

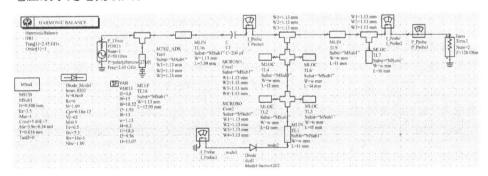

图 4.22　F 类整流电路模型图

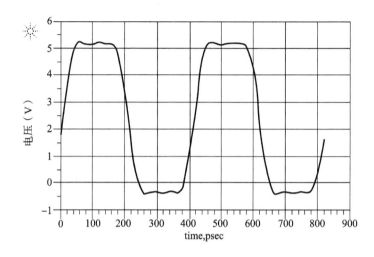

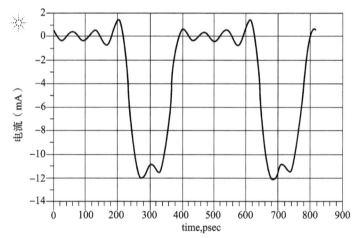

图 4.23 F 类整流电路电压与电流波形仿真图

4.2.3 5.8 GHz 整流电路仿真与分析

考虑到整流二极管在 5.8 GHz 工作时，各内部参数对交/直流转换效率的影响，选用 M/A - com 公司的整流二极管 MA4E1317，其内部等效电路如图 4.24（a）所示，其中 C_p 为寄生电容，L_p 为寄生电感，R_s 为串联电阻，C_j 为可变电容，R_j 为可变电感。在 Aglient 公司的电路仿真软件 Advanced Design System（ADS）中建立整流二极管 MA4E1317 的 Spice 模型，如图 4.24（b）所示。

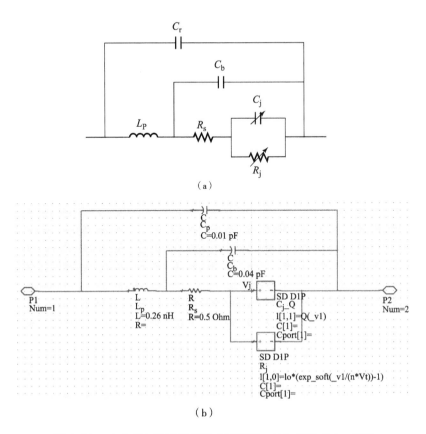

图 4.24　（a）MA4E1317 等效电路模型；（b）ADS Spice 模型

利用 ADS 的交流仿真对该二极管模型的结电压随输入单一频率功率信号的时域波形进行仿真，得到的结果如图 4.25 所示。

图 4.26 为利用 ADS 直流仿真得到的二极管两端的直流电压随直流源电压的变化情况。可以看出，利用该仿真模型进行的直流仿真，在反向电压大于反向击穿电压的情况下，二极管两端的直流电压并没反映出击穿的特性，故在实际设计中需要控制整个电路的工作条件，注意不要让二极管工作在击穿区域。

利用 ADS 2014 的谐波平衡仿真，用指定复数阻抗的功率源作为输入，进行整流效率和输出谐波抑制仿真，框图中的 DC Filter 采用微带扇形和短枝节滤波器分别对一次谐振 5.8 GHz 和二次谐波 11.6 GHz 处的输出分量进行谐波抑制，其仿真原理图如图 4.27 所示。

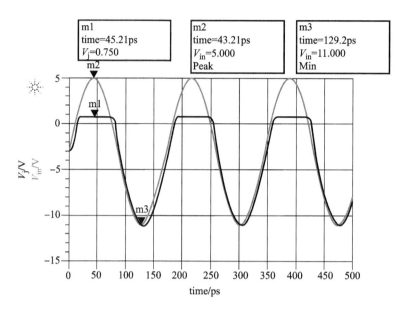

图4.25　ADS仿真二极管结电压与输入波形时域图

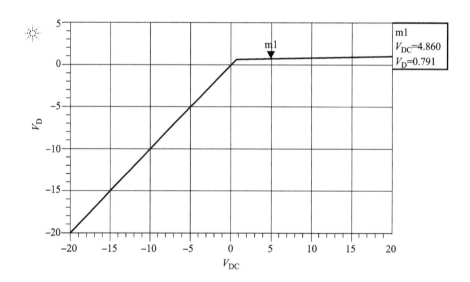

图4.26　二极管直流仿真分析

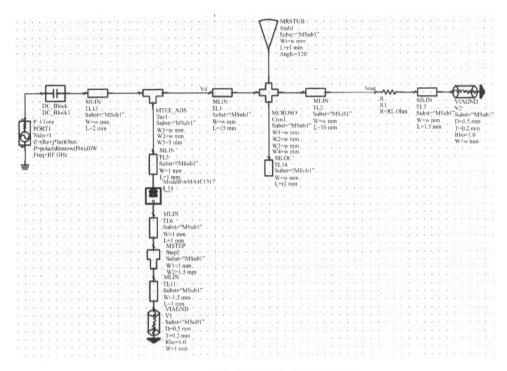

图 4.27　ADS 并联整流电路仿真原理图

图 4.27 中输入端所加的隔直器是为了防止直流回溯到天线这种实际不可能发生的情况。将优化之后的结果导入到版图中，进一步考虑电磁耦合的影响，进行三维电磁仿真，仿真原理图如图 4.28 所示。

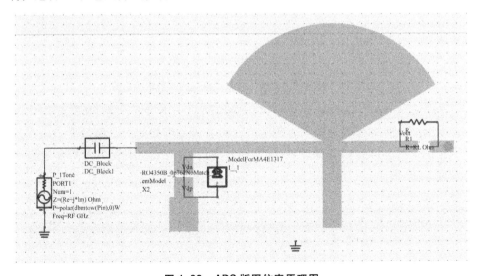

图 4.28　ADS 版图仿真原理图

以效率最优为目标对电路尺寸进行优化，得到的最高转换效率为 79%，输出电压约为 3.22 V，输入信号源功率为 16 dBm，负载电阻为 330 Ω，电路的输入阻抗为 $20 - j \times 58$ Ω。扫描输出功率、整流效率与信号源输入功率，可以得到图 4.29 所示的曲线，可以看出，随着输入功率的增大，整流效率会相应地增大，但是需要注意在仿真模型中，我们采用的二极管模型并没有考虑到其反向击穿的工作情况，在输入功率增大到一定程度时，可能导致二极管反向击穿，因此在实际应用中，需要控制整个电路的输入功率，使得二极管工作良好。

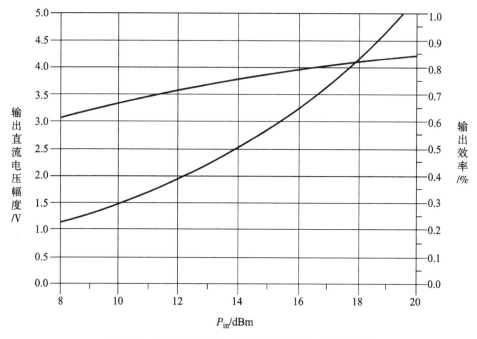

图 4.29　输出直流电压、整流效率与输入功率的关系

整流输出中的交流分量是衡量整流性能的另一指标，图 4.30 是输出信号中各次谐波分量对二极管端产生的各次谐波分量的抑制情况，可以看出，在基频 5.8 GHz 处，电路的抑制效果达到 -45 dB，而对二次谐波 11.6 GHz 的抑制效果为 -29 dB。

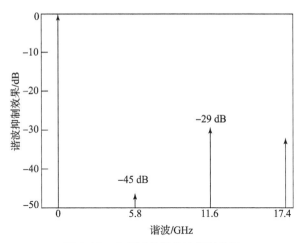

图 4.30 直通滤波器谐波抑制效果

4.3 微波能量接收整流技术发展趋势

4.3.1 高频段微波能量接收整流技术

现阶段微波能量传输技术面对的一大问题是为了保证高效传输，收/发天线的尺寸较大。显而易见，提高工作频率可以减小微波能量收/发设备的尺寸，这对于空间应用微波能量传输技术来说尤为重要。高频段微波能量的高效接收整流是未来实现高频段微波毫米波能量传输的关键基础之一。

1991 年，美国 Texas A&M 大学的 K. Chang 教授对 35 GHz 和 10 GHz 的整流天线进行了研究，在 35 GHz，输入功率为 60 mW 时，微波 – 直流转换效率可达 33%，图 4.31 为 K. Chang 的 35 GHz 整流天线的结构图和实物图。

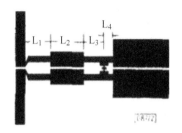

图 4.31 K. Chang 的 35GHz 整流天线的结构图和实物图

2007 年 K. Chang 又研究了 35 GHz 整流天线阵列。其整流天线单元和 2×2

阵列的结构如图 4.32 所示，当照射到接收天线上的功率密度为 30 mW/cm² 时，其微波 – 直流的转换效率约为 35%，负载端获得的直流电压分别为 0.45 V 和 1.73 V。

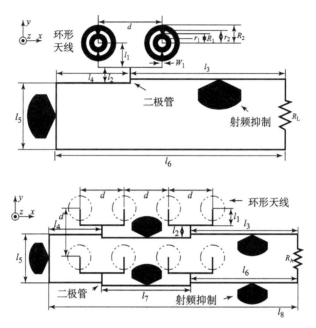

图 4.32　35 GHz 整流天线单元和 2×2 阵列

2008 年美国加州理工大学针对月球表面微波能量传输等空间应用对于系统体积和重量的限制，开展了 W 频段（94 GHz）毫米波无线能量传输研究，设计了 94 GHz 缝隙阵列天线和差分模式整流电路，如图 4.33 所示。仿真结构显示，其转换效率高达 72%，每平方厘米整流天线可产生 1.2 W 的直流功率。

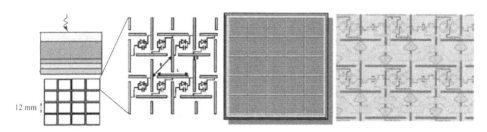

图 4.33　W 频段缝隙阵列天线和差分模式整流电路

2010 年中国台湾中央大学的研究人员基于 0.13 μm CMOS 工艺研制了高效双频整流天线芯片，利用槽线和共面波导传输线设计实现了高增益缝隙接收天线和带通滤波器，利用肖特基二极管实现了全波整流电路。当入射波束功率密

度为30 mW/cm² 时，在35 GHz 和94 GHz 的微波 – 直流转换效率分别为53%
和37%，整流天线芯片及验证试验如图4.34 所示。

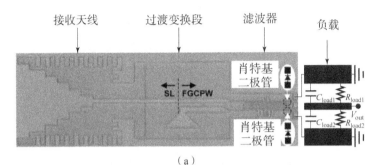

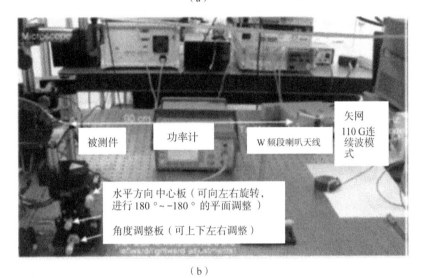

图4.34 中国台湾中央大学35GHz/94GHz 双频整流天线芯片

（a）双频整流天线芯片；（b）双频整流天线芯片测试

4.3.2 宽带化微波能量接收整流技术

除了点对点的能量传输应用以外，微波能量接收整流技术还在其他方面具
有巨大的应用潜力，近年来的一大热点研究领域是环境中的微波能量收集应
用。对于微波能量收集来说，微波能量接收整流部件的工作带宽越大，则收集
到的能量越多，因此宽带化的微波能量接收整流技术成为发展趋势之一。

2000 年美国科罗拉多大学提出了一种宽带圆极化螺旋整流天线，并组阵实现了
宽带圆极化整流天线的设计，最高转换效率可达到45%，工作频段为5 ~ 16 GHz，

输出电压最高为 0.3 V。其天线结构如图 4.35 所示。宽带圆极化整流天线既继承了宽带天线的宽带频谱利用特性，又继承了圆极化天线吸收来波不依赖于天线的极化形式的特点。该种方式有利于天线拥有更多的可利用频谱，并在接收能量时不用极化对准，接收端就可以自由地接收电磁能量。

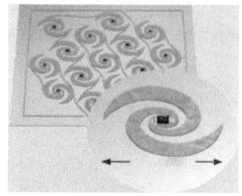

图 4.35　美国科罗拉多大学宽带圆极化螺旋整流天线

2004 年美国科罗拉多大学又研制了一种 64 单元宽带双圆极化螺旋天线阵列，如图 4.36 所示，讨论了低功率密度宽带全向微波整流天线设计中的几个关键问题，包括低功率微波整流天线阵列等。该整流天线阵列工作频段为 2～18 GHz，在入射波功率密度为 10^{-1} mW/cm^2 时，对于任意极化方式条件下整流效率可达 20% 以上。

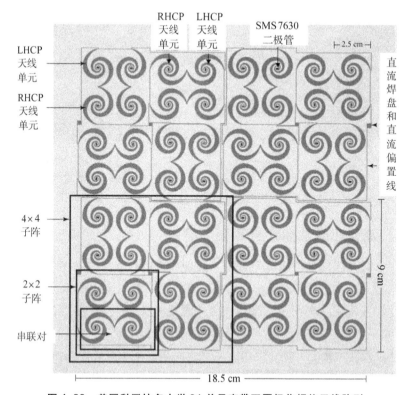

图 4.36　美国科罗拉多大学 64 单元宽带双圆极化螺旋天线阵列

我国电子科技大学在 2014 年设计了一种应用于微波能量传输的宽带整流电路，如图 4.37 所示。电路工作频带在 1.9 ~ 2.5 GHz，绝对带宽 600 MHz，工作的相对带宽为 27.2% 。当输入功率为 19 dBm 时，整流电路在工作频段内最高转换效率可达 70% ，最低转换效率超过 49% ，在工作频段内最高输出电压为 2.53 V。

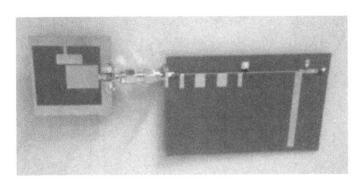

图 4.37　电子科技大学宽带整流电路

4.3.3　大动态整流电路技术

目前整流电路的最佳效率优化大多是针对某一特定输入功率，微波输入功率的变化将极大地影响整流电路的转换效率，如何在输入功率波动情况下保持整流电路的高效率成为微波能量接收整流技术研究的一大难点。

2013 年新加坡国立大学的郭永新教授及其团队针对整流电路的输入功率动态变化问题开展了研究，通过采用整流电路自适应可重构的方法，利用耗尽型场效应管开关并联多个整流二极管，随着输入功率的变化，场效应管开关控制不同数目的整流二极管处于工作状态，使整流电路自动适应输入功率的变化，提高了整流环节的动态范围，如图 4.38 和图 4.39 所示。在工作频段为 0.1 GHz，当输入功率动态范围为 $-14 ~ 21$ dBm 时均能保持整流效率大于 75% 。

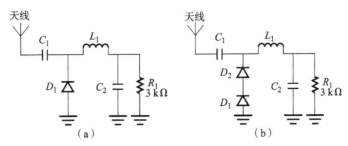

图 4.38　传统整流电路与自适应可重构整流电路

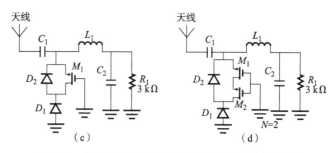

图 4.38　传统整流电路与自适应可重构整流电路（续）

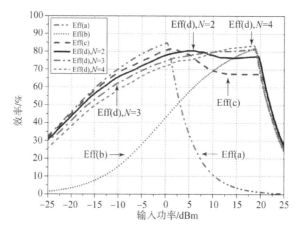

图 4.39　自适应可重构整流电路整流效率动态范围

　　2015 年德国亚琛理工大学的王得甫等人基于放大器的时域翻转对偶原理设计研制了一种新型高效率宽频带宽输入功率的整流电路，如图 4.40 所示。

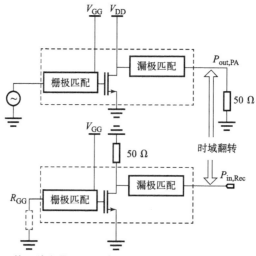

图 4.40　基于放大器时域翻转对偶的宽频带宽输入功率的整流电路

图 4.40 基于放大器时域翻转对偶的宽频带宽输入功率的整流电路（续）

与传统整流电路相比，可在较宽的频带和较宽的输入功率范围内保持较高的转换效率。试验结果显示，1.7 ~ 1.95 GHz 带宽内，在 15 dB 的输入功率动态范围内可保持 70% 以上的整流效率。该项技术还可在同一设备中实现放大器电路和整流电路，同时实现的放大器在输出功率为 10 W 时，漏极效率为 79%。

4.3.4 适用于信息与能量协同传输的接收整流技术

微波能量传输是无线电科学技术的新应用，它可能改变能量的产生方式（由地面到空间）和传输方式（由有线到无线），将成为人类科学技术的巨大进步。将能量传输与信息传输联合起来是无线电科学技术的又一跨越，蕴含着巨大的研究价值。信息与能量协同传输首先要解决的问题是两者之间的相互影响、相互制约问题，对于微波能量接收整流来说，需要分析信息传输体制对于整流效率的影响问题，研究适用于信息与能量协同传输的接收整流技术。

2013 年上海大学的杨雪霞教授提出了一种适用于信息与能量协同传输系统的整流天线，将耦合馈电的双极化天线作为接收天线，利用双端口馈电的方式解决信息与能量协同接收问题，垂直极化端口连接整流电路用于接收微波能量，水平极化端口连接解调电路用于信息接收，两端口之间隔离度较高，可以减小信息与能量传输之间的相互影响。该整流天线示意图如图 4.41 所示，在

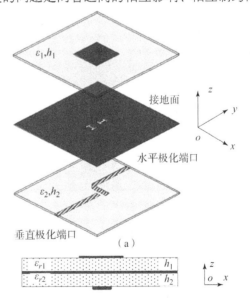

图 4.41 适用于信息与能量协同传输系统的整流天线

工作频率为 5.78 GHz、输入功率为25 mW时整流效率为63%，对于信息接收来说端口反射系数低于 −18 dB，增益为 7 dBi，两端口之间的交叉极化隔离度为 −15 dB。

2014 年东南大学的郑祖翔、吴乐南等对无线携能通信中整流电路的建模与仿真分析进行了研究，给出了超窄带调制信号对于整流电路能量转换效率影响的理论计算及仿真结果，如图 4.42 所示。结果表明，超窄带调制信号具有与正弦信号几乎一致的优异携能特性。采用超窄带调制作为无线携能通信系统中的信息调制方案，为无线携能通信系统的设计提供了一条可行思路。

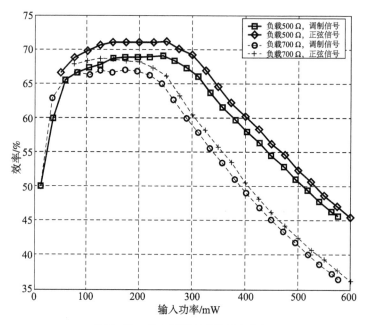

图 4.42　超窄带调制整流效率分析

2015 年日本鹿儿岛大学和 JAXA 共同研究了携能通信系统中信号调制方法和输入功率对于整流电路的整流效率影响问题，比较了 QPSK、16QAM 信号与未调制的连续波信号在不同的输入功率以及不同的传输速率条件下在同一整流电路中的整流效率，如图 4.43 所示。结果显示，在输入功率较高时调制信号的整流效率较低，这是由于调制信号的幅度会有所波动，从而影响整流效率。但是在低输入功率条件下，调制信号的整流效率却略好于未调制的连续波信号，初步认为这是由于调制信号幅度波动时会有小部分时间大于二极管的启动电压，使得整流效率略高。

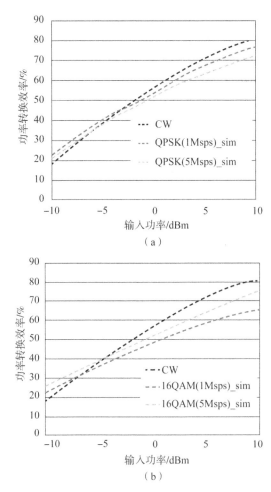

图 4.43 调制与未调制信号整流效率比较

（a）QPSK 调制信号与未调制信号对比；（b）QAM 调制信号与未调制信号对比

第 5 章

微波无线能量传输系统设计技术

|5.1 微波无线能量传输技术特点|

5.1.1 微波无线能量传输关键技术

微波无线能量传输具有较高的效率，大气穿透性好，是一种优选的大气环境下的远距离无线电力传输技术。该技术的发展涉及许多技术领域，其中很多关键技术的研究需要较长的时间。主要研究内容包括高功率发生器的研制，微波发射天线、接收整流天线的设计以及相应的控制系统。关键技术包括载波频率选择、微波无线能量传输系统优化设计、高效率 DC – RF 功率转换技术、波束成形天线技术、波束跟瞄和控制技术以及高效率接收整流天线技术等。

1. 载波频率选择

开展微波无线能量传输系统研究，首先需要完成载波频率的选择，这是无线能量传输技术研究关键之一。在进行载波频率选择时，需要综合考虑的各影响因素有无线能量传输距离、系统允许的收/发天线尺寸、天线极化方式、该微波频率对应元器件的技术发展水平、微波频率受大气影响程度等。

国内外相关单位对微波无线能量传输的载波频率选择进行了研究，结果表明，当从太空向地面输电时，2.45 GHz 以及 5.8 GHz 的微波是一个很好的选择。在星际探测以及沙漠中采用微波无线能量传输时，可以采用 35 GHz 或者更高频率，以实现系统小型化设计。目前，国内外开展微波无线能量传输技术研究，搭建地面演示系统，通常选用的功率载波频率为 2.45 GHz 和 5.8 GHz，这 2 个频率在大气的微波窗口内。美国 NASA 和欧洲 ESA 采用的是 2.45 GHz，日本 JAXA 采用的是 5.8 GHz，公开发表的文献报道中也有选择 35 GHz 或者更高频率作为能量传输载波的。

毫米波的优点是天线和器件的尺寸都很小。但毫米波器件的效率低，大气中的衰减也很大，在空间能量传输和星际探测中，由于不考虑大气影响，可以考虑采用较高的频率，比如 35 GHz、150 GHz 和 350 GHz。选择高频率载波主要是为减小天线口径，从而减小系统体积，但同时要结合微波器件发展水平及转换效率来综合考虑。

开展微波无线能量传输技术研究，需要深入分析微波频率与发射和接收端天线重量和尺寸的关系，分析微波源提供功率与微波频率的关系，并且给出微波频率在下一步研究中选择的趋势。

2. 微波无线能量传输技术体系研究

与传统微波卫星通信系统不同，微波无线能量传输需要围绕"高能量传输效率"和"高能量转换效率"开展空间无线能量传输系统方案设计工作，确保实现高的空间网络无线能量传输转换效率。因此，微波无线能量传输系统设计不同于常规通信卫星系统设计，需要针对微波无线能量传输特点，根据微波能量传输效率最大化，以及输入微波功率和接收微波整流电路特点，对发射天线、接收天线、收/发能量传输最大化匹配问题展开研究，提出能量传输系统总体方案，完成发射天线、接收天线和收/发传输之间的指标分解。在微波无线能量传输技术研究过程中，如何通过系统层面的研究和分析，找到合适的参数，使系统达到最优化、效率达到最高，是最大的技术难点，系统设计需考虑各种部件可选的参数，需要从理论上进行体系研究，从而给出可能的最优化设计。

对于空间无线能量传输系统，其难点在于综合考虑空间立体网络的"动态"和"立体"特性，充分考虑发射天线、接收天线和整流电路的能力及其相互制约关系，综合分析空间无线能量传输效率，对空间无线能量传输系统进行优化设计，确定空间无线能量传输系统参数和技术解决方案。对于空间无线能量传输系统，由于航天器的动态特性，需要综合考虑波束指向精度对能量传输效率的影响。

在保证效率的情况下，需要整合现有的微波技术，降低发射和接收端的重量和尺寸。微波发射天线和接收整流天线口径也存在相互制约关系，微波发射天线口径越大则接收整流天线口径可以越小，反之亦然。因此，需要开展系统层次的研究，分析系统中各部分之间的制约和限制关系，给出优化的设计方案。对系统的效率链进行分析，在达到指南要求的基础上，分析限制效率提高的瓶颈，给出微波无线能量传输技术发展的技术难点，为提高系统总体效率指出研究方向。通过系统层次的优化设计，使微波无线能量传输系统实现更高的传输效率。微波无线能量传输是一个复杂的系统，相互制约的因素很多，各部分相互关系复杂，需要开展系统层次的研究才能给出一个具有高效率的优化设计的系统。

3. 大功率高效率微波源技术研究

在微波无线能量传输系统中，直流功率需要转换成微波功率才能发射出去，需要通过微波源来完成，微波器件的选择非常关键，应考虑功率容量、频率和相位控制、高直流电压、散热、成本等方面的问题；在工程实现中，还需兼顾考虑系统传输效率、传输距离以及传输功率的要求。

无线能量传输系统和通信系统之间的唯一差别是效率，因而应该选择高效率的器件。微波管（Klystron – TWT – Magnetron）输出功率高（可以达到 kW 量级）、效率高（一般可以达到 60% ~ 75%）、功质比高（0.03 ~ 0.04 W/g）。其缺点在于需要采用功分器，因而天线 – 发射机衔接较困难，同时增加了发射系统的重量，也会引入插入损耗。

在各种微波管中，磁控管比速调管在输出功率、能量转换效率、功质比等关键指标上又具有一些优点。磁控管的微波输出可以达到 kW 量级，其功率转换效率可以达到 70% 以上，功质比仅大于 0.04 W/g，同时磁控管成本低，可降低系统的构建、运行以及运输成本。另外，毫米波的真空器件可以实现 kW 量级以上的功率输出，并维持很高的效率，同时可以减小接收和发射天线的尺寸。磁控管在多种能量转换系统中的这些优势使其更适合于微波无线能量传输系统。微波真空器件需要的直流高压，在卫星上提供较为困难；功分器的使用也会增加重量和引入插入损耗。因此，真空微波管在可重构分布式卫星系统的大功率能量传输上存在一定的优势。

随着微波技术的发展，微波固态器件技术提高很快。新型半导体材料，例如 GaN 和 SiC，可以构造大功率的微波放大器。例如，RFMD 公司的 GaN 宽带功率放大器 RF3934 在 2.1 GHz 的单管输出功率可以达到 140 W，漏极直流到微波传输效率达到 60%；在 0.9 GHz 时，单管输出功率可以达到 145 W，漏极直流到微波传输效率达到 75%。使用微波固态器件，直流供电电压为 50 V，避免了空间高压的困难，而且可以省去功分器，单管与微波反射天线单元直接对接。由于微波固态器件可以方便地控制相位，便于构建相控阵实现波束的方向控制。因此，微波固态元件在小功率无线能量传输上具有优势，并且方便实现波束的控制和微波源重量的减轻。

4. 大功率微波发射天线技术

在空间向地面的微波无线能量传输系统中，微波发射天线是极为关键的部件，它需要将大功率微波定向地辐射到地面的接收装置，其性能是保证微波无线能量传输效率的重要因素。微波发射天线必须具有如下重要特性：

（1）大功率容量。可重构分布式卫星需要足够高电能维持正常工作，接近 kW 级的无线能量传输将具有实际应用价值。这就要求微波发射天线具有相应的功率容量。

（2）极高增益。由于微波的物理特性，微波波束在空间传播过程中有较大的发散性。在中长距离微波能量传输中，微波发射天线必须有很高的增益，才能形成极窄的波束，保证微波能量传输后仍能集中于较小空间范围。这是实现高效率无线能量传输的前提条件。

（3）高功质比并且方便空间运输和空间装配。为获得极高增益，根据天线原理，微波发射天线必须有很大的口径面积。而微波发射天线是工作于空间中，因此必须考虑适宜于空间传输和在轨装配。微波发射天线需要降低重量，才能减小卫星的载荷，便于在可重构分布式卫星系统中应用。

美国等国家的空间微波无线能量传输系统方案中采用大口径的抛物反射面天线，通过大口径反射面天线聚焦形成高增益辐射。该方案在微波发射上存在若干不足：①反射面天线系统紧凑性相对较差，天线体积庞大、系统较为笨重，特别是轴向长度很大。作为空间应用的微波发射天线，还需要满足结构可展开、重量轻等要求，巨大口径面的反射面天线很难满足这种要求。②大口径抛物反射面天线的口径效率很低，这意味着相当大的口径面积才能实现足够的发射增益。

5. 高效率微波接收整流技术

在模块航天器间微波无线能量传输系统中，接收整流子系统是接收微波并转换为直流输出的装置，由接收天线和整流电路组成，二者高度集成，总体效率要求高，需选用高效率整流二极管。微波固态元件，例如肖特基二极管，存在一定的导通电压和串联电阻，微波整流的效率受到导通电压和串联电阻的限制。在微波整流天线阵列中，需要提高每个单元的接收和转换效率，并且进行阵列布局的优化设计，提高整流天线阵列的总效率。

在微波无线能量传输系统中，微波接收天线的作用就是把微波空间辐射尽可能高地接收下来。因此，微波接收天线的设计不同于传统的天线设计思路。技术研究过程中，需要深入研究微波无线能量传输系统接收端微波天线的形式，例如采用传统的贴片天线、偶极子天线、缝隙天线或者其他类型的天线，减少接收天线微波的反射和接收天线自身的损耗，提高接收的效率。如果接收天线对空间微波辐射的接收效率不够高，存在一定的微波反射，会导致微波输能中的总传输效率下降。

6. 波束控制技术

在微波无线能量传输系统中，收/发天线实现功率波束在空间的定向传输，一般情况下天线波束窄、传输的功率大，因此对波束的控制提出了较高的要求。如果微波发射天线或者接收整流天线的位置发生了变化，就会影响整体的传输效率。由于微波的波束覆盖范围有限，为了提高能量的传输效率，接收整流天线需要覆盖微波发射天线的主瓣范围。但是由于重量和尺寸的限制，接收端的微波整流天线的尺度不能过大。当微波发射天线发生小幅度的移动或者转动时，微波辐射的主瓣可能会偏离微波整流天线的范围，从而导致系统效率的下降。

为了使微波能量能够集中地发射到接收端，同时尽量减小接收天线的尺寸，微波能量传输系统还必须有效控制波束形状，使之能够达到集中辐射的目的。为形成可产生定向能的高功率微波，除采用高功率微波管外，还可以采用空间功率合成的方法来实现。利用电磁波的聚焦方式，使电磁波能聚焦到接收装置，即要求发射出的合成电磁波应具有特定的口面相位和幅度分布，以使口径上各辐射点源到聚焦点的电长度相等。虽然采用一定的口面分布可以达到电磁波聚焦的效果，但其聚焦距离与发射天线口面尺寸密切相关，而且聚焦脉冲较易发散。

微波无线能量传输技术研究过程中，需要同时开展波束控制技术研究，在微波接收端整流天线上增加一个可以将入射微波波束沿原路径返回的天线阵列。微波发射端通过接收被传回的微波信号，根据幅度的大小判断主瓣是否与接收天线对准，从而实现高的传输效率。通过软件控制的逆向波束技术，将可以通过伺服系统或者相控阵技术，改变微波发射天线的波束方向，使微波发射波束能跟踪微波接收整流天线的位置，保持高的传输效率。波束控制过程如图5.1所示。

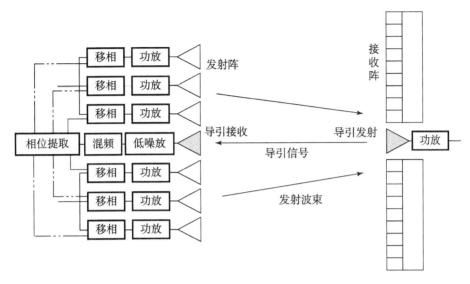

图 5.1　微波无线能量传输系统天线波束控制示意图

5.1.2　国内外主要验证系统指标对比

作为一种新型的能源传递方式，微波无线能量传输技术在太空发电、模块航天器间能量传输、军事定向能武器、星际探测等领域的应用均具有特殊的意义。从 20 世纪 90 年代开始，美国、日本，苏联/俄罗斯，加拿大及欧洲国家都开展和进行了微波无线能量传输的相关试验和研究，但针对系统设计的相关报道并不多，而且公开报道的信息也不全面，表 5.1 对比了目前能公开查阅到的微波无线能量传输系统采用方式以及试验结果。

表 5.1　国内外文献公开报道的主要验证系统指标对比

项目	地面微波无线输能系统	地面微波无线输能系统	飞艇微波无线输能系统	微波无线能量传输验证系统	三菱重工无线输电装置
系统图					
时间	1994—1995 年	2000 年	2009 年	2014 年	2015 年
国别	日本	日本	日本	中国	日本
载波	2.45 GHz	5.77 GHz	2.46 GHz	2.45 GHz	—
发射天线	直径为 3 m 的抛物面天线	—	圆极化平面阵列	直径为 2.4 m 的抛物面天线	天线阵列

续表

项目	地面微波无线输能系统	地面微波无线输能系统	飞艇微波无线输能系统	微波无线能量传输验证系统	三菱重工无线输电装置
接收天线	3.2 m×3.6 m 阵列天线	—	—	2.4 m×2.4 m 阵列天线	—
传输距离	42 m	—	30 m	11 m	500 m
发射功率	5 kW	25 W	110 W	52 W	10 kW
传输效率	DC - DC 效率9%，MW - DC 效率15%	DC - DC 效率7.68%，MW - DC 效率未见报道	功能验证	DC - DC 效率16.57%，MW - DC 效率28%	功能验证，点亮 LED 灯

5.1.3　国内外技术水平差距及主要问题

由我国研究现状的分析可以看出，目前我国对于微波无线能量传输技术方面的研究起步较晚，研究成果更多地是处于理论研究阶段，硬件成果较少。综合来看，我国微波无线能量传输技术的发展水平对比国外存在如下问题：

（1）技术研究起步较晚，整体发展思路尚不明晰。

微波无线能量传输系统及其相关技术具有广泛的应用前景，一旦投入使用将带来巨大的商业效益。国内已经开展了相应的研究工作，搭建了演示验证系统，并取得了阶段性成果，且技术指标良好，但距离工程化实施还有一定的距离，需要开展更加深入的工作完成系统关键技术研究，在长距离、高功率、高效率、多模等关键内容以及在轨应用工程化实施等方面进一步开展相关技术研究。

（2）关键部件技术水平亟待提升。

微波无线能量传输技术的发展涉及许多技术领域，其中很多关键技术的研究需要较长的时间。与国外相比，微波无线能量传输关键单项技术中，国内在微波器件方面的发展水平较高，但更多的是考虑地面试验应用，难以满足宇航产品的要求。在大型相控阵天线、地面整流设备方面则发展比较缓慢，对新材料、新工艺的应用不足，在突破系统重量与体积瓶颈方面遇到了较多的技术难题。

（3）技术联合不足。

目前国内有较多开展微波无线能量传输关键技术研究的学校、公司及研究所等。但大部分采用独立研究或者小部分团体合作的研究模式，没有明确的顶层策划，发展思路尚不明晰，研究内容基本局限于单功能关键部件的研制，缺乏系统层面的综合设计经验。

5.2　微波无线能量传输系统组成

20 世纪 60 年代初，美国人 W. C. Brown 首先提出了空间微波无线能量传输的概念，即以微波为载体在自由空间中无线传输大功率电磁能量。1968 年美国人 Peter. Glaser 在此概念上提出了卫星太阳能电站的概念，即在地球同步轨道上的太阳能卫星把接收到的太阳能转换为电磁能，用大功率微波天线定向发射回地面，地面接收整流天线系统将接收到的能量转换为直流电，从而实现太阳能发电的功能。微波无线能量传输技术是最早纳入空间太阳能电站设想的核心技术。

作为一种新型能量传递方式，微波无线能量传输技术具有以下几个特点：

（1）源到负载之间的能量传递在自由空间进行，可以不借助任何导波系统；

（2）能量的传递速度快（为光速）；

（3）能量的传递方向可以迅速改变（改变天线方向）；

（4）低损耗。电磁波在真空中传播无损耗，特定频率的电磁波在大气中的损耗也较小。

微波无线能量传输系统主要包括微波发射子系统、微波接收子系统及空间传输三部分。微波发射子系统主要用于将输入的直流电高效率地转换为微波，并且实现微波的高精度发射和高效率的空间功率合成，主要由微波发射机和微波发射天线组成。微波接收子系统主要由微波接收天线、微波整流电路、直流电功率合成电路以及电力变换装置组成。同时，需要在接收端安装反向导引波束发射装置，以便向发射天线提供导引波束。微波无线能量传输系统基本构成如图 5.2 所示。

其中，微波发射机又主要包括信号源及固态放大器两部分；微波整流电路又包括单元整流电路及直流合成两部分。微波发射机完成 DC 到 RF 的能量转换，微波整流电路完成 RF 到 DC 的能量转换，微波发射天线和微波接收天线完成 RF 能量的空间传输。

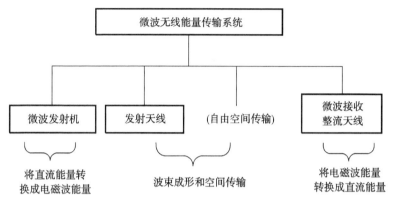

图 5.2　微波无线能量传输系统主要组成

|5.3　微波无线能量传输系统效率链路分析|

对于微波无线能量传输系统，传输效率是评价系统性能是否优良的重要技术指标。从微波无线能量传输系统组成可以看出，微波无线能量传输系统的总效率定义为直流能量到射频能量转换效率、射频能量传输效率以及射频能量到直流能量转换效率三部分的总乘积，系统传输效率组成如图 5.3 所示，可用下述公式计算

$$\eta_{\mathrm{DC-DC}} = \eta_{\mathrm{s}} \times \eta_{\mathrm{tr}} \times \eta_{\mathrm{rect}} \times \eta_{\mathrm{pc}} \tag{5.1}$$

式中，$\eta_{\mathrm{DC-DC}}$ 为系统链路能量传输效率（DC 到 DC）；η_{s} 为微波发射机能量转换效率；η_{tr} 为收/发天线能量传输效率；η_{rect} 为微波整流电路效率；η_{pc} 为整流电路直流合成效率。

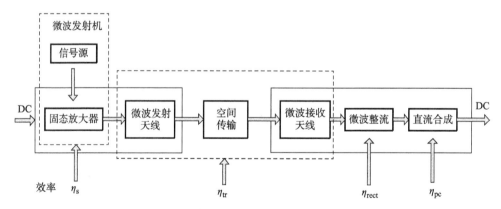

图 5.3　微波无线能量传输系统效率组成框图

5.3.1　微波发射机效率分析

微波发射机由微波源与固态功率放大器两部分组成，其效率主要表现在 DC 到 RF 的能量转换。目前，将直流能量转换为微波能量，为获得高效率、高功率微波源，可采用固态器件、磁控管及行波管三种方式。其中，微波真空器件需要的直流高压，很大程度上限制了磁控管在航天领域的应用；考虑成本问题，行波管在本研究中不具备竞争优势；因此，在微波无线能量传输原理样机中采用固态器件实现发射机研制。

随着微波技术的发展，微波固态器件技术水平提高很快，新型半导体材料，例如 GaN 和 SiC，可以构造大功率的微波功率放大器。GaN 是大功率和高温半导体器件的理想化合物半导体材料，基于 GaN 固态器件的微波源，具有频带宽、功率容量大、效率高及耐温特性好等优势。

目前业界已具有较多高水平的 GaN 器件，例如 RFMD 公司的 GaN 宽带功率放大器 RF3934。在实际产品研制中，由于供电网络、输出网络等电路模块存在的自身损耗，估算可实现的固态源直流 - 微波转换效率为 50% 。

5.3.2　微波接收整流电路效率分析

微波整流二极管性能是决定整流效率的关键因素。20 世纪 70 年代，Si 肖特基二极管代替点接触半导体二极管以后，将 RF - DC 转换效率提高到 80% 左右。整流二极管工作于大信号状态，所以必须首先分析其非线性特性，研究工作频率、输入功率、直流负载等参数对整流效率的影响，以便选择最佳参数。同时，为了得到较高的能量转换效率，设计中必须选择结电容小的二极管。目前，国外高性能二极管对中国禁运，整流电路受限于民品二极管的性能，可实现的整流效率约为 75% 。

由于单个整流电路功率容量有限，而本研究要求输出 DC 功率为 15 W，因此无法通过单个整流电路来实现射频能量到直流能量的转换。设计中通过并联方式进行直流合成，结合目前技术水平，预计并联效率约为 90% 。

5.3.3　收/发天线能量传输效率分析

在微波无线能量传输系统中，空间传输效率（即覆盖效率），主要体现在发射天线、接收天线以及传输环境等因素上。实际工程中，大口径面发射与接收天线存在的波束控制问题，将会导致覆盖效率的下降，导致试验测试出的系统效率与理论估算效率存在差距。因此，受限于发射/接收天线尺寸及传输环境等因素，空间传输效率较难获得最佳值。结合现有天线研制水平，可以估算

收/发天线能量传输效率约为 50%。

在实际产品研制中，收/发天线能量传输效率可以用下列公式表示

$$\eta_{\text{tr}} = \eta_{\text{tl}} \times \eta_{\text{r}} \times \eta_{\text{rl}} \times \eta_{\text{rc}} \tag{5.2}$$

其中，η_{tl} 为发射天线欧姆损耗，预计为 0.5 dB，对应效率约为 90%；η_{r} 为接收天线捕获能量效率；η_{rl} 为接收天线欧姆损耗，预计为 1.0 dB，对应效率约为 80%；η_{rc} 为接收天线散射效率，估计为 90%。

由上述公式，可以估算出接收天线的能量捕获效率约为 80%。

收/发天线能量传输效率 η_{tr} 受限于发射天线、接收天线以及传输环境等因素。对于大尺寸天线，抛物面天线远场距离 R_{ff} 可根据下列公式进行计算：

$$R_{\text{ff}} = \frac{2D^2}{\lambda} \tag{5.3}$$

式中，λ 为载波波长，若选择载波频率为 2.45 GHz ± 50 MHz，则 $\lambda \approx 12.2$ cm。

发射/接收天线口径尺寸可根据微波能量传输公式进行估算，综合考虑系统效率要求及各分系统效率指标，选择发射天线口径直径 $D = 4.5$ m，则该抛物面天线的远场距离 R_{ff} 为

$$R_{\text{ff}} = \frac{2D^2}{\lambda} = \frac{2 \times 4.5^2}{0.122} \approx 332 \text{ m}$$

若搭建一套微波无线能量传输演示验证系统，选择的试验距离为 10～100 m，则为近场区，图 5.4 给出了不同传输距离收/发天线空间传输示意图。针对不同距离（30 m，100 m，300 m），可仿真接收天线等效口径与捕获能量的关系，结果如图 5.5 所示。

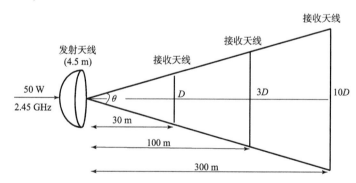

图 5.4　不同传输距离的收/发天线空间传输示意图

由图 5.5 仿真结果可估算，当发射天线和接收天线相距 $R_{\text{ff}} = 300$ m 时，接收天线能量捕获效率为 80%，接收天线的等效口径约为 16 m；当发射天线和接收天线相距 $R_{\text{ff}} = 100$ m 时，接收天线能量捕获效率为 80%，接收天线的等效口径约为 5.8 m；当发射天线和接收天线相距 $R_{\text{ff}} = 30$ m 时，接收天线能量

捕获效率为 80%，接收天线的等效口径约为 3 m。

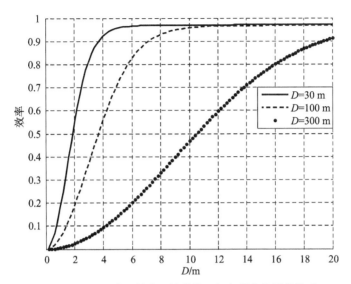

图 5.5　不同距离处接收天线等效口径与捕获能量的关系

若天线口径过大，考虑到设计、加工难度及成本等方面，实际研制过程中均较难实现。因此，选取发射天线和接收天线相距 30 m 较为适宜，发射天线口径为 4.5 m，接收天线能量捕获效率为 80%，接收天线等效口径为 3 m。

5.4　微波无线能量传输系统收/发天线设计

能量传输收/发天线系统包括发射天线、空间传输信道、接收天线。收/发天线一般口径较大，以提高方向性、避免能量泄漏。发射天线一般采用反射面天线或阵列天线，接收天线一般采用阵列天线。

5.4.1　收/发天线功率密度分析

微波能量传输天线主要应用在辐射中场区，天线电磁场为非平行波，波束具有较强的定向聚焦特性。为实现收/发天线高效率能量传输设计，需要完成天线辐射区功率密度分析，在此基础上完成系统设计。

1. 辐射场区功率密度分析

天线场区分为电抗近场区、辐射近场区（亦称为瑞利场区）、辐射中场区

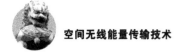

（亦称为菲涅尔区）、辐射远场区（亦称为夫琅和费区）四个区域，电抗近场区为 $R \leqslant \lambda/2\pi$ 的区域，辐射近场区为 $\lambda/2\pi < R \leqslant D^2/2\lambda$ 的区域，辐射中场区为 $D^2/2\lambda < R \leqslant 2D^2/\lambda$ 的区域，辐射远场区为 $R \geqslant 2D^2/\lambda$ 的区域。微波能量传输主要应用在辐射中场区，下面对各个场区功率密度进行分析。

功率密度定义为

$$PD = \frac{P_t G(R, \theta, \varphi)}{4\pi R^2} \tag{5.4}$$

2. 辐射近场区功率密度

在辐射近场区，电磁波基本集中在天线口面为柱体的管状波束内，在此区域平均功率密度为

$$PD\,[\,\mathrm{mW/cm^2}\,] = \frac{0.1 \times P_t\,[\,\mathrm{W}\,]}{\pi \times D^2\,[\,\mathrm{m}\,]/4} \tag{5.5}$$

关于 $\lambda/2\pi \leqslant R < D^2/2\lambda$ 的辐射近场区的计算实例，天线口径为 3 m、频率为 12 GHz。辐射近场区：$\lambda/2\pi = 0.4$ m，$D^2/2\lambda = 180$ m，近场区平均功率密度（设 $P_t = 200$ W）为

$$PD\,[\,\mathrm{mW/cm^2}\,] = \frac{0.1 \times P_t\,[\,\mathrm{W}\,]}{\pi \times D^2\,[\,\mathrm{m}\,]/4} = 2.8\ \mathrm{mW/cm^2} \tag{5.6}$$

3. 辐射中场区功率密度

当 $D^2/2\lambda \leqslant R < 2D^2/\lambda$ 时为辐射中场区，在此区域内，天线的场分布和增益不仅是角度的函数，而且是距离 R 的函数。由于天线口面相差的影响，天线近场区增益不同于远场区增益，为了确定天线辐射中场区功率密度，计算天线近场区增益是很必要的。

圆口径天线如图 5.6 所示，假设天线的口面场分布函数为 $f(x)$，且天线是圆口径对称天线。

由天线理论可知，天线的归一化方向图可用下式近似计算：

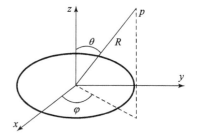

图 5.6　圆口径天线示意图

$$F(\theta, \beta) = \int_0^1 f(x) \exp\left(\frac{-\mathrm{j}\pi}{8\beta} x^2\right) J_0\left(\frac{\pi D \sin\theta}{\lambda}\right) x \mathrm{d}x \tag{5.7}$$

$$G(\theta, \beta) = G_0 \frac{|F(\theta, \beta)|^2}{|F(0)|^2} \tag{5.8}$$

$$\beta = \frac{R}{2D^2/\lambda} \tag{5.9}$$

式中，$F(\theta, \beta)$ 为天线的近场区方向图函数；θ 为偏离天线轴向的角度；β 为距离因子；R 为离开天线口面的距离。

消去上式中的二次相位误差项，可获得天线远场区近似计算公式为

$$F(\theta) = \int_0^1 f(x) J_0\left(\frac{\pi D \sin\theta}{\lambda} x\right) x \mathrm{d}x \tag{5.10}$$

如果 G_0 表示天线远场区增益，则天线近场区增益为

$$PD = \frac{P_t G_0}{4\pi R^2} \frac{|F(\theta,\beta)|^2}{|F(0)|^2} \tag{5.11}$$

$$PD = \frac{P_t G_0 \lambda^2}{16\pi R^4} \frac{|F(\theta,\beta)|^2}{|F(0)|^2} PD_{\mathrm{fac}} \tag{5.12}$$

$$PD_{\mathrm{fac}} = \frac{\left| \int_0^1 f(x) \exp\left(\frac{-\mathrm{j}\pi}{8\beta} x^2\right) J_0\left(\frac{\pi D \sin\theta}{\lambda} x\right) x \mathrm{d}x \right|^2}{\beta^2 \left| \int_0^1 f(x) x \mathrm{d}x \right|^2} \tag{5.13}$$

近场区轴向功率密度是指 $\theta = 0°$ 方向上的天线近场区功率密度，近场区轴向功率密度因子 PD_{fac0} 为

$$PD_{\mathrm{fac0}} = \frac{\left| \int_0^1 f(x) \exp\left(\frac{-\mathrm{j}\pi}{8\beta} x^2\right) x \mathrm{d}x \right|^2}{\beta^2 \left| \int_0^1 f(x) x \mathrm{d}x \right|^2} \tag{5.14}$$

则天线近场区功率密度为

$$PD_0 = \frac{P_t G_0 \lambda^2}{16\pi R^4} PD_{\mathrm{fac0}} \tag{5.15}$$

计算实例一：圆口径均匀分布

$$f(x) = 1 \tag{5.16}$$

圆口径均匀分布的近场区轴向功率密度为

$$PD_0 = \frac{P_t G_0 \lambda^2}{16\pi R^4} \cdot \frac{128}{\pi^2}\left(1 - \cos\frac{\pi}{8\beta}\right) \tag{5.17}$$

由近场区功率密度包络可知，当 $R = 0.25D^2/\lambda$ 时，近场区功率密度因子最大；当 $R > 0.25D^2/\lambda$ 时，近场区功率密度因子随距离因子 β 单调减小；当 R 在 $[0, 0.25D^2/\lambda]$ 区间内，近场区功率密度因子是振荡变化的；当 $R = 0.25D^2/\lambda$ 时，其轴向近场区功率密度最大，是 $R = 0.25D^2/\lambda$ 的 26.3 倍。

计算实例二：圆口径锥削分布

圆口径锥削分布是一种常见的口面场分布函数，其口面场分布函数为

$$f(x) = 1 - x^2 \tag{5.18}$$

圆口径均匀分布的近场区轴向功率密度为

$$PD_0 = \frac{128}{\pi^2}\left[1 - \frac{16\beta}{\pi}\sin\frac{\pi}{8\beta} + \frac{128\beta^2}{\pi^2}\left(1 - \cos\frac{\pi}{8\beta}\right)\right] \tag{5.19}$$

由近场区功率密度包络可知，当 $R = 0.192D^2/\lambda$ 时，近场区功率密度因子最大；当 $R > 0.192D^2/\lambda$ 时，近场区功率密度因子随距离因子 β 单调减小；当 R 在 $[0,0.25D^2/\lambda]$ 区间内，近场区功率密度因子是振荡变化的；当 $R = 0.192D^2/\lambda$ 时，其轴向近场区功率密度最大，是 $R = 2D^2/\lambda$ 的 41.5 倍。

计算实例三：圆口径高斯分布

圆口径高斯分布轴向近场区功率密度为

$$PD_0 = \frac{P_tG_0\lambda^2}{16\pi R^4} \cdot \frac{64c^2\left(1 - 2e^{-c}\cos\frac{\pi}{8\beta} + e^{-2c}\right)}{(\pi^2 + 64\beta^2c^2)(1 - e^{-c})^2} \tag{5.20}$$

由近场区功率密度包络可知，当 $R > 0.236D^2/\lambda$ 时，近场区功率密度因子随距离因子 β 单调减小；当 $R = 0.236D^2/\lambda$ 时，近场区功率密度因子较大，但当 $R < 0.236D^2/\lambda$ 时，近场区功率密度因子随距离因子 β 振荡变化；$R = 0.236D^2/\lambda$ 时，其轴向近场区功率密度较大，是 $R = 2D^2/\lambda$ 的 28.6 倍。

对于其他的圆口径场分布，只要知道天线口面场分布函数，即可求得在不同的距离因子情况下，近场区功率密度因子的大小，然后乘以常数 $(P_tG_0\lambda^2)/(16\pi DR^4)$，即可求出天线轴向近场区功率密度的大小。

辐射远场区功率密度计算：

远场区轴向功率密度

$$PD_0 = \frac{P_tG_0}{4\pi R^2} \tag{5.21}$$

远场区偏轴功率密度

$$PD_0 = \frac{P_tG_0(\theta)}{4\pi R^2} \tag{5.22}$$

5.4.2　收/发天线设计

微波能量传输天线是由发射天线、空间传输、接收天线构成的复杂系统，基于干涉和叠加原理形成的高功率、高波束效率、高指向精度定向波束，具有自校正和自跟踪能力。

微波能量传输收/发天线一般距离较近，接收天线一般位于发射天线的辐射近场区域。天线辐射场可采用光学中的聚焦天线焦点的概念，也满足阵列天线干涉和叠加原理。天线聚焦按照幅度和相位干涉及叠加原理，根据各点到焦点的空程归一化程差，得到对应的相差，同时考虑各点对应单元方向图的相位差异；幅度一般采用高斯分布，同时考虑各点对应单元方向图的幅度差异。发射和接收天线互为共轭，收/发天线系统传输效率达到最大。

图 5.7 所示聚焦天线在 F 点形成焦点，焦点附近场区域为聚焦区，场强较强，焦点处具有最大场强密度。天线口径和焦点间区域为收敛区，波束会聚；天线波束经过焦点后散射，经过焦点后的区域为散射区。

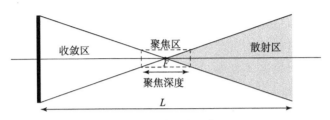

图 5.7 天线聚焦示意图

聚焦天线具有光学天线聚焦特性，可利用光学中焦点和焦斑进行波束传输特性分析。图 5.8 给出了收/发天线波束传输示意图，收发天线距离为 L，天线口径为 D。

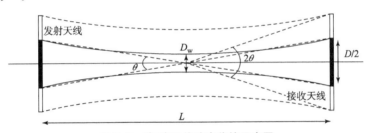

图 5.8 收/发天线波束传输示意图

波束特性可以用波束散射角和束腰来表示，波束散射角和束腰可用合成球面波最大阶数 l_{max} 表示。波束散射角 θ 可表示为

$$\theta = \pi / l_{max} \tag{5.23}$$

λ 为信号对应波长，波束散射角与最大阶数成反比，束腰与最大阶数成正比，可表示为

$$D_w = \lambda l_{max} / \pi \tag{5.24}$$

从图 5.8 可看出，波束散射角、天线口径和收/发天线距离可表示为

$$\tan\theta = \frac{D}{L} \tag{5.25}$$

进一步变形，可得到

$$L = \frac{1}{\lambda} D D_w \tag{5.26}$$

由于束腰小于天线波束宽度，天线口径大于束腰（$D/2 \geqslant D_w$），因此可得到

$$L \leqslant \frac{D^2}{2\lambda} \tag{5.27}$$

式（5.24）给出了适用于菲涅尔区微波能量传输设计方法，首先确定理想波束形状，然后根据波束形成进行相控阵天线设计。也就是说根据一定距离处横截面的波束形状，确定发射天线的输入幅度和相位。Takayuki Matsumuro 等采用上述设计方法在 5.8 GHz 频率设计收/发阵列天线，设计的天线参数如表 5.2 所列，收/发天线传输的功率密度波束如图 5.9 所示。发射相控阵天线幅度加权压低旁瓣，相位采用凹球面分布，实现聚焦。当天线发射功率为 100 kW 时，接收天线功率为 95.4 kW。

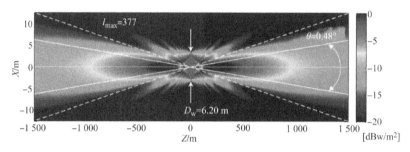

图 5.9　收/发阵列天线功率密度图

表 5.2　收/发阵列天线设计参数

名称	参数值
频率	5.8 GHz
球面波最大阶数 l_{max}	377
波束散射角 θ	0.48°
束腰 D_w	6.2 m（0.248D）
天线口径 D	25 m
收/发天线传输距离 L	3 000 m
单元间距 d	0.5λ
单元数目 N	937 024（968×968）

微波能量传输收/发天线口径较大，一般采用反射面天线和相控阵天线。为提高微波能量传输效率，收/发天线距离较近，接收天线一般位于发射天线辐射近场区域。天线系统设计不能采用传统辐射远场区的分析方法，必须采用近场聚焦方法。针对辐射近场的聚焦天线相位为凹球面分布、幅度为高斯分布，收/发天线互为共轭，其波束如图 5.10 所示。收/发天线位置和天线口径大小变化时，辐射场的幅度和相位分布也会随之变化，一般采用基于回复反射

的自适应聚焦技术，回复反射的自适应聚焦解决了高精度指向跟踪和对准问题，当然对大口径微波能量传输天线也可采用单脉冲自跟踪。机械可动反射面一般采用单脉冲自跟踪，相控阵天线采用回复反射或自跟踪。对于近场的微波能量传输相控阵天线，一般采用回复反射实现自适应聚焦对准。阵列天线高波束效率传输和波束聚焦对准对通道幅相一致性和精度提出了要求，一般采用REV 或多态法进行自标校。

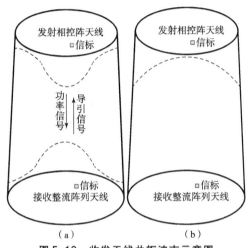

图 5.10　收发天线共轭波束示意图

（a）幅度分布；（b）相位分布

收/发天线聚焦设计除调整通道幅相以形成类似于光学的收/发波束外，还可采用微波多端口网络分析的方法，如图 5.11 所示。

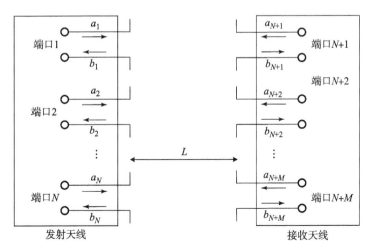

图 5.11　收/发天线矩阵传输结构示意图

图 5.11 给出了 M 通道发射天线和 N 通道接收天线网络模型，组成散射矩阵，得到天线的激励分布，实现聚焦阵列天线。收/发天线系统由 N 端口发射和 M 端口接收构成，收/发天线之间距离为 L。构建收/发天线多端口阵元模型组成的 MPT 系统并获得散射矩阵，从而计算得到阵列天线的激励分布，实现聚焦阵列天线。该系统散射矩阵可表示为

$$\begin{bmatrix} [b_t] \\ [b_r] \end{bmatrix} = \begin{bmatrix} S_{tt} & S_{tr} \\ S_{rt} & S_{rr} \end{bmatrix} \begin{bmatrix} [a_t] \\ [a_r] \end{bmatrix} \tag{5.28}$$

式中，下标 t 表示发射阵列天线的端口编号；下标 r 表示接收阵列天线的端口编号。发射阵列天线和接收阵列天线的归一化入射波和反射波分别展开为

$$\begin{aligned} [a_t] &= [a_1, a_2, \cdots, a_n]^T \\ [b_t] &= [b_1, b_2, \cdots, b_n]^T \\ [a_r] &= [a_{n+1}, a_{n+2}, \cdots, a_{n+m}]^T \\ [b_r] &= [b_{n+1}, b_{n+2}, \cdots, b_{n+m}]^T \end{aligned} \tag{5.29}$$

S_{tt} 和 S_{rr} 为发射和接收阵列天线的端口散射矩阵，S_{tr} 和 S_{rt} 为两天线端口之间的相互 S 参量矩阵且互为转置矩阵，即

$$[S_{tt}] = \begin{bmatrix} S_{11} & S_{12} & \cdots & S_{1n} \\ S_{21} & S_{22} & \cdots & S_{2n} \\ \vdots & \vdots & \ddots & \vdots \\ S_{n1} & S_{n2} & \cdots & S_{nn} \end{bmatrix} \tag{5.30}$$

$$[S_{tr}] = \begin{bmatrix} S_{1n+1} & S_{1n+2} & \cdots & S_{1n+m} \\ S_{2n+1} & S_{2n+2} & \cdots & S_{2n+m} \\ \vdots & \vdots & \ddots & \vdots \\ S_{nn+1} & S_{nn+2} & \cdots & S_{nn+m} \end{bmatrix} \tag{5.31}$$

$$[S_{rt}] = \begin{bmatrix} S_{n+11} & S_{n+12} & \cdots & S_{n+1n} \\ S_{n+21} & S_{n+22} & \cdots & S_{n+2n} \\ \vdots & \vdots & \ddots & \vdots \\ S_{n+m1} & S_{n+m2} & \cdots & S_{n+mn} \end{bmatrix} \tag{5.32}$$

$$[S_{rr}] = \begin{bmatrix} S_{n+1n+1} & S_{n+1n+2} & \cdots & S_{n+1n+m} \\ S_{n+2n+1} & S_{n+2n+2} & \cdots & S_{n+2n+m} \\ \vdots & \vdots & \ddots & \vdots \\ S_{n+mn+1} & S_{n+mn+2} & \cdots & S_{n+mn+m} \end{bmatrix} \tag{5.33}$$

收/发天线传输效率 η 定义为接收天线负载的能量与发射天线输入的能量之比，传输效率可表示式为

$$\eta = \frac{\frac{1}{2}(\,|\,[\,b_r\,]\,|^2 - |\,[\,a_r\,]\,|^2)}{\frac{1}{2}(\,|\,[\,b_t\,]\,|^2 - |\,[\,a_t\,]\,|^2)} \tag{5.34}$$

假设发射与接收天线匹配，能量传输效率满足本征方程，即

$$[\,A\,][\,a_t\,] = \eta[\,B\,][\,a_t\,] \tag{5.35}$$

其中，

$$[\,A\,] = [\,S_{rt}^*\,]^T[\,S_{rt}\,]$$
$$[\,AB\,] = 1 - [\,S_{tt}^*\,][\,S_{tt}\,] \tag{5.36}$$

根据本征值方程特性可知，最大传输效率 η 即为本征值方程（5.34）的最大本征值。当散射参数足够小时，$[\,S_{tt}\,]$ 可近似为 0。所以本征值方程可简化为

$$\eta = \frac{([\,A\,][\,a_t\,], [\,a_t\,])}{([\,a_t\,], [\,a_t\,])} \tag{5.37}$$

当发射天线和接收匹配时，可直接用方程（5.34）来获得最大传输效率和对应的激励分布。如果已知激励分布，可求得最大传输效率 η，即

$$[\,A\,][\,a_t\,] = \eta[\,a_t\,] \tag{5.38}$$

1. 基于回复反射无线能量传输收/发天线

基于回复反射无线能量传输收/发天线一般包括微波功率发射天线、微波功率接收天线、导引信号发射天线、导引信号接收天线、标校天线、控制和信号处理六部分，如图 5.12 所示。

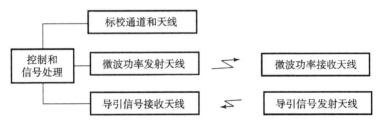

图 5.12　基于回复反射无线能量传输收/发天线

导引信号发射天线完成导引信号发射，导引信号接收天线完成导引信号接收，控制和信号处理完成接收导引信号处理，将共轭相位提供给控制器完成功率发射阵列天线的波束聚焦和功率发射，波束对准微波功率接收阵列天线；微

波功率接收阵列天线完成微波功率接收和处理，形成大的直流能量；标校天线利用 REV 或多态等方法，进行阵列天线各个通道的信号测量，经过控制和信号处理后调整各个通道的移相器相位，提高聚焦能力。

回复反射无线能量传输收/发天线系统包括微波功率收/发子系统和导引信号收/发子系统，每个子系统由发射天线、空间传输、接收天线组成。发射导引信号天线嵌入微波功率接收天线阵列中，接收导引信号天线嵌入微波功率发射天线阵列中。微波功率信号强，导引信号相对较弱，如果两个子系统同时工作，微波发射功率信号将湮没导引接收信号，对相位共轭精度产生影响。为此，在目前一些典型微波能量传输系统中，采用不同的频率和极化进行隔离，实现微波能量传输的高效率，提高导引信号相位的提取精度。微波能量传输和导引信号天线一般选用不同频率、不同极化形式，共轭相位采用外差式电路，为降低干扰，一般采用谐波混频的方式。

微波能量传输典型频率：2.45 GHz，5.8 GHz。

导引信号典型频率：815 MHz，1.225 GHz，2.9 GHz。

极化：圆极化，能量传输和导引信号分别为左旋和右旋。

外差混频：二次谐波混频、三次谐波混频。

微波功率发射阵列天线工作频率一般为 2.45 GHz，5.8 GHz，后来一些学者也提出了 10 GHz，35 GHz 等其他频段，但考虑到频率提高后器件成本较高、器件效率较低等因素，2.45 GHz，5.8 GHz 是较为合适的频率，也符合频率应用规划。发射天线极化可采用线极化、双线极化、圆极化。当收/发天线采用线极化时，为降低极化损失，需考虑极化对准以降低极化损失。目前，微波能量传输和导引信号常常采用圆极化，分别采用左旋圆极化和右旋圆极化提高隔离度。

回复反射无线能量传输系统工作原理：微波功率接收端发射导引信号，能量发射端接收到导引信号，经过处理得到共轭相位，经过调整后控制能量发射端（发射阵列天线）移相器的相位，使导引信号和发射的能量形成回复式反射给接收端，实现微波能量传输。微波功率发射天线和接收天线口径较大，一般采用相控阵馈电反射面天线或基于子阵列的阵列天线。对于微波能量传输分析和应用，相控阵馈电反射面天线与相控阵天线类似，只是通过反射面增大口径，提供高增益和窄波束，如图 5.13 所示。

为进一步提高增益，采用相控阵馈电反射面天线为子阵列，组成大规模阵列天线，如图 5.14 所示。

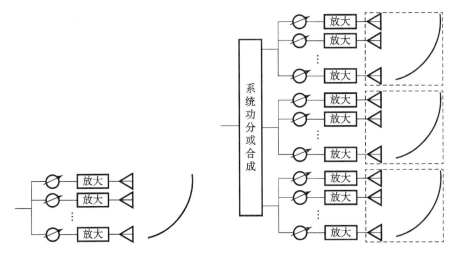

图 5.13　基于相控阵馈电反射面天线　　图 5.14　基于相控阵馈电反射面阵列天线

图 5.15 给出了通用无线能量传输收/发天线系统原理图，能量发射端主要包括微波功率发射相控阵天线、嵌入各自子阵列中的导引信号接收天线、嵌入各子阵列的标校天线、处理组件，能量接收端主要包括功率接收阵列天线、导引信号发射天线等。从系统集成综合角度考虑，根据导引信号与微波能量传输信号频率差异，共用导引和标校天线或者共用后端变频处理通道。

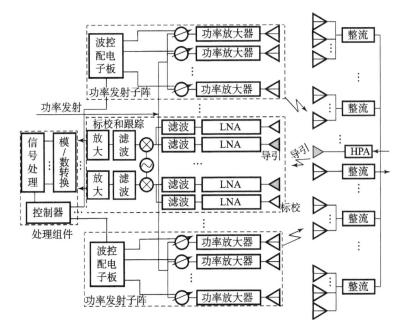

图 5.15　基于回复反射无线能量传输收/发天线原理

2. 微波功率发射阵列天线

由于微波能量传输天线口径较大，要求具有高功率和高效率，发射相控阵一般采用多个独立、可扩展的有源相控阵天线来实现。根据来波方向或目标指向信息调整各个通道移相器，形成凹球面相位分布，实现发射波束聚焦对准能量接收天线；根据目标对应的焦点和焦斑，设置各通道功率输出，形成高斯分布，实现低旁瓣，完成发射波束在接收天线口面高效率传输。

近场聚焦示意图如图 5.16 所示，阵列天线在空间呈均匀分布式布局。阵列中各辐射单元到焦点 F 的距离为 I_i，中心单元到焦点距离为 r，各辐射单元与中心单元到焦点的空程差为 ΔI_i，即 $\Delta I_i = I_i - r$，对应相差为

$$\Delta \theta_i = \frac{2\pi}{\lambda}(l_i - r) \tag{5.39}$$

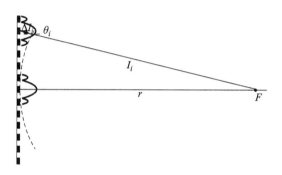

图 5.16　发射天线聚焦示意图

聚焦是通过调节阵列中各阵元激励相位，实现各辐射单元到 F 点同相，使各天线单元辐射电磁场干涉增强，而其他位置处则相互减弱。各辐射单元激励相位调节主要是补偿三个相位，具体为各辐射元到焦点间的空程差异相位（对应 ΔI_i）、各辐射单元相对于焦点角度（对应 θ_i）、辐射单元自身差异性（对应 f_i），第二项和第三项也可归结为一项（对应 $f_i(\theta_i)$）。

实现发射阵列天线同相聚焦主要有三种方法：共轭相位法、基于空程差和单元差异的逐个调相法、散射矩阵优化法，另外还有基于光波束传输法。

1）散射矩阵优化法

将收/发天线视为多端口网络，根据本征值方程特性，基于散射矩阵和传输效率 η，求解得到激励相位。

2）基于空程差和单元差异的逐个调相法

收/发天线确定后，各辐射单元的辐射特性也就确定。根据布局关系和单

元方向图可得到各辐射单元与焦点间的空程差对应的相位、各辐射单元的相位差异，基于各辐射单元在焦点同相，可得到各辐射单元激励的初始相位值。以此为中心基准，在一定相位区间进行调整，结合移相器特性，调整各辐射单元的激励相位，使之焦点处电场强度达到最大值，从而实现近场聚焦。

3）共轭相位法

回复反射阵列天线是通过相位共轭，得到发射阵列天线各辐射单元的激励相位。导引信号天线（置于微波功率接收阵列中）发射导引信号，导引接收天线（置于发射阵列中）接收导引信号，通过模/数变换、处理，得到共轭相位；然后基于共轭相位通过数/模变换和变频，信号放大后通过天线向空间辐射，实现波束反向聚焦于目标接收处。基于共轭相位的微波功率发射阵列天线的优点是考虑了不同辐射单元相对目标角度差异、单元耦合等引起的阵中单元不一致性；缺点是每个发射单元均需要进行相位共轭处理，系统复杂。

相位共轭的微波功率发射阵列天线根据微波功率信号和导引信号频率的差异分为两种情况，分别为发射微波功率信号和导引信号频率相同、发射微波功率信号和导引信号频率不同。

图 5.17 为导引信号与微波功率发射信号工作频率相同，采用二次谐波混频。由于收/发频率相同，辐射单元可以共用。

图 5.18 为导引信号与微波功率发射信号工作频率不同，采用二次谐波混频。微波功率信号频率一般为导引信号频率的 2 倍，导引信号和能量传输信号采用不同的辐射单元。

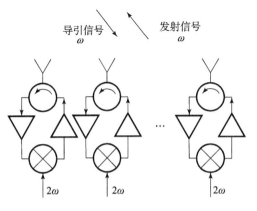

图 5.17　微波功率信号和导引
信号同频原理图

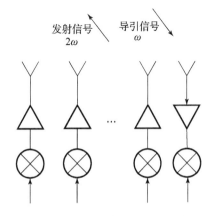

图 5.18　微波功率信号和导引
信号异频原理图

微波功率发射天线一般口径较大，阵列单元数目多，为降低系统复杂性和成本，常常采用子阵列为发射基本单元。基于子阵列的微波功率发射天线，降低了发射阵列天线中导引信号接收天线和处理通道的数目。L. H. Hsieh 设计了小规模回复反射无线能量传输系统，如图 5.19 所示。

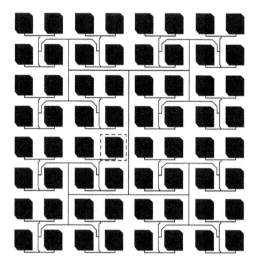

图 5.19　发射天线子阵列图（导引接收单元位于虚框中）

发射阵列为固态相控阵，输出功率 40 W。微波功率发射信号频率为 5.8 GHz，导引信号频率为 2.9 GHz，天线采用切角微带贴片实现圆极化。导引信号天线被置于各发射子阵列中，接收导引信号，处理后获得对于每个发射子阵列的输入导引波束的共轭相位，通过光纤完成相位传输，实现波束反向聚焦。系统中接收的 2.9 GHz 导引信号经过滤波、放大、混频和模/数变换，然后经过数字信号处理（Digital Signal Processing，DSP）后得到所需相位信息；将相位输出到发射天线各子阵列中，通过数/模变换、上变频、滤波、放大后，经过各子阵列辐射单元向空间辐射。

回复反射天线分为收/发共用全双工、收/发共用分时半双工和收/发分置单工三种形式。在微波能量传输中，一般考虑收/发分开的单工形式。为降低系统复杂性，一般采用基于子阵的回复反射方案。K. M. K. H. Leong 提出了收/发共用全双工回复反射系统方案，主要利用信号的 BPSK 调制和解调来区分发射和接收信号，该方案一般用于通道较多的情况。对于微波能量传输，导引信号没必要一直收/发；同时发射微波功率信号较大，导引信号和能量传输信号共用天线存在收/发隔离问题。收/发共用分时半双工如图 5.20 所示，发射微波功率天线和导引接收信号通过开关或环形器分时发射/接收信号，微波功率接收天线和导引发射信号同样通过开关或环形器分时发射/接收信号。对微波能量传输一般要求能量传输持续性，同样由于微波发射功率信号较大，对环形器或开关提出了较高的隔离要求，对于高密度阵列天线而言存在空间和重量要求，高隔离小型化环形器和开关工程上一般难以实现，所以该方案在微波能量传输中应用较少。

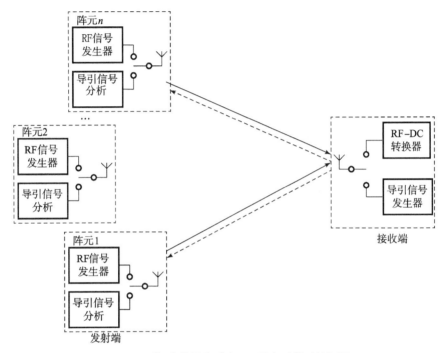

图 5.20　收/发共用分时半双工回复反射系统框图

微波能量传输一般传输功率较大，特别是太空无线能量传输中，传输功率达到 GW 级以上，既要保证能量传输的有效性，还要保证能量传输的安全性。收/发天线系统作用是将能量从发射天线高效率地传输到接收天线，接收天线接收发射天线 95% 以上的微波能量，而接收天线口径之外区域功率极小。为此，不仅要求天线具有聚焦能力，还要求天线具有低旁瓣。高效率传输天线口径场分布形式主要有椭球函数型、高斯型、广义椭球函数型，最佳场分布是椭球函数型。但是由于椭球函数比较复杂、难以实现，一般用高斯分布拟合出最佳场分布。

基于微波能量传输理论和工程实现性，微波功率发射天线采用高斯分布。对于发射阵列天线通常为近似高斯分布（10 dB 高斯分布）。为实现阵列天线辐射场近似高斯分布，可采取的方法主要有三种：①采用不同大小功率输出的放大器；②采用不同规模子阵列；③将不同大小功率放大器和不同规模子阵列结合。

发射相控阵天线各通道一般使用相同的功率放大器，特别是高集成度大规模相控阵天线，考虑模块化和可扩展，要求使用的功率放大器类型尽量少。微波功率发射相控阵天线场通常为 10 dB 近似高斯分布。考虑工程性，功率放大器发射功率种类应该尽量少。对于阵列类型也应尽量少，但考虑发射辐射单元为微带阵列，子阵列类型相应可以多一些。在此基础上，多类型子阵列结合多类型放大器，能够以较小代价，取得较好的高斯分布。

法国科学家在法属留尼旺岛建立了小型地面微波能量传输系统，波长 12 cm，收/发天线距离 700 m，发射天线输出功率 10 kW，发射天线口径 2.4 m，接收天线口径 17 m。发射端天线口径电场为优化的高斯分布，中心处功率密度 1.7 kW/m²，天线边缘处功率密度比天线中心衰减 9.5 dB。接收天线口径面中心功率密度为 3 mW/cm²，边缘处功率密度衰减 9.5 dB，发射端功率 13.3 kW，接收端功率 11.8 kW，端对端能量传输效率为 88.7%。通过对发射天线电场均匀等幅分布的情况进行计算，结果证实高斯分布优于等幅分布，第一旁瓣功率密度比中心处低 23.4 dB。

对于直径 2.4 m 的发射天线，很难实现连续高斯分布。在工程上采用离散阶梯型高斯分布，离散阶数越多，则越逼近连续高斯分布，但结构也越复杂。进行了 10 阶高斯分布和简化二阶高斯分布条件下的发射天线分析，发射天线电场分布如图 5.21 所示，曲线 1 为均匀等幅分布，曲线 2 为连续高斯分布，曲线 3 为简化二阶高斯分布，曲线 4 为 10 阶高斯分布。图中，R 为天线口径；τ 参考式（2.76）。

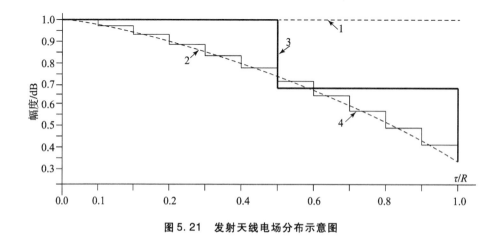

图 5.21　发射天线电场分布示意图

基于上述分布，计算所得的接收天线口径面上的功率密度（$P_R(r)/P_R(0)$，dB）如图 5.22 所示，曲线 1（实线）为 10 阶高斯分布，曲线 2（虚线）为简化二阶高斯分布。两种分布情况下的主瓣和第一旁瓣几乎重合，二阶高斯分布可以近似替代 10 阶高斯分布，具体计算结果如表 5.3 所列。

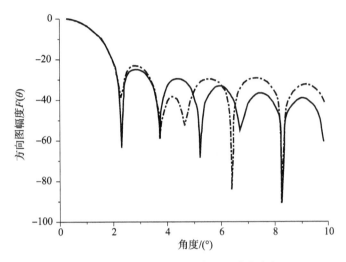

图 5.22 接收天线口径面归一化功率密度

表 5.3 不同分布对应性能列表

电场分布形式	均匀等幅分布	10 阶高斯分布	简化二阶高斯分布
能量传输效率	81.25%	88.22%	86.5%
第一旁瓣电平	0.29 W/m^2 （−17.5 dB）	0.07 W/m^2 （−23.3 dB）	0.11 W/m^2 （−21.2 dB）
第一旁瓣半径	29.3 m	31.9 m	31.1 m

从表 5.3 可以看出，两种分布对应的接收天线半径以外均具有较低的旁瓣电平，二阶高斯分布可以保证较高的能量传输效率，仅比 10 阶高斯分布条件下的能量传输效率低 1.7%。采用二阶高斯分布可以大大简化系统结构，因此留尼旺岛 WPT 系统最终采用了该分布。

从上述情况可以看出：

（1）收/发天线收集效率为 90% 左右；

（2）天线口径均为 km 级别，发射天线口径小于接收天线；

（3）接收天线处于发射天线的远场临界点附近，或辐射近场区中接近远场位置；

（4）发射天线口径分布均采用10 dB高斯分布。

中国空间技术研究院西安分院董亚洲等人利用临近空间浮空平台设计了微波能量传输天线系统，发射天线工作频率5.8 GHz，发射和接收天线传输距离36 m，口径分别为1.1 m和4.3 m，微波能量发射功率约900 W，口径场近似高斯分布。发射阵列天线由148个子阵组成，天线采用平面微带形式，整个天线阵列近似呈圆形，子阵列为2×2的微带天线，以子阵列为功率发射的基本单元，子阵列形成7个功率等级，形成准高斯分布，具体如图5.23所示。

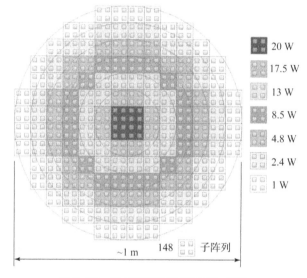

图 5.23　发射阵列单元和幅度加权图

收/发天线微波能量传输效率分别通过传输效率和辐射场积分两种计算方法得到的结果吻合良好，当整流天线口径为4.3 m时波束收集效率为94.2%，高于均匀分布时对应收/发传输效率76.6%，这是因为准高斯分布的副瓣电平较低，对应的整流天线处功率密度达到23 mW/cm²。

中国空间技术研究院西安分院马海虹等人开展了一种高效率微波无线能量传输系统验证试验，频率为2.45 GHz，发射天线为直径2.4 m的反射面，接收天线为2.4 m的微带阵列，切掉了天线四角边缘能量低的辐射微带单元，系统传输效率为16.8%。

微波功率发射阵列天线一般采用具有低旁瓣的相控阵，常规的相控阵设计方法均可以在微波功率发射相控阵中得到应用。雷达通信中相控阵天线实现低旁瓣电平方法主要有激励幅度加权和空间加权。激励幅度加权分布主要有余弦分布、三角函数分布、泰勒分布、切比雪夫分布、汉森－任德沃德分布、高斯分布等，空间加权分为稀疏阵列和稀布阵列天线。天线幅度加权不仅降低了天线旁瓣电平，同时还展宽了天线波束，微波功率接收天线口面功率密度将更均匀。

　　根据微波能量传输天线原理，采用高斯分布对发射阵列天线加权是比较合适的。阵列天线是连续口径的离散化，各单元的激励函数为离散化高斯函数。发射阵列辐射单元离散化激励由功率放大器提供，考虑工程实现性，激励加权阶数、激励步进、动态范围均是受限的。目前大部分微波能量传输系统发射天线采用 10 dB 近似离散高斯分布，中心辐射单元功率为边缘辐射单元功率的 10 倍，功率分挡一般不超过 10 挡。

　　相控阵天线设计中，在口径一定情况下，通过增大辐射单元间的距离，可以减少辐射单元数目，既减少了通道数目，又降低了复杂度和成本。阵列天线辐射单元布局包括均匀阵列和非均匀阵列；均匀阵列主要有两种形式，即矩形栅格阵列和三角形栅格阵列，如图 5.24 所示。

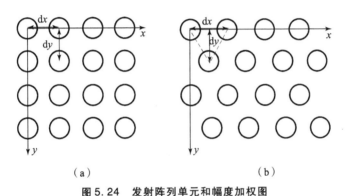

图 5.24　发射阵列单元和幅度加权图
（a）矩形栅格；（b）三角形栅格

　　辐射单元间距是阵列布局的重要参数，单元间距决定了阵列天线的最大扫描能力，即不出现栅瓣的最大扫描角度。在最大扫描角度为 θ，波长为 λ 时，阵列天线的单元间距 d 满足

$$d \leqslant \frac{\lambda}{1 + \sin\theta} \tag{5.40}$$

　　阵列天线采用三角形栅格布局时，在同样扫描角度下，增大了等效单元间距。对同样天线口径，相对矩形栅格，三角形栅格阵列天线可以节省单元数目约 11%。三角形栅格包括正三角形和等腰三角形，具体采用哪种布局，需要根据不同方位向和俯仰向扫描角度确定。增大单元间距一方面减少了通道数目，另一方面减小了单元间互耦。为降低通道数目，在雷达通信阵列天线中，常常采用稀疏阵列或稀布阵列，如图 5.25 所示。

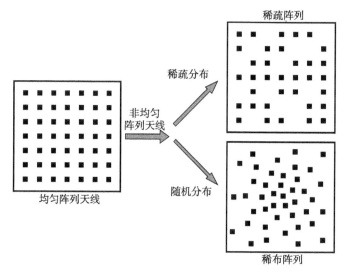

图 5.25　阵列天线口径分布图

　　稀疏阵列来源于均匀阵列，是将一定数目的单元从均匀间隔阵列中稀疏，其阵元间距是原均匀阵列阵元间距的整数倍；而稀布阵列的天线单元在一定的孔径上随机分布，其阵元间距一般是相互不可整除的。稀布阵列不需像稀疏阵列那样约束天线单元在等间隔的规则栅格上，所以设计自由度更大，有利于更大限度地提高天线阵列的性能。

　　中国空间技术研究院西安分院刘恒针对孔径 25λ 的圆口径阵列天线进行稀疏化优化设计，给出了图 5.26 所示的仿真结果，在稀疏率 50% 情况下实现了优于 30 dB 的低旁瓣电平。

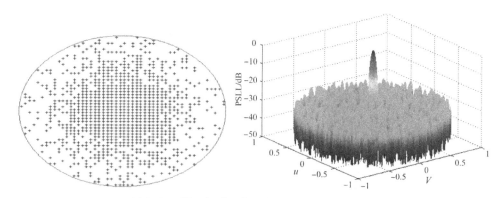

图 5.26　圆口径稀疏阵列单元分布和仿真方向图

　　国内外在多个大型阵列天线中也采用了阵列稀疏化设计，美国军用相控阵雷达系统 Pave Paws 工作在 UHF 频段，天线孔径 22 m，该阵列共有 2 677 个阵元，其中有 1 792 个阵元处于"开"状态。硬点防御相控阵雷达（Hard Point Defence Array Radar，HAPDAR）系统工作在 L 波段，孔径 18 m，含有 4 300 个阵元，其中 2 165 个阵元处于"开"状态。Cobra Dane 系统工作于 L 波段，孔径 29 m，在 34 768 个阵元中，有 15 360 个阵元处于"开"状态。

　　D. M. Saz 基于无线能量传输，仿真了不同激励和单元间距对传输效率的影响，发射阵列天线口径分布如图 5.27 所示。

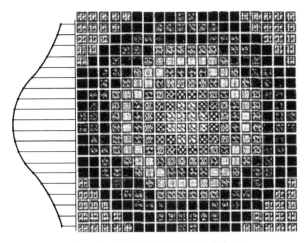

图 5.27　发射阵列天线口径分布图

　　阵列天线口径激励幅度分布满足式（5.38），$0 \leqslant C \leqslant 1$，$L$ 为口径大小。$C = 1$ 时对应激励幅度均匀分布，$C = 0.21$ 时对应激励幅度为准高斯分布。

$$A(x) = C + (1 - C)\cos^2(2x/L) \tag{5.41}$$

　　基于能量传输阵列天线设计，给出了 20×20 单元阵列天线仿真结果，对应 $C = 1$ 和 0.21（准高斯分布），单元间距 $0.5\lambda \times 0.5\lambda$、$1.0\lambda \times 1.0\lambda$、$2.0\lambda \times 2.0\lambda$。对同样单元间距，激励幅度准高斯分布传输效率高于均匀分布；对同样激励幅度分布，单元间距对传输效率有较大影响，单元间距与扫描角度相关。因此，在发射阵列天线幅度激励和单元间距设计中，需要考虑收/发天线对应的角度关系。

　　阵列天线包络除矩形外，常用的还有六边形、八边形和圆形，如图 5.28 所示。在阵列天线各辐射单元均匀激励情况下，矩形旁瓣电平一般为 − 13.2 dB，圆形旁瓣电平一般为 − 17.6 dB。在相控阵天线设计中，考虑到后端通道的工程化，实际应用一般采用接近圆形布局包络的六边形、八边形包络布局。除此之外，阵列天线典型构型还包括环形阵、Y 形阵、十字阵。对微波能量传输而言，Y 形阵和十字阵口面利用率较低。

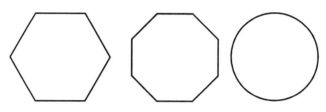

图 5.28　阵列天线包络示意图

微波功率发射阵列天线辐射单元可采用喇叭、波导口、缝隙、微带、振子、偶极子等类型。考虑到微波功率阵列天线发射功率大、阵列规模大，为降低成本和重量，采用微带较多，具体还要考虑应用环境、扫描角度、极化和成本等。微波能量传输天线一般用于近场，扫描角度不宜过大。因此，对于微波能量传输发射阵列天线，采用微带子阵列连接功率放大器，实现微波功率的转换和辐射。

微波功率发射阵列天线为有源阵列天线，辐射单元和辐射单元子阵列与功率放大器直接互连，为机电热一体化、高集成度有源相控阵天线。基于微波功率发射天线辐射功率大、阵列规模大的特点，要求微波发射模块，即功率放大器具有以下特点：

（1）高功率、高效率；

（2）易于小型化和集成；

（3）结温高、高可靠；

（4）低成本。

高功率器件主要包括磁控管放大器、行波管放大器、固态放大器。磁控管放大器和行波管放大器虽然功率大、效率高，但是体积大，难于小型化和集成。固态放大器产品主要包括 GaAs、SiC 和 GaN 等类型，其中 GaN 类放大器效率最高。放大器还与使用状态有关，用于 A、B 类时效率较低，但是线性特性好，一般用于通信系统中。C 类、E 类和 F 类效率高，典型 E 类固态放大器效率理论值为 100%，但是具有高非线性、开关效应，易于产生谐杂波分量。微波功率放大器可采用 E 类和 F 类 GaN 放大器，一是放大器效率高，热耗小和结温高、易于热控，其谐波分量可通过滤波电路抑制；二是放大器输出功率大，能够有效降低通道数目；三是工作电压高，便于 DC 到微波功率转换，直流电流小。

3. 微波功率接收阵列天线

微波功率发射天线和接收天线具有互易性，发射阵列天线口面电场强度为高斯分布时，接收天线口面的电场强度同样为高斯分布。接收阵列天线与发射阵列天线设计类似，不同的是接收阵列天线连接的是整流电路。整流天线由接收天线和整流电路组成，整流天线单元按照一定的排列组合就构成了整流天线阵列。微波能量传输接收阵列天线具有以下特点：

（1）输入功率大；

（2）阵列规模大；

（3）整流电路的效率制约输入功率范围；

（4）匹配对效率有较大影响；

（5）收/发天线极化匹配。

微波功率接收阵列天线构型分为分布式、集中式、混合式三种，如图 5.29 所示。

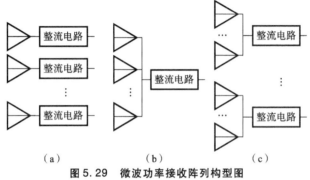

图 5.29　微波功率接收阵列构型图

（a）分布式；（b）集中式；（c）混合式

分布式构型为每个接收天线后连接整流电路，形成多路 DC 输出，最后将多路 DC 功率合成输出；集中式为将阵列天线接收的微波功率合成后进行整流，转换为 DC 功率输出；混合式是分布式和集中式的综合，适用于大规模、多通道接收天线，通过调整子阵列规模，有利于适应不同位置整流电路输入功率范围，提高整流效率。根据接收天线口径电场强度分布（如高斯分布）和功率密度大小，结合整流电路要求的输入功率范围，优化混合式接收阵列天线构型，一般采用图 5.30 所示的接收阵列天线方案。接收阵列天线分成多种规模类型的子阵列，每个子阵列后连接整流电路。

整流天线阵列包括接收天线阵列和整流电路两部分，其效率为接收天线阵列对微波的接收效率 η_{ad} 和整流电路的转换效率 η_{rd} 之积，即 $\eta_r = \eta_{ad} \cdot \eta_{rd}$。可以看出，接收天线阵列对空间电磁来波的高接收效率是保证整流天线阵列高转换效率的前提，其转换效率不仅依赖于电路，而且还跟电路间的连接方式有关。

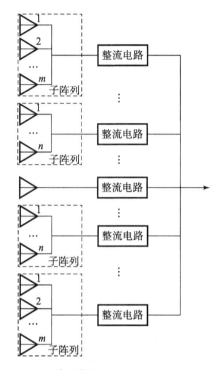

图 5.30　基于最佳效率的混合式接收阵列图

　　韩英等人研究了天线单元形状及排列组阵对整流天线阵列接收效率的影响，建立了整流天线阵列对空间电磁来波接收效率的计算模型，在每一个天线单元后面都接上 $50\ \Omega$ 的线性负载，如图 5.31 所示，接收天线连接的整流电路等效负载分别为 P_{load1}、P_{load2}、$P_{\text{load}n}$。

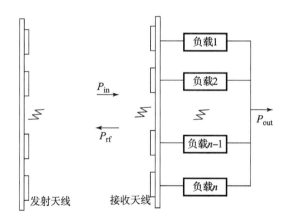

图 5.31　接收整流天线接收效率模型

接收整流天线阵列物理口径平面的微波功率为 P_{in}，忽略天线阵列的介质损耗，可以把 P_{in} 分为三部分：整流天线阵列表面对空间电磁来波的反射功率 P_{rf}、透射功率 P_{pt} 及所有线性负载的吸收功率 P_{load}，则有

$$P_{in} = P_{rf} + P_{pt} + P_{load} \tag{5.42}$$

第 i 个天线单元等效负载（对应电阻 R）的吸收功率为 P_{loadi}，整个整流天线阵列对空间电磁来波的接收功率和为 P_{in}。定义整流天线阵列对空间电磁来波的接收效率 η_r 为

$$\eta_r = \frac{P_{load}}{P_{in}} = \frac{P_{load}}{S \cdot A} \tag{5.43}$$

式中，S 为电磁波平均能流密度；A 为整流天线阵列的物理口径面积。

阵列天线负载接收的总功率为各个负载功率之和，表示为

$$P_{load} = \sum_{i=1}^{n} P_{loadi} \tag{5.44}$$

通常对于整流天线阵列的布局设计，都是以其最大增益或口径效率为设计目标。但是考虑到接收总效率，优化设计还必须考虑阵列天线负载的影响。通过对负载效率的优化，可获得最佳阵列布局，以实现整流天线阵列对空间电磁来波的高接收效率，为其高转换效率提供保障。

对比矩形、圆形和三角形这 3 种微带贴片天线单元及不同排列组阵方式对整流天线阵列接收效率的影响，分别以发射天线阵列最大口径效率和接收天线阵列最高接收效率 η_{ra} 为目标进行优化排列组阵，最后仿真计算并对比各天线阵列对空间电磁来波的接收效率。仿真结果表明，同种排列组阵方式下，3 种不同形状的天线单元所组成的接收天线阵列，对空间电磁来波的接收效率都有着一定的差异；以接收天线阵列最高接收效率为目标进行优化排布的整流天线阵列，对空间电磁来波的接收效果较好，为其高转换效率提供了保障。

按照接收波束效率优化时，忽略了天线单元的耦合效应，但是由于阵元间耦合的存在，每一个天线单元的输入阻抗发生了变化，不再是 50 Ω。当在每一个天线单元后面改接上一个 50 Ω 的线性负载，作为整流天线阵列中的接收天线阵列使用时，由于负载与天线单元端口输入阻抗的不匹配，引起了微波功率的反射，导致了其对空间电磁来波的接收效率不能达到最佳。此外，天线阵列中阵元的输入阻抗不仅与天线阵列单元之间的排列间距相关，还与阵列中每一个天线端口的电压和电流比值有关，计算起来比较复杂，很难做到每一个天线单元端口的阻抗匹配，需要开展大量的研究。

接收阵列天线设计与发射阵列天线基本一致，辐射单元也基本一致，不

同的是连接的电路不一样。在辐射单元设计上，一般选用偶极子、振子、微带等形式，与发射天线一致；极化形式上一般为线极化、双极化或圆极化，工程上一般选用圆极化，降低极化对传输效率的影响；阵列构型与发射天线一样，常常采用六边形或八边形，实现最佳数目的通道数目；采用多种规模子阵列，结合几种典型整流电路，满足工程实现性和能量传输效率的最佳。

4. 基于单脉冲自跟踪的无线能量收/发天线

微波能量传输天线主要采用反射面天线、阵列天线、阵列馈电反射面天线 3 种类型。反射面天线组成简单、成本低，通过机械扫描实现波束跟踪和对准；阵列天线组成复杂、成本高，通过电子方式实现波束跟踪和扫描；阵列馈电反射面天线结合了相控阵和反射面的优点，是一种方案简单、性能优良的微波能量传输方案。基于单脉冲自跟踪无线能量传输收/发天线组成与回复反射无线能量传输系统相同，包括微波功率发射天线、微波功率接收天线、导引信号发射天线、导引信号接收天线、控制和自跟踪器六部分。

导引发射信号天线完成导引信号发射，导引接收信号天线完成导引信号接收，采用和差单脉冲得到导引信号发射天线的对应角度，通过控制器控制发射天线，使其波束对准微波功率接收阵列天线。

单脉冲自跟踪无线能量传输系统工作原理：微波功率接收端发射导引信号，能量发射端接收到导引信号，经过和差单脉冲处理得到角度信息，控制微波功率发射天线转动或波束指向，实现微波能量传输到微波功率接收天线。微波功率发射天线和接收天线口径较大，一般采用机械扫描或电扫描，均可采用和差单脉冲实现波束指向的确认。

图 5.32 给出了通用无线能量传输系统收/发天线原理图，能量发射端主要包括微波功率发射相控阵天线、微波功率接收天线、导引发射信号及通道、单脉冲跟踪天线及自跟踪处理器。跟踪信号和微波能量传输系统频率可以不同，以降低跟踪信号和微波能量传输信号间的相互影响。

Takehiro Miyakawa 提出了基于单脉冲自跟踪的无线能量传输系统收/发阵列天线，微波功率接收天线位置处发射频率为 2.45 GHz 的导引信号，发射微波功率子系统的发射频率为 5.8 GHz，包括 4 个发射子模块，每个子模块包括导引接收和差单脉冲阵列，经过单脉冲处理器得到波束指向，通过控制器控制子模块中各个通道相位，实现发射波束对准微波功率接收天线。该系统进行了测试验证，验证了自跟踪性能。

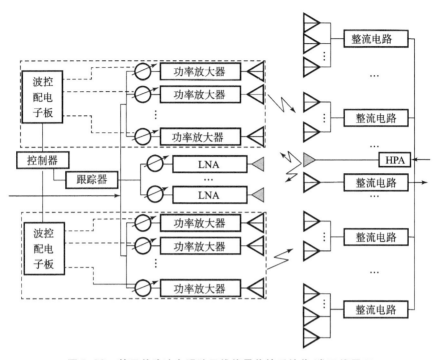

图 5.32　基于单脉冲自跟踪无线能量传输系统收/发天线原理

基于单脉冲自跟踪的无线能量传输系统，微波功率接收天线、导引发射信号设计与基于回复反射的无线能量传输系统相同，微波功率发射天线可采用相控阵天线或反射面天线，采用相控阵天线方案时，微波反射功率阵列天线也与基于回复反射的无线能量传输系统中微波功率发射阵列天线设计相同。当微波功率发射天线采用反射面时，由于反射面用于辐射近场，需要进一步分析。

以主焦馈电反射面为例说明聚焦法的基本原理。假设口面天线 S，其口径场分布为 $E（r'，\varphi'）$，如图 5.33 所示。R' 和 r 分别为源点和场点的位置矢量，$（r，\theta，\varphi）$ 为球坐标中的三个分量，φ 为 r' 与 r 的夹角。当 $r \gg D$ 时，天线方向图在近轴范围内（即观察点偏离 z 轴角度不大）可表示为

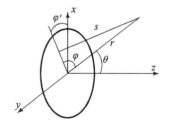

图 5.33　天线辐射方向图坐标系

$$F(\theta,\varphi) = \int_s E(r',\varphi') \cdot e^{jkr'\sin\theta\cos(\varphi-\varphi')} \cdot e^{jkr'} ds \qquad (5.45)$$

当 $r = \infty$，即为远场时，有

$$F(\theta,\varphi) = \int_s E(r',\varphi') \cdot e^{jkr'\sin\theta\cos(\varphi-\varphi')} \qquad (5.46)$$

式（5.42）与式（5.43）的差别在于被积函数中多了一项相位因子，意味着口径场分布为式（5.42）的天线在距离 r 处的辐射场与口径场分布为 $E(r', \varphi')$ 的同一天线在无穷远处的方向图相同，近场聚焦法的理论依据就在于此。

对旋转椭球反射面天线，椭圆的定义是到两个定点 F_1、F_2 的距离之和等于定长的点的轨迹，两定点称为椭圆的焦点，两焦点间的距离称为焦距，如图 5.34 所示。

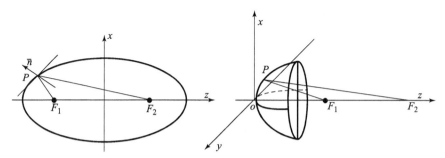

图 5.34 椭圆反射示意图

可以证明，椭圆在其任意一点 P 的法线平分该点处两条焦半径所成的角，即从椭圆的一个焦点出发的射线，经椭圆的反射，反射线必定经过另一个焦点，该性质可推广到三维空间中。令椭圆绕它的长轴旋转一周得一个长形旋转椭球面，如果将源放置在椭圆的一个焦点上，经长形旋转椭球面反射后都交汇到另一个焦点上，据此，可以实现能量的汇聚。根据图示几何关系，可以证明，由 F_1 发出的球面波，经旋转椭球面反射后，在口面处的相位满足前面几节讨论的口面聚焦相位的要求。

5. 阵列天线

平面阵列能实现对波束的二维控制。在球坐标系统，θ 和 φ 两个坐标确定单位半球面上的点。如图 5.35 所示，θ 为相对法线的扫描角，φ 为相对 x 轴的平面扫描角。有一种使波瓣和扫描影响形象化的简化方法，即将半球上的点投影到一个平面上，该平面的轴为方向余弦 $\cos\alpha_x$，$\cos\alpha_y$。对于半球上的任意方向，方向余弦为

$$\begin{cases} \cos\alpha_x = \sin\theta\cos\varphi \\ \cos\alpha_y = \sin\theta\sin\varphi \end{cases} \quad (5.47)$$

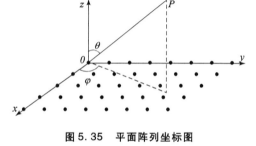

图 5.35 平面阵列坐标图

扫描方向用方向余弦 $\cos\alpha_{xs}$ 和 $\cos\alpha_{ys}$ 来表示，扫描平面由相对 $\cos\alpha_x$ 轴逆时针方向测量的 φ 角来确定。

$$\varphi = \arctan\frac{\cos a_{y_s}}{\cos a_{x_s}} \tag{5.48}$$

最普通的单元点阵不是矩形格就是三角形格，对于三角形阵列布局可以看成是矩形阵列布局的变形或者复合。第 mn 阵元位于 (md_x, md_y)，三角形格子可以看成每隔一个省去一个阵元的矩形格子，通过要求 $m+n$ 为偶数值可以确定阵元的位置。

采用方向余弦坐标系可以大大简化阵元控制相位的计算。在这种坐标系中，波束控制方向 $(\cos\alpha_{xs}, \cos\alpha_{ys})$ 确定的线性相位渐变可以在每一个阵元相加，这样在第 mn 阵元的相位可以表示为

$$\varphi_{mn} = m\,T_{xs} + n\,T_{ys} \tag{5.49}$$

式中，$T_{xs} = (2\pi/\lambda)\,d_x\cos\alpha_{xs}$ 为 x 方向阵元之间的相移；$T_{ys} = (2\pi/\lambda)\,d_y\cos\alpha_{ys}$ 为 y 方向阵元之间的相移。

二维阵列的阵因子可以通过将阵列中每一阵元在空间各点的贡献矢量相加来计算。对于扫描列由方向余弦 $\cos\alpha_{xs}$ 和 $\cos\alpha_{ys}$ 确定的方向的阵列，$M \times N$ 方形辐射元阵列的阵因子可以表示为

$$\mathrm{AF}(\cos a_{xs}, \cos a_{ys}) = \sum_{m=0}^{M-1}\sum_{n=0}^{N-1} |A_{mn}|\, e^{j[m(T_x - T_{xs}) + n(T_y - T_{ys})]} \tag{5.50}$$

$$\begin{cases} T_x = (2\pi/\lambda)\,d_x\cos a_x \\ T_y = (2\pi/\lambda)\,d_y\cos a_y \end{cases} \tag{5.51}$$

式中，A_{mn} 为第 mn 阵元的幅度。一个阵列可以想象成具有无限个栅瓣，不过希望实空间只有一个波瓣，即主瓣。对于矩形格阵列，栅瓣位于

$$\begin{cases} \cos a_{xs} - \cos a_x = \pm\dfrac{\lambda}{d_x}\rho \\[2mm] \cos a_{ys} - \cos a_y = \pm\dfrac{\lambda}{d_y}q \end{cases} \tag{5.52}$$

式中，ρ，$q = 0$，1，2，$\cdots$，在 $\rho = q = 0$ 处的波瓣为主瓣。

就抑制栅瓣而言，三角形格比方形格更有效，所以，对一定尺寸的口径而言，所需的阵元较少。如果三角形点阵在 (m, n) 上包含阵元（其中 $m+n$ 为偶数），那么栅瓣位于

$$\begin{cases} \cos a_{xs} - \cos a_x = \pm\dfrac{\lambda}{2d_x}\rho \\[2mm] \cos a_{ys} - \cos a_y = \pm\dfrac{\lambda}{2d_y}q \end{cases} \tag{5.53}$$

式中，$\rho + q$ 为偶数。

由于通常希望实空间只有一个主瓣，所以适当设计应该是对所有扫描角除一个最大值外，其余均在虚空间。若阵元间距大于 $\lambda/2$，那么由于扫描，原来在虚空间的波瓣可能移入实空间。当阵列扫描偏离法线时，每一栅瓣（在 $\sin\theta$ 空间）移动距离等于扫描角的正弦，其朝向取决于扫描平面。为了保证没有栅瓣进入实空间，阵元间隔的选定必须做到在最大扫描角 θ_m 下，栅瓣移动 $\sin\theta_m$ 都不会使它进入实空间。如果要求每一扫描面都应偏离法线扫描 $60°$，那么在半径为 $1 + \sin\theta_m = 1.866$ 的圆内，就不可能有栅瓣。为了达到同样的栅瓣抑制，方形格结构所要求的阵元约多 10% 以上。

5.5 微波无线能量传输系统发射机设计

在微波无线能量传输系统中，传输效率是各组成部分转换效率的综合表现，且为各效率的乘积，因此系统设计过程中需要综合考虑各个影响因素，通过开展关键技术研究与试验验证，寻求提高微波无线能量传输效率的有效方法，力求每一个组成部分均能达到最佳的效率状态，从而有效提升系统的无线能量传输效率。

在微波无线能量传输系统中，直流功率需要转换成微波功率才能发射出去，需要通过微波发射机来完成。因此，微波器件的选择非常关键，应考虑功率容量、频率、高直流电压、散热、成本等方面的问题；在工程实现中，还需兼顾考虑系统传输效率、传输距离以及传输功率的要求。

微波能量传输系统和微波通信系统之间的主要区别在于能量传输效率，因此系统设计中应该选择高效率的微波器件。目前，将直流能量转换为微波能量可以采用微波真空器件和半导体固态器件两种途径，微波真空器件又包括磁控管及行波管两种器件。因此，为获得高效率高功率微波源，可采用磁控管、行波管以及固态器件三种方式。

行波管放大器（Traveling Wave Tube Amplifier，TWTA）凭借高功率、高增益、宽频带和高工作频率等性能特点，广泛应用于深空探测和电子对抗等无线通信领域，并在其中扮演着将信号进行放大的重要角色，已经在航天领域得到了广泛应用，技术相对更为成熟。与固态放大器相比较，行波管放大器是通过高频信号与电子注交换能量实现放大，因此其工作在高效率时存在严重的非线性现象，如非线性幅度、相位、谐波等。中国空间技术研究院西安分院研制出了大量星载 TWTA。针对微波无线能量传输样机的研制，行波管可提供约 120 W 的微波发射天线输入功率，其直流供电电压 100 V，直流到射频能量的转换效率约 50%，同时器件可提供约 45 dB 的放大器增益。

随着微波技术的发展，微波固态器件技术提高很快，新型半导体材料，例如 GaN 和 SiC，可以构造大功率的微波放大器。GaN 是大功率和高温半导体器件的理想化合物半导体材料，基于 GaN 固态器件的微波源，具有频带宽、功率容量大、效率高及耐温特性好等优势。目前业界已具有较多高水平的 GaN 器件，例如 RFMD 公司的 GaN 宽带功率放大器 RF3934。

在微波无线能量传输系统中，功率放大电路是将输入的信号在尽量不改变其波形的情况下，放大到实际需要的幅值，末级功率放大器芯片的效率和输出功率是主要考虑的问题。高效功率放大器的实现，从器件方面，半导体放大器是备选方案之一，与前两代材料 Si 和 GaAs 相比，包括 GaN 和 SiC 在内的第三代半导体具有宽禁带，使得其在击穿电场、热传导、功率密度、电子迁移率方面都具有优势，非常适合高频、高效、高功率的电子器件设计。在电路类型方面，E 类（逆 E 类）、F 类（逆 F 类）和 J 类等电路具有固有的高效特性。此外，Doherty 电路也是一种提高效率的新型电路形式，Doherty 技术理论上可实现高效率的要求。

Doherty 放大组件包括两个部分，即一个载波放大组件 C（Carrier）和一个峰值辅助放大组件 P（Peak）。载波放大组件可以工作在接近饱和的状态，从而获得较高效率，大部分信号通过该放大组件放大；峰值辅助放大组件只在峰值到来的时候才工作，大部分时间不消耗功率。它们的合成输入/输出特性的线性区比单个放大组件的线性区有较大扩展，从而在保证信号落在线性区的前提下获得较高的效率。

如图 5.36 所示，对于无耗输出传输线，利用功率守恒条件可得出如下结果：

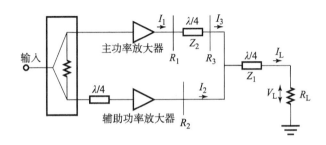

图 5.36 二阶 Doherty 功率放大组件电路设计框图

$$I_3 = I_1 \sqrt{\frac{R_1}{R_3}} \tag{5.54}$$

在此引入电流分流比，定义为

$$S = \frac{I_3}{I_2 + I_3} \tag{5.55}$$

结果，总的输出功率是主功率放大组件输出功率 $P_1 = S \cdot P_{out}$ 和辅助功率放大组件输出功率 $P_2 = (1 - S) \cdot P_{out}$ 的总和。在 50 Ω 传输线输出口看出去的阻抗是

$$R_3 = \frac{I_2 + I_3}{I_3} \cdot \frac{Z_1^2}{R_L} = \frac{Z_1^2}{SR_L} \tag{5.56}$$

而在辅助放大组件输出端的阻抗是

$$R_2 = \frac{I_2 + I_3}{I_2} \cdot \frac{Z_1^2}{R_L} = \frac{Z_1^2}{(1 - S) R_L} \tag{5.57}$$

在低功率电平时，辅助放大组件是截止的，而主功率放大器工作在有源区。在这种情况下，主功率放大器对应的等效负载阻抗为

$$R_1 = \left(\frac{Z_2}{Z_1} \right)^2 R_L \tag{5.58}$$

在一般的功率放大器设计中，由于使用 50 Ω 负载，所以在调试单个功率放大器管时，都是将功率放大器管匹配到 50 Ω 输出。在图 5.36 所示的二阶 Doherty 框图当中，Z_2 和 R_L 的值都应该为 50 Ω，Z_1 的阻抗大小是根据电流分流比 S（即两个功率放大器管都饱和时，主功率放大器与功率放大器总的峰值功率比 α）而定的，若 $S = \alpha = \dfrac{I_3}{I_2 + I_3} = 0.5$，则主功率放大器和辅助功率放大器产生相等的输出功率，它们的负载阻抗是相等的，由式（5.56）和式（5.57）可以得出 $R_1 = R_3 = R_2 = Z_2 = \dfrac{2Z_1^2}{R_L} = 50$ Ω，因此 Z_1 的值为 35 Ω；若 $S = \alpha = \dfrac{I_3}{I_2 + I_3} = \dfrac{1}{3}$，便可得出 $R_1 = R_3 = 2R_2 = Z_2 = \dfrac{3Z_1^2}{R_L} = 50$ Ω，因此可得 Z_1，如图 5.37 所示。

在微波无线能量传输系统中，若采用行波管或者固态器件，则微波发射机通常包括微波源与微波放大器两部分，基本组成如图 5.38 所示。图 5.39 所示为国内某无线能量传输系统中 2.45 GHz 微波发射机，内含微波源及 GaN 固态放大器。

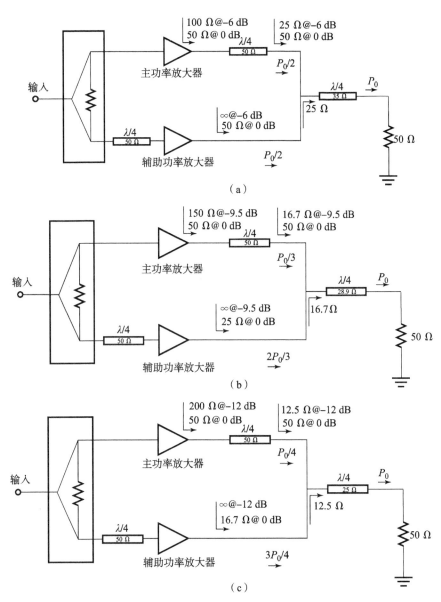

（a）

（b）

（c）

图 5.37   二阶 Doherty 功率放大组件电路设计实现方法

图 5.38   微波发射机组成框图

工作频率 /GHz	I@5 V /A	I@28 V /A	输出功率 P_{out} /dBm
2.45	0.4	3.06	47.16
直流功耗	87.68 W		
DC-RF转换效率	59.3%		

图 5.39　微波发射机实物举例（外形图及测试结果）

|5.6　微波无线能量传输整流系统设计|

　　微波接收整流电路一般包括输入滤波器、微波整流二极管、输出低通滤波器、阻抗匹配电路和负载等几部分。由于微波二极管是非线性器件，在微波整流电路中将产生高次谐波分量。通过对高次谐波的回收和利用，可以提高微波整流的效率。输入低通滤波器反射二极管整流产生的高次谐波。阻抗调节及隔直电路将直流隔离并将滤波器阻抗调节到与输入阻抗匹配。输出端滤波抑制整流电路产生的谐波分量，隔离来自输入端的微波，并且输出直流功率到负载。接收整流电路结构如图 5.40 所示，P_{in} 表示功率源可能输出的最大功率；P_{DC} 表示输出负载吸收的功率，可由仿真模型中的功率探测器测得；P_r 表示失配情况下反射的功率损耗；P_t 表示传输进入二极管的功率，包括输入二极管的基波成分和有可能参与转换过程的高次谐波成分。

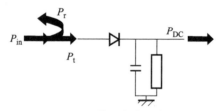

图 5.40　整流电路设计图

　　整流电路的整体转换效率定义为

$$\eta = \frac{P_{DC}}{P_{in}} \times 100\%$$

　　采用阻抗自匹配模型，定义二极管转换效率为

$$\eta_{eff} = \frac{P_{DC}}{P_t} \times 100\%$$

传输到二极管的能量与输入功率的反射系数有关，定义为

$$P_t = (1 - |S_{11}|^2) \cdot P_{in}$$

在微波无线能量传输系统中，针对大功率的 RF 能量进行整流，可以采用回旋电子束微波整流器（Cyclotron Wave Microwave Rectifier，CWMR），CWMR 转换效率高，功率适应范围大，无二次谐波再辐射问题，适用于高功率的微波无线能量传输。微波能量传输至波粒相互作用空间，与内部的电动力学结构相互作用激励产生横向电磁振荡，当电子的回旋角频率等于输入微波的角频率时，它与微波发生共振，输入微波的电磁能量转换为电子的横向动能，在转换区反向磁场的作用下，电子的横向能量被转换为纵向动能，使电子束的空间形状从直线形转变为空间螺旋形，在转换区纵向受到加速的电阻冲向负压的收集极，电子的动能转换为直流电能量，从而在外电路中形成电流。

第 6 章

激光无线能量传输系统设计技术

激光无线能量传输（Laser Wireless Power Transmission，LWPT）技术是指利用激光作为能量传输载体，采用无线传输的方式实现能源的输送。激光具有波长短、光束发散角窄等特性，因此激光无线能量传输系统能量集中，可以采用较小的发射功率实现较远距离的能量传输，所需的发射和接收设备只有传统的微波无线能量传输系统的1/10。因此，激光无线能量传输系统具有诸多独特的技术优势，在太阳能电站、模块航天器之间能量传输等方面具有重要使命及经济价值。

|6.1 国内外研究概况|

6.1.1 国外发展概况

激光无线能量传输技术经历了从低功率、近距离原理验证阶段，到中功率、中距离系统样机研制，选用不同激光波长，激光功率从瓦级到百瓦级、千瓦量级，作用距离从几米、几十米、几百米到 1 km。大功率、千米量级远距离能量传输是近年才兴起的技术。

6.1.1.1 "波束能量挑战"激光能量传输

1. 加拿大 USST 团队

"波束能量挑战"大赛是美国 NASA 赞助，致力于采用高强度光源为太空升降梯提供动力。在 2005 年和 2006 年大赛中，参赛团队使用的光源是聚光灯和太阳光，能量传输效果不理想。2007 年，德国 DILAS 公司为加拿大的 USST 团队（University of Saskatchewan Space Design Team）提供了 10 kW 输出功率的半导体激光器。该激光器由 3 个二极管垂直叠阵构成，快轴发散角小于 6 mrad，慢轴发散角小于 30 mrad。通过快慢轴准直透镜，实现快轴发散角小于 4 mrad、慢轴发散角小于 6 mrad。

2009 年，USST 参加挑战时采用通快公司（TRUMPF）光纤耦合碟片激光器（TruDisk 8002），参数为：功率 8 kW，波长 1 030 nm，100 μm 光纤芯径，光束参数积（Beam Parameter Product，BPP）= 8mm · mrad。攀登高度800 m，成功接收到 1 kW 电功率。电池板在 200 s 内平均温度87℃，电池片采用单结铟镓砷，但是掺杂了磷，目的是实现带隙与吸收波长的匹配。单片尺寸为 1.5 cm × 1.5 cm，转换效率在30%，没有被吸收的激光占70%，其中约5%被反射，60%被吸收转化成热。其具体指标如表 6.1 所示。

表 6.1　加拿大 USST 团队激光能量传输指标

参数名称	性能指标	
激光功率/kW	10	8
激光波长/nm	810	1 030
作用距离/km	1	1
光电池种类	GaAs	InGaAs
光/电转换效率/%	50	30

2. Laser Motive 团队

2009 年，美国 Laser Motive 团队设计的攀登装置攀登的高度达到 1 km，激光器采用德国 DILAS 公司两个二极管阵列红外激光器，如图 6.1 所示，每个功率为2.25 kW，总功率为 4.5 kW，传输光斑尺寸 15 cm × 15 cm，波长 810 nm，光/电转换效率约为50%，激光接收装置功率为 1 kW，其功率系数约为 500 W/kg，光/电转换效率不低于10%。其具体指标如表 6.2 所示。

图 6.1　德国 DILAS 公司二极管阵列红外激光器

表 6.2　Laser Motive 团队激光能量传输指标

参数名称	性能指标
激光功率/kW	4.5
激光波长/nm	810
作用距离/km	1
光电池种类	GaAs
光/电转换效率/%	50

3. MClimber 团队

MClimber 团队认为光源和光束控制至关重要，需要激光器功率为 5 ~ 10 kW。这是因为：负载按 50 kg，攀高运动速度标准为 2 m/s，其功率与速度的乘积，即 $50 \times 10 \times 2 = 1$ kW，总转换效率在 10% ~ 20%。他们选用通快公司 8 kW 激光器，采用了阵列聚光型太阳板，如图 6.2 所示。

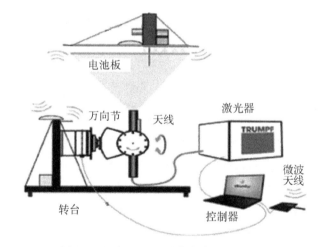

图 6.2　MClimber 团队激光能量传输系统

4. 美国 Laser Motive 公司无人机激光能量传输技术

2009 年，美国 Laser Motive 公司在"波束能量挑战"大赛取胜后成立了专门的激光能量传输公司。2010 年，该公司针对德国上升科技公司 Pelican 无人直升机提供了激光功率波束的设计和演示。该激光能量传输系统选用德国 DIL-

AS公司功率为 4.5 kW 的 810 半导体激光器作为光源，如图 6.3 所示；选用砷化镓激光电池，其中开路电压为 2.1 V，最大功率跟踪时电压为 1.7 V，选用了 16 块电池，电池片温度 63℃，产生 190 W 功率；激光能量传输演示的作用距离达到 15 m，可以持续巡航约 12.5 h。

图 6.3　德国 DILAS 公司红外激光器

2012 年，美国 Laser Motive 公司为洛克希德·马丁公司的 Stalker 无人机首次实现无线充电技术，如图 6.4 所示。该无人机被特种作战部队应用，主要用于执行监视、侦察等任务。Stalker 无人机通常由一名士兵操作，其总重量 5.9 kg，一次携带的燃料能量充满后，可以运行 2 h。在验证中，通过地基激光源发射光束为安装在无人机上的电池板充电，其连续飞行时间延长到超过 48 h，实现 600 m 范围充电，在 500 m 范围控制激光指向精度为厘米级，激光不会对无人机造成损伤。对于 Stalker 无人机一系列的测试表明，使用激光对便携式无人机进行空中能量补给或许是一条最合理的途径。其具体技术指标如表 6.3 所示。

图 6.4　美国 Stalker 无人机

表 6.3　美国 Laser Motive 公司无人机激光能量传输指标

参数名称	性能指标
激光功率/kW	1
激光波长/nm	810
作用距离/km	0.6
光电池种类	GaAs
光/电转换效率/%	50

6.1.1.2　日本 JAXA 等相关团体激光能量传输技术

20 世纪 90 年代，JAXA 提出了新的激光系统的设计，利用直接太阳能泵浦 Nd∶YAG 晶体产生激光。整个系统的建立具有高度的模块化，每个单独的模块包括 100 m×200 m 主反射镜和大型的辐射系统，如图 6.5 所示。图 6.6 为月球太阳能车示意图。

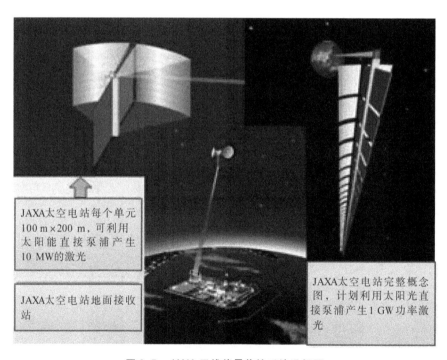

JAXA太空电站每个单元 100 m×200 m，可利用太阳能直接泵浦产生 10 MW的激光

JAXA太空电站地面接收站

JAXA太空电站完整概念图，计划利用太阳光直接泵浦产生 1 GW功率激光

图 6.5　JAXA 无线能量传输系统设想图

随后在 2004 年，JAXA 以及大阪激光技术机构进行了太阳能直接泵浦激光的试验，其中利用 Nd－Cr∶YAG 和圆盘形状的晶体，输入的能量到最终输出

激光能量的转换效率为 37%。2004 年，日本近畿大学河岛信树等人实现 1.2 km 的激光能量传输，采用半导体激光器，光纤耦合输出，芯径 400 μm，NA 为 0.22，功率 60 W，波长 812.3 nm，发散角 12 mrad × 12 mrad，采用单结 GaAs 电池（尺寸 40 mm × 70 mm），共计 116 片，光/电转换效率在 20%。其具体技术指标如表 6.4 所示。

图 6.6　月球太阳能车

表 6.4　日本近畿大学实现 1.2 km 的激光能量传输指标

参数名称	性能指标
激光功率/kW	0.060
激光波长/nm	812.3
作用距离/km	1.2
光电池种类	GaAs
光/电转换效率/%	27 - 28

2006 年，日本近畿大学还尝试利用激光能量进行了机器人、电动风筝、直升机的激光供能试验，如图 6.7 与 6.8 所示。激光系统由两个光纤耦合半导体激光器组成，输出功率为 200 W，波长为 808 nm，电池板为直径 30 cm 的圆形，由 30 个 4 cm × 7 cm 的 GaAs 电池片构成。当用 200 W 激光照射时，电池板的最大输出功率为 42 W。整个试验过程中，激光器光/电转换效率为 34.2%，GaAs 激光电池的光/电转换效率为 21%，整体光/电转换效率为 7.2%。其具体技术指标如表 6.5 所示。

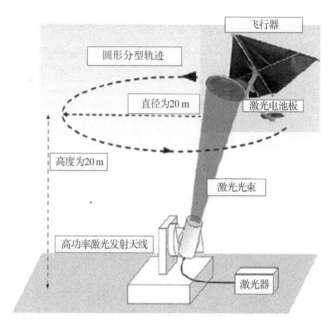

图6.7　日本激光驱动风筝试验

表6.5　日本近畿大学激光能量传输指标

参数名称	性能指标
激光功率/kW	0.2
激光波长/nm	808
作用距离/km	—
光电池种类	GaAs
光/电转换效率/%	21

2012年，日本近畿大学为30 m距离的无人机近程激光充电，采用了单结GaAs电池，数量30块30 mm×64.5 mm和4块15 mm×64.5 mm，整体布局为圆形，整个面板的直径约340 mm。半导体激光器波长808 nm，采用了三台半导体激光器，功率分别为200 W、200 W、180 W，总计580 W，其输出芯径为400 μm，NA为0.22。到靶的激光功率为560 W，光功率密度预计为0.617 W/cm^2，光电池输出功率为140 W，光/电转换效率为25%，电池温度为80℃。其具体技术指标见表6.6。

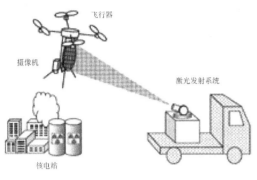

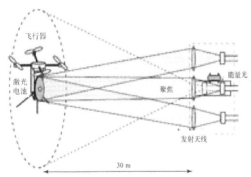

图6.8　30 m直升机激光供能试验

表6.6　日本近畿大学无人机激光能量传输指标

参数名称	性能指标
激光功率/kW	0.58
激光波长/nm	808
作用距离/km	0.03
光电池种类	GaAs
光/电转换效率/%	25

　　2015年，日产汽车研发中心的Masaki Hirota等人采用垂直腔表面发射半导体激光器，波长975 nm，激光功率0.5～3 W可调，预计光/电转换效率为45%，以单晶硅光电池片为接收端，激光传输距离为10 cm，最终获得光/电转换效率28%～32%。其具体技术指标见表6.7。

表 6.7　日产汽车研发中心激光能量传输指标

参数名称	性能指标
激光功率/W	0.5~3
激光波长/nm	975
作用距离/cm	10
光电池种类	单晶 Si
光/电转换效率/%	28－32

6.1.1.3　欧盟及其他国家激光能量传输技术

1. EADS 激光能量传输演示技术

2003 年，欧洲宇航防务集团（European Aeronautic Defense and Space Company，EADS）利用远程激光无线能量传输的方法，对长度为 20 cm 的"漫步者"微型车实现了电能传输，如图 6.9 所示。EADS 太阳能团队的队长弗兰克认为对比目前可行的激光和微波两种无线能量传输方法，EADS 更倾向于激光无线能量传输。选择 532 nm 波长是便于人眼直接观察绿光，突显原理演示效果。

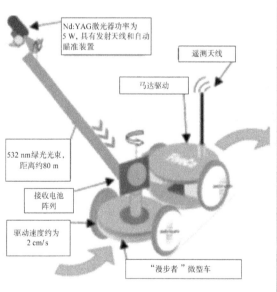

图 6.9　EADS 无线能量微型车——"漫步者"

EADS 选择激光作为无线能量传输的媒介，是因为设备很小。由于激光能量密度高，方向性好，在远距离传输后能够很好地控制光束扩散，同时避免与附近区域无线电通信和航海系统的相互干扰风险。其具体技术指标如表 6.8 所示。

表 6.8　EADS 激光无线能量传输指标

参数名称	性能指标
激光功率/W	5
激光波长/nm	532
作用距离/m	80
光电池种类	GaInP
光/电转换效率/%	40

2. 莫斯科国立技术大学激光能量传输演示技术

莫斯科国立技术大学 V. I. Kishko 等人在地基 – 天基能量传输方案报告中，分析了在远距离激光传输中，云朵、大气湍流等因素将导致激光功率下降，提出在距离地面高度 20～30 km 的平流层基于平流层平台，如飞艇等，通过中转的方式传输激光能量，采用 1 070 nm 掺镱光纤激光器，光电池采用 InGaAs 材料，光/电转换效率为 45%。

2016 年 10 月，俄罗斯"能源"火箭航天集团公司采用新型光电接收装置，对远距离处的手机充电 1 h，充电量 1%，光/电转换效率高达 60%，作用距离 1.5 km。此次演示成功后，该公司未来规划实现在"国际空间站"对 1～2 km 距离货运飞船之间的激光远距离能量传输搭载试验。

3. 韩国科技院激光能量传输演示技术

2016 年，韩国科技院报道了采用激光无线能量传输技术用于健康监测无线传感模块的充电试验，如图 6.10 所示。无线充电免去了监测位置上拆取电池的麻烦，使用更加方便。试验采用功率 1 W 的 532 nm 倍频固体 Nd:YAG 激光器，光束发散角 1.6 mrad；采用 9.85 mm×9.89 mm GaInP 光电池接收，试验距离 1 m，接收端最大光/电转换效率 20%。其具体技术指标见表 6.9。

图 6.10　韩国科技院无线传感模块激光充电试验

表 6.9　韩国科技院激光能量传输演示指标

参数名称	性能指标
激光功率/W	1
激光波长/nm	532
作用距离/m	1
光电池种类	GaInP
光/电转换效率/%	20

6.1.2　国内发展概况

随着我国空间飞行器、分离航天器模块等航天技术的发展，为实现无线能量传输技术突破，我国先后开展了百米到 1 km 级激光能量传输技术研究和验证。国内一些高校也开展了激光能量传输相关技术研究工作，进行了不同光源、传输距离以及选择不同光电池的试验，取得了一定的技术成果。

山东航天电子技术研究所是我国最早进行激光无线能量传输的单位之一。在地面演示试验中，选用激光工作波长 810 nm，有效工作距离 50 m，激光器输出光功率 5 W，光/电转换效率可达 40%～50%。2013 年其研制了一套激光无线能量传输系统，进行了远距离的激光无线能量传输地面试验，如图 6.11 所示。该系统工作波长为 810 nm，工作距离 100～200 m，激光输出光功率 80 W，光/电转换效率 50%。2014 年 10 月其首次进行了两飞艇之间的激光无线能量传输试验，如图 6.12 所示。

图 6.11　山东航天电子技术研究所激光无线能量传输/接收系统

2013 年，北京理工大学赵长明团队以 793 nm 等波长激光为传输介质，采用 GaAs 材料电池的无线能量传输演示系统，传输距离 10 m，系统总的电 – 激光 – 电传输效率为 18%。2015 年，南京航空航天大学杨雁南课题组用单结 GaAs 光电池，采用 808 nm 激光，光辐照功率密度为 0.230 W/cm^2，传输距离 2 m 时，光电池的光/电转换效率较高，达 61.2%。他们还采用了 532 nm、

图 6.12　山东航天电子技术研究所激光无线能量传输系统飞艇演示试验

671 nm 以及 980 nm 激光器的光/电转换试验，对比了单结 GaAs 对不同波长的光/电转换效率。

2015 年，军械工程学院的华文深等人用 940 nm 半导体激光器，进行桌面试验，选用单晶硅光电池（电池尺寸 10 mm × 10 mm），测试距离不超过 0.5 m，入射激光光强为 136 mW/cm^2，光/电转换效率为 29.49%。观察到转换效率随温度变化：辐照强度在 136 mW/cm^2 时，光/电转换效率随温度变化常数约为 -0.135%/℃。2016 年，该课题组选用单结砷化镓光电池，选用 808 nm 半导体激光器，该波段的大气透过率较高，近距离不考虑大气损耗，进行近距离桌面试验，当入射激光光强为 67.5 mW/cm^2 时，光/电转换效率为 49.7%。

2015 年，装备学院洪延姬等人采用电池尺寸为 20 mm × 20 mm 的 GaAs 光电池，选用的半导体激光器波长为 780 nm；采用硅光电池，选用了 940 nm 半导体激光器。两种激光光束为高斯光束，开展近距离光/电转换试验。针对 GaAs 光电池，入射激光光强为 2 000 W/m^2，控制 GaAs 温度在 298 ~ 344 K，光/电转换效率为 16% ~ 23.5%；针对硅光电池，入射激光光强为 5 000 W/m^2，控制硅光电池温度在 347 ~ 408 K，最高光/电转换效率为 2.75%。2016 年，该课题组还采用了 980 nm 波长半导体激光器，单晶 Si 电池（20 mm × 20 mm），发射功率为 4.8 W 时，电池片温度在 50℃，通过并联电池片方式，最高光/电转换效率达 45.39%。

2017 年，武汉大学针对无人机，采用了 808 nm 半导体激光器，单结砷化镓光电池（10 mm × 10 mm），在室内开展了 6 m 处激光无线充电试验，功率 2 W，光/电转换效率 30.5%，最大功率跟踪电池的效率为 84.5%，在室外开展了 200 ~ 400 m 远距离供电试验。图 6.13 所示为武汉大学激光电池阵列。

图 6.13　武汉大学激光电池阵列

|6.2 激光无线能量传输系统|

如图 6.14 所示，激光无线能量传输系统主要由能量发射机和能量接收机组成。其中，能量发射机包括能量激光器、准直镜、发射端转台、发射端转台伺服单元、发射端主控计算机和发射端数据中继单元；能量接收机包括光/电转换模块、接收端转台、接收端转台伺服单元、蓄能电池模块、接收端主控计算机和接收端数据中继单元。

其中，准直镜安装在发射端转台上，发射端转台与发射端转台伺服单元相连，发射端数据中继单元分别与发射端转台伺服单元和发射端主控计算机相连，能量激光器分别与发射端主控计算机和准直镜相连；光/电转换模块安装在接收端转台上，接收端转台与接收端转台伺服单元相连，蓄能电池模块分别与光/电转换模块和接收端主控计算机相连，接收端数据中继单元分别与接收端主控计算机、接收端转台伺服单元和光/电转换模块相连；能量发射机与能量接收机之间通过各自的数据中继单元中的无线收发模块进行无线通信。

能量激光器为光学发射天线提供稳定、高质量的能量光束。准直镜，即小望远镜单元，用来将激光光束压缩后发射出去。发射端和接收端的转台能够实现方位、俯仰方向转动，使得光学发射天线指向光电池。发射端和接收端的转台伺服单元分别控制发射端和接收端的转台运动。

发射端转台上还安装有目标探测模块，用于探测能量接收机。发射端数据中继单元包括位姿传感器、相位控制器、光束控制器、无线收/发模块和接口模块，将位姿传感器测得的能量发射机位置和姿态数据、光束的相位和指向控制指令、发射端转台的位置和角度数据、无线收/发模块接收的数据通过接口模块与发射端主控计算机之间进行通信。接口模块还与目标探测模块连接。

发射端主控计算机监控能量激光器的温度，并通过发射端数据中继单元获知准直镜的位置姿态，通过发射端数据中继单元及转台伺服单元控制转台运动，从而实现准直镜对光电池的瞄准、捕获和跟踪，并能根据能量发射机与能量接收机之间的相对距离控制光束相位实现光电池表面均匀辐照。

光/电转换模块安装在接收端转台上，用于接收能量并将发射的激光转化成电能。在光电池板上安装有 LED 指示灯。蓄能电池模块包括电源管理模块和蓄能电池，用于接收并储存光电池转化的电能。

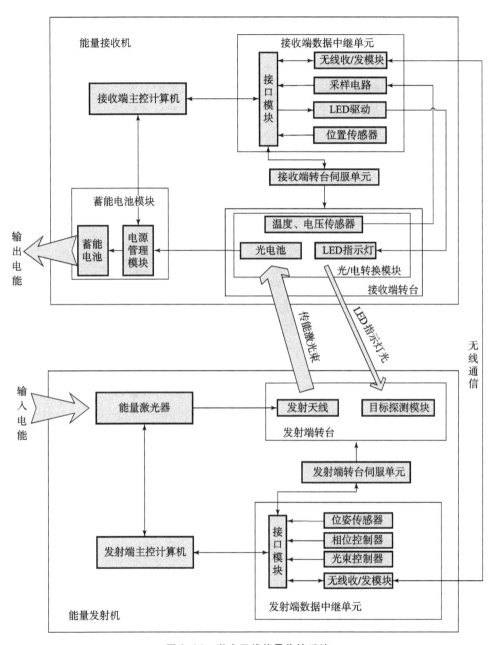

图 6.14　激光无线能量传输系统

接收端数据中继单元包括无线收/发模块、采样电路、LED 驱动、位置传感器和接口模块，用于将测量获得的能量发射机的位置、光电池的温度及电压、能量发射机的无线通信数据、LED 指示灯的状态数据等通过接口数据与接收端主控计算机进行通信。接收端主控计算机对光电池和蓄能电池的工作状态

进行检测和控制。

激光无线能量传输（LWPT）系统主要由激光发射模块、激光接收模块、激光传输控制模块、能源管理模块等组成，如图6.15所示。涉及的关键技术包括无线能量传输总体设计技术、高效高光束质量的激光发射系统技术、高效激光-电能转换系统设计技术、激光能量传输及控制技术的研究。

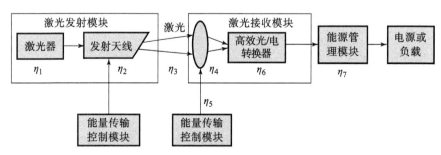

图6.15　激光无线能量传输系统示意图

影响整个系统电-光-电传输效率的环节主要包括：激光器光/电转换效率 η_1；天线发射效率 η_2；激光在空间中的传输效率 η_3；入射光斑利用效率 η_4；指向偏差效率 η_5；光/电转换器的光/电转换效率 η_6；电能变换效率 η_7。

考虑到该设备为地面使用，对用电功率不是十分苛求，因此在选择激光器过程中将对成本和效率进行综合比较，而对光/电转换效率不过多考虑，因此激光无线能量传输系统传输效率为

$$\eta = P_S/P_R = \eta_1 \cdot \eta_2 \cdot \eta_3 \cdot \eta_4 \cdot \eta_5 \cdot \eta_6 \cdot \eta_7 \tag{6.1}$$

在系统设计中，希望达到最大的传输效率，因此在以上效率计算的7个环节中，都应该保证效率尽量大，从而达到更高的传输效率。

|6.3　大功率激光器|

激光器作为实现系统光/电转换的重要部件，其选择需结合光/电转换效率、激光在空气中的传输效率、光电池的转换效率综合考虑。激光电池在单波长激光照射下的光/电转换效率高于宽波段太阳光照射下的光/电转换效率，并且连续光源照射效率要高于脉冲光源照射效率，因此激光无线能量传输系统选用连续单波长激光作为能量传输介质。由于光子能量正比于其本身的频率，则光源的频率直接影响激光电池能带隙跃迁，从而材料对于激光波长的选择性非常重要，因此需要综合考虑激光波长和激光电池材料的关系。图6.16为常见

激光电池材料光/电转换效率谱分布，从图中不难发现，对于目前较为常见的 GaAs 和 Si 材料，波长为 850 nm 左右波段的激光光/电转换效率最高。

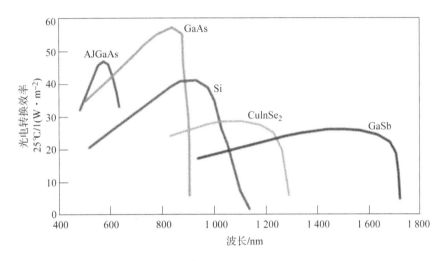

图 6.16　入射激光波长与激光电池材料的关系对比图

另外，InGaAs 材料的激光电池在红外波段激光也具有较高的能量转换效率，Spetrolab 公司官方给出的数据表明，InGaAs 材料在 $\lambda = 1\ 060$ nm 波段的转换效率最高可以达到 50%。图 6.17 为该公司估计的转换效率随温度的变化曲线，并与一种光伏特性仅次于单晶硅的光电材料（$CuInSe_2$，CIS）进行了比较。

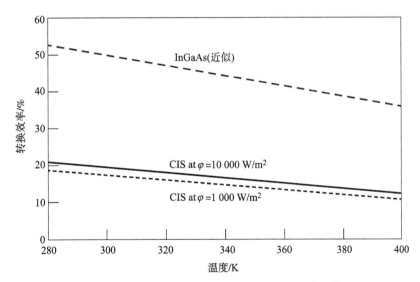

图 6.17　InGaAs 及 CIS 材料转换效率随温度的变化曲线

以上分析表明，较为常见的 GaAs 和 Si 激光电池材料，对 850 nm 左右波长的激光光/电转换效率最高（大于 50%）；同时，对于 InGaAs 的激光电池材料，波长为 1 060 nm 的激光光/电转换效率最高可达 50%。通过以上分析，激光器输出波长可以有两种选择：800 nm 波段激光器对应 GaAs 光电池；1 060 nm 波段对应 InGaAs 光电池。

目前一般光电池转换效率为 30%～50%，鉴于系统传输功率要求，作为能量传输载体的激光应在满足波长的前提下，满足大功率需求。

激光器输出波长：800 nm 或 1 060 nm；

激光器输出功率：>500 W。

输出功率能够达到千瓦级及以上的激光器种类如表 6.10 所示。

表 6.10　输出功率为千瓦级及以上的激光器种类

激光器类型	波长/nm	光/电转换效率/%	光束质量 $(B_x \times B_y)$	辐射强度/ $(W \cdot m^{-2} \cdot sr^{-1})$
半导体激光器 (10 kW)	850	50	100 × 1.5	1×10^{10}
相干合成 (25 kW)	850	25	4.5 × 3	2×10^{12}
Thin Disk (8 kW)	1 060	25	24 × 24	1.2×10^{13}
Thin Disk (25 kW)	1 060	25	3 × 3	2.4×10^{15}
光纤激光器 (2 kW)	1 060	25	1.2 × 1.2	1.2×10^{15}
光纤激光器 (10 kW)	1 060	25	15 × 15	4×10^{13}
光纤激光器 (20 kW)	1 060	25	35 × 35	1.4×10^{13}
半导体泵浦碱金属蒸汽激光器 (1 MW)	795	25～40	1.2 × 1.2	6×10^{15}

注：数据来源 Kare（2004），TRUMPF（2008），IPG（2008），Zhdanov, Sell, Knize（2008），Cathcart（2007）。

1. 半导体激光器

半导体激光器具有高电光转换效率、体积小、重量轻、低成本等优点，并且可以提供满足激光电池吸收峰的 800 nm 左右的激光。但是其光束质量差、辐射强度差的缺点也很明显，虽然可以通过光束整形达到较小的发散角，但是其在大功率、远距离传输时，则需要增加激光器个数和光学设计的难度，而且由于光学透镜的增加，光学衰减也会增加，且为实现较小的束散角，半导体激光器光学系统的体积将较大，从而增加伺服系统转动惯量。因此，半导体激光器仅适于小功率短距离传输的情况。

2. 相干合成激光器

通过多束单频激光的相干合成实现高功率的输出，原理上该方案可以满足无线能量传输的要求，但是大功率相干合成装置中相位控制较为复杂，同时对于单个光源的相干性也具有苛刻的要求，距离实用还有一定的距离。另外，仅就目前报道的试验结果，其辐射强度和其他固体激光器相比并没有理想的优势。

3. 半导体泵浦固体激光器

半导体泵浦固体激光器（包括晶体固体材料和光纤材料）的光束质量和辐射强度都能满足远距离大能量传输的要求，但是晶体材料的半导体固体激光器散热是一个不容忽视的问题，特别是在空间中应用时只能通过传导冷却。而光纤材料的激光器由于光纤长度较长，散热较为容易，适宜在空间应用。高功率光纤激光器的输出波长为 1 060 nm，与 Si 和 GaAs 材料的激光电池的吸收峰不匹配，其他材料的激光电池如 InGaAs 和 CIS 却在近红外有一定的响应，但仅 CIS 能达到 17% ~ 20% 的转换效率。Spectrolab 在 2008 年给出的 InGaAs 材料的理论转化曲线，理论转换效率为 50% 左右。若 InGaAs 激光电池在 1 064 nm 的实际转换效率与理论预期一致并较容易获得，光纤激光器不失为一种较为理想的选择。

4. Thin Disk 激光器

输出功率为 8 kW 的 Thin Disk 激光器已经商用（TRUMPF，2008），通过数值模型仿真可以预计输出功率可以达到 40 kW（Giesen，2007）。Thin Disk 激光器在保证高光束质量的同时，可以达到较高的辐射强度。在 2008 年 6 月，波音公司在 Suitable for a Tactical Weapon System 中，利用 Thin Disk 激光器得到

了持续数秒的大于 25 kW 的激光。

5. 半导体泵浦碱金属蒸汽激光器 （DPAL）

该类型激光器输出激光能够被 Si 和 GaAs 为材料的激光电池很好地吸收，而且从理论上计算，该激光器连续输出功率可以达到 100 kW 量级，不过截至 2008 年，半导体泵浦碱金属蒸汽激光器最高实验室功率刚刚达到 48 W （美国空军学院），美国劳伦斯国家实验室估计金属蒸汽激光器 （Diode Pumped Alkali Laser，DPAL） 的质量功率比为 7 kg/kW，这个值远远低于目前商用的光纤激光器。

目前成熟的输出功率千瓦级以上的激光器有波长 808 nm 的半导体激光器和波长 1 060 nm 的光纤激光器，其中与 808 nm 波长匹配的 GaAs 光电池已经商用，半导体激光器与 GaAs 光电池的组合是首选方案 （表 6.11）。然而，由于半导体激光器以光束质量优先，对于远距离传输激光无线能量传输系统而言，光纤激光器与 InGaAs 的组合是一个理想方案。其他类型的激光器从公开的报道来看仍处于理论分析与实验室阶段。

表 6.11　能量传输激光器与光电池

序号	激光器类别	光电池类别
1	半导体激光器	GaAs
2	光纤激光器	InGaAs

|6.4　准直发射与接收|

在激光无线能量传输系统中，准直光学系统的作用是把半导体发射出的发散光束进行准直与像散的校正。为了充分利用发射光的功率，准直光学系统必须收集尽可能多的光功率，并获得准直度很高的出射光束。因此，设计准直光学系统应重点考虑光能利用率和波像差。

6.4.1　光束准直可采用的方法

1. 使用单透镜准直

由于对激光器发射角的压缩倍率很高，可达数百倍到数千倍以上，因此，需要采用单透镜进行预准直后使用望远镜系统进一步压缩发散角的方案。半导体激光器输出光波的单色性较好，因此透镜的色差可以不必考虑，为了获取高质量的准直光束，准直光学系统必须是球差、慧差、像散以及像场弯曲都经过精确修正的优良光学系统。这种系统可以看作是空间相位变换器，可将透镜后焦点处发出的点源球面相位变换成平面相位，而对振幅无失真地传输。假设半导体激光器的发光面位于透镜的后焦点，则在透镜前形成一个类似椭圆的光斑。

2. 使用二元光学器件

激光器输出光波束的准直就是要将输出的带有像散的高斯球面波，尽可能地转换成平面波。由于激光器输出的光波束其能量分布为高斯型的，但其相位是两个相互垂直（快轴和慢轴）且半径不同的球面分布的，故可通过二元光学器件的相位变换将其转变为平面相位分布的准直光。

3. 使用非圆柱透镜进行准直

用微圆柱透镜对半导体激光快轴方向光束进行准直，简单易行，成本低廉，有一定的效果。但是由于圆柱透镜有球差存在，准直效果不够理想。一般为了较好的球差需要多片镜子组合使用，这样就增加了系统的复杂性和装校的难度。理论研究表明，对准直要求较高时，应采用非球面透镜。何修军等人给出了使用两个椭圆截面柱透镜进行准直的方案，此方案还可通过改变两个柱镜间的距离得到对称圆形准直光，并通过计算机仿真，得到可达到发散角仅为 50 μrad 的准直水平。此方案由于涉及多个参数的确定，椭圆方程需要进行目标法、方差法、线性加权和法等多目标的优化方能确定。

4. 使用球透镜准直

由于半导体激光二极管的发散角大，需要使用大数值孔径的准直镜。一般来说，球面准直镜的相对孔径最大也只能达到 0.5 ~ 0.6 的水平，不能满足对二极管发散角的要求。由于相对孔径不够大使得激光二极管的能量利用率较低。为此，美国 JPL 实验室提出了使用球透镜进行准直的方案。球透镜是一个简单的被抛光的玻璃球、石英球、蓝宝石或其他材料制成的透镜，对二极管激光器波长有很高的透过率，球透镜可以镀抗反射膜。球透镜的透过率可以达到 99.95%。与通用的多元透镜相比，它有结构简单、容易制造、价格低、重量轻以及不要求极严格校准等优点。球透镜的直径应该使它具有适当的焦距，以保证接收全部发散光束。

5. 使用棱镜进行圆化处理

因为半导体激光器的快轴和慢轴发散角不同，通过一个高质量的准直镜后得到的是一个椭圆光斑，为了将此椭圆光斑变成圆对称光斑，最常用的方法是使用棱镜对椭圆光斑进行圆化处理。

6.4.2　各种方法初步比较

1. 单透镜准直

单透镜方案的准直可以将半导体激光器的发散角压缩得很好，但它需要大的相对孔径，不能很好地解决激光器的像散问题。而且一个设计良好的准直镜需要三片或四片结构，方能很好地消除球差、像散等光学畸变，其要求的加工和装校精度都很高。

2. 柱镜和半柱镜的快轴压缩

使用柱镜或半柱镜能够较好地利用光源的能量，但是由于柱镜存在着球差，因此，无法兼顾小角度光线和大角度光线。用柱镜压缩后准直镜的设计还需要考虑柱镜引起的球差。

3. 球透镜准直

球透镜数值孔径很大，有利于光源能量的利用，虽然它存在球差等像差因素，但在要求不高的泵浦等应用中可以发挥很大的作用，然而对于要求很高的光学准直则无法使用。

4. 棱镜对

棱镜对可有效地改变光束的直径，但不能进行对发散角的压缩工作，它需要与准直镜协同工作。

5. 非圆柱镜准直

从前面的分析可以看出，使用非圆柱镜准直是一个较好的方案。由于使用两个柱镜可以方便地解决半导体激光器的像散问题，同时适应选择两个柱镜的参数，可使半导体激光器的椭圆光斑圆化。柱镜的数值孔径可以做得很大，有利于光源能量的有效利用。使用非圆柱镜可以消除球差。何修军等人提出非圆柱镜为一个截断的椭圆柱镜，且椭圆参数由于涉及多个参数，需要多方优化才能确定。由于参数选择的不同，故优化的效果也不同。

6.4.3　多光束协同发射

目前，针对激光无线供电效率优化主要是通过提高激光器输出光束质量、增大光学发射天线的方式来改善接收能量处的光束质量，但上述方法的主要缺陷如下：

（1）随着激光器光束质量的提高，被耦合到输出光纤中的能量光束比例将下降，相应的光/电转换效率下降，激光器及光学透镜的发热量显著增大，激光器及光学透镜散热问题难以解决，影响整个激光无线能量传输系统的传输效率。

（2）功率达到万瓦量级的半导体激光器技术非常困难，其制造成本也是非常高昂的。

（3）利用较大的光学发射天线可以在一定程度上弥补由于激光器光束质量下降带来的问题，但较大的光学发射天线需要更大的透镜、平面镜系统，重量和结构复杂性将给系统设计带来困难。

基于单束大功率激光能量传输的缺陷，多光束能量发射技术成为一种较好的替代解决方法。多光束能量传输方法可以在降低对激光器光束质量要求的情况下，获得较高的能量传输，可以有效避免由于单束大功率激光传输系统造成的问题。多光束激光无线供电方案基本原理如图 6.18 所示。其中发射端采用多台激光器输出，多个发射光束通过不同的匀化发射透镜同时传输，在接收端同时接收多个激光光束的非相干叠加组合光斑。

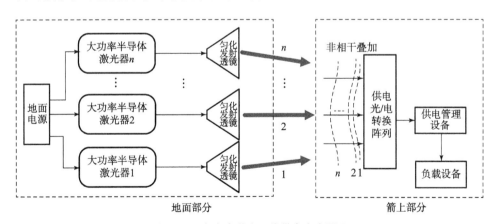

图 6.18　多光束激光无线供电方案原理

相对于传统多光束发射增大光斑覆盖面积而言，应用于激光无线供电系统的多光束发射系统主要是为了更好地均衡接收端光斑的能量，实现接收能量端的高密度光功率。针对多光束发射激光无线能量传输系统需要对接收端的能量分布进行必要的仿真。由于单光束输出激光器功率较大，输出激光光束质量较小型激光器差，因此，在同等光学系统情况下输出的光束束散角较大，在地面上形成的光斑面积较大，平均功率低，如图6.19所示。图6.20为共焦点多光束发射的接收端功率密度分布，在小功率输出情况下，光束质量明显改善，地面光斑能量密度更高，占地面积更小。然而，由于多光束共焦点发射时的功率过于集中，造成光斑能量分布径向变化过大，不利于地面光/电转换。

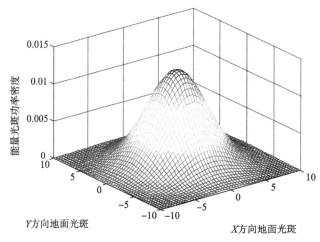

图6.19 单光束发射的接收端光功率密度分布示意

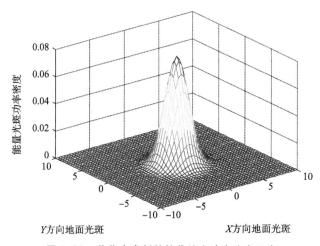

图6.20 共焦点发射的接收端光功率分布示意

图6.21为非共焦点情况下多光束发射系统在地面形成的光功率密度分布示例。可以看出，在光斑中心出现一定面积的功率稳定区域，较单光束功率密

度更高，较共焦点多光束功率变化更平缓。通过对不同功率、焦点位置进行仿真分析，设计出更加均匀、面积可控的接收光功率分布，可以对接收端光/电转换阵列的优化设计提供设计依据。

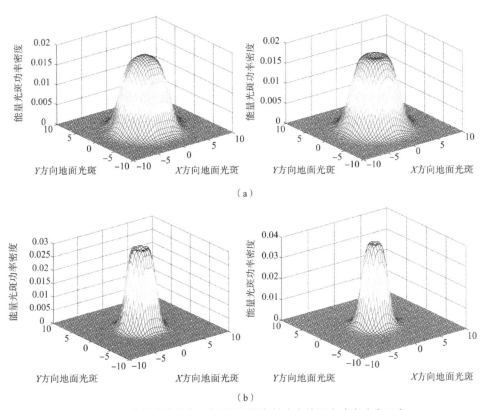

图 6.21　发射非共焦点、相同/不同发射功率地面光功率分布示意

（a）发射非共焦点、同发射功率地面光功率分布；

（b）发射非共焦点、不同发射功率地面光功率分布

|6.5　高效激光接收技术|

在激光无线能量传输系统中，光/电转换模块需要实现的功能是将激光发射模块发出的激光束有效地接收并进行光/电能量转换。目前，在光/电转换环节普遍采用光电池作为系统光电能量转换器件。为实现更高的转换效率，一方面需要更高转换效率的激光电池芯片，另一方面需要针对入射激光光束设计占空比更高的电池排布拓扑形式。

6.5.1 激光电池技术

光电池按照材料不同可分为硅光电池、多元化化合物光电池、聚合物多层修饰电极型光电池、纳米晶光电池、有机光电池等,按照结晶薄膜层数分类可以分为单结光电池和多结光电池。不同材料、不同结构的光电池其工作特性存在很大差异,因此需要针对激光无线能量传输系统的技术要求,选择合适的光电池作为光/电转换模块。

6.5.1.1 光电池的工作原理

光电池是一种以硅、砷化镓等为基底材料的半导体器件。通过在制造过程中将硼、磷的化合物掺杂到基底材料中,电池内部分化为 p 型区和 n 型区,最简单的光电池结构就是一个单 pn 结。光电池的工作原理是基于爱因斯坦最早提出的半导体光生伏特效应。

如图 6.22 所示,当光子能量大于半导体禁带宽度的光束垂直入射到 pn 结表面时,光子将与晶格中的原子相互作用并在离表面一定深度的范围内被吸收,如果结深小于光吸收系数 α 的倒数 $1/\alpha$,入射光将在结附近产生电子-空穴对,产生在空间电荷区内的光生电子和空穴在结电场的作用下分离,产生在结附近扩散长度范围的光生载流子扩散到空间电荷区,也在电场作用下分离,如图 6.23 所示。激光供能系统中光/电能量转换器件(Photovoltaic Power Converter,PPC)是激光供能系统的核心器件。PPC 电池将供能光纤提供的激光能量转换成能提供监控模块运行的电能,PPC 电池的转换效率和稳定性直接影响到整个系统的供能效果。激光供能目前主流采用的是 790~850 nm 波长的激光,这一波段的激光在光纤中有较低的光传输损耗,用 GaAs 材料制作的光伏器件对这一波长范围的激光敏感,更容易制造出高转换效率的光电池。

p 型区的电子在结电场作用下漂移到 n 型区,n 型区的空穴漂移到 p 型区,形成自 n 型区向 p 型区方向的光生电流。由于光生载流子漂移形成的电荷堆积产生一个与结电场方向相反的电场 qV,使得 pn 结正向电流增加。当 pn 结正向电流与光生电流相等时,结两端形成一定的电势差,即光生电压。光照使得 n 型区和 p 型区的载流子浓度增加,引起费米能级分裂 $E_{F_n} - E_{F_p} = qV$,如图 6.24 所示。pn 结开路时,光生电压 qV 即为开路电压。外电路短路时,pn 结正向电流为零,外电路电流为短路电流,理想状态下即为光电流。

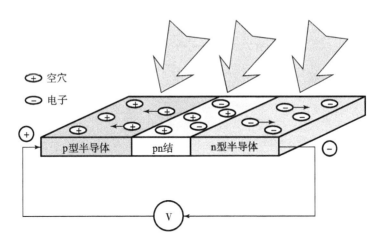

图 6.22　单 pn 结光电池结构图

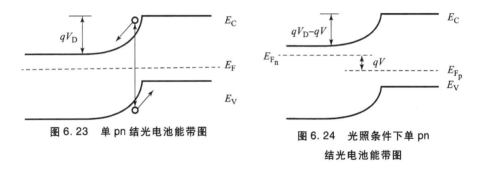

图 6.23　单 pn 结光电池能带图

图 6.24　光照条件下单 pn
结光电池能带图

一般而言，衡量光电池性能的参数主要包括光电池的电流－电压（$I-V$）曲线、最大输出功率 P_{mp}、填充因子 FF、转换效率 η 以及量子效率 QE 等。

1. 电流－电压（$I-V$）曲线

$I-V$ 曲线可用以形象地表示激光电池在其工作范围内电压和电流之间的关系特性，如图 6.25 所示。此曲线通常可通过实际测量的方式获得：保持入射光强和系统温度恒定，将可变电阻从开路状态改变到短路状态（从无穷大到零欧姆），记录下相应的电压电流值。图中，I_{sc} 是电池的短路电流，它与垂直轴相交。在曲线的另一个极端，V_{oc} 是电池的开路电压，它与水平轴垂直。

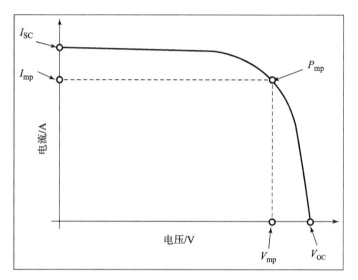

图 6.25 光电池的 I – V 曲线图

2. 最大输出功率 P_{mp}

在 I – V 曲线上每一点对应的电压和电流值都描述了光电池的电功率输出，功率最大点记为 P_{mp}，对应于曲线内面积最大的矩形面积，相应的电压值和电流值分别记作 V_{mp} 和 I_{mp}。

3. 填充因子 FF

填充因子描述 V_{mp} 和 I_{mp} 值与 V_{oc} 和 I_{sc} 的匹配程度，定义为曲线下包围的矩形与包围曲线的矩形面积之间的比值，即

$$FF = \frac{I_{mp}V_{mp}}{I_{sc}V_{oc}} \tag{6.2}$$

4. 转换效率 η

光电池的转换效率定义为输出最大功率与入射能量功率的比值，即

$$\eta = \frac{P_{mp}}{P_{in}} = \frac{I_{mp}V_{mp}}{P_{in}} = \frac{FFI_{sc}V_{oc}}{P_{in}} \tag{6.3}$$

5. 量子效率 QE

量子效率描述光电池对不同波长入射光的响应程度。它是光伏装置收集的电荷载流子数量与入射到光电池上的光子总量之比，其值取决于光电池化学成

分及光电池结构。太阳能光电池通常被优化到对于太阳光谱有最大转换效率。此外，光子能量的入射角度也会影响光电池的转换效率。当光子能量垂直光电池表面入射时，光电池转换效率最大；随着入射角增加，光电池转换效率逐渐减少，减少速率取决于光电池的设计和构造。目前满足激光无线能量传输的激光电池主要分为两种：与 800 nm 半导体激光器配合的 GaAs 激光电池和与 1 060 nm 光纤激光器配合的 InGaAs 激光电池。

6.5.1.2　GaAs 光电池

虽然到目前为止，Si 光电池技术无论在技术成熟程度还是在规模化生产能力上都优于 GaAs 光电池，但 GaAs 作为典型的 Ⅲ - Ⅴ 族化合物半导体材料，具有很多优良的性质。随着近年来光电池技术的快速发展，GaAs 光电池的量子效率得到了快速提升并远远超过了包括晶体硅在内的其他各种材料制备的光电池的量子效率。目前已报道的经过频率优化的 GaAs 光电池的光/电转换效率最高已达50%，预计未来可以实现60%。而相比之下 Si 光电池的光/电转换效率最大只有25%。GaAs 光电池的主要优点如下：

1. 直接带隙结构

GaAs 光电池具有直接带隙能带结构，其能隙宽度 $E_g = 1.42$ eV（300 K），处于光电池材料要求的最佳带隙宽度范围。

2. 光吸收系数大

由于 GaAs 光电池具有直接带隙结构，因而其光吸收系数也较高。与间接带隙结构的 Si 电池相比，在太阳光谱的可见光区域，GaAs 光电池的吸收系数比 Si 光电池高一个数量级以上。

3. 抗辐照性能高

由于 GaAs 光电池的少数载流子寿命相比于 Si 光电池较短，因此辐照位移损伤所诱导的复合中心对电池载流子寿命的退化并不明显。试验表明，GaAs 光电池的抗辐照性能明显好于 Si 光电池，因此其也更适用于外太空环境工作的充电系统。

4. 温度系数较小

光电池能量转换效率会随着温度升高而下降。GaAs 光电池由于具有较宽的能隙宽度，因此其能量转换效率随温度升高下降不明显，其温度系数约为

−0.23%/℃，仅为 Si 光电池的 1/2。此外，由于在激光无线能量传输系统中光电池接收的光束不是太阳光而是激光，并不需要采用多结叠层光电池以实现较宽的光谱匹配。

目前 GaAs 光电池在激光无线能量传输系统中应用较多，主要是由于其技术较为成熟，成本较低，转换效率较高；同时，与其配合的 800 nm 波段大功率半导体激光器技术也日趋成熟，更加速了 GaAs 光电池的应用。目前相关研究已经较为深入，尤其是根据激光无线能量传输系统提出的高电压、低电流、低损耗的概念，三结甚至多结 GaAs 光电池、高压 GaAs 光电池的研究也已经非常深入。

6.5.2　电源管理技术

对激光无线能量接收端电池阵列进行能源检测、能源平衡以及能源控制，是有效提高激光无线能量传输效率的有效途径。能源管理系统主要对输入电能量进行管理、存储和分配，为负载提供稳定的输出电压，其对于能量的高效利用，有效应对能源获取、存储和分配所出现的突发事件，保证系统的可靠、正常运行，具有重要的意义。

6.5.2.1　系统组成

能源管理系统组成框图如图 6.26 所示。能源管理系统包括输入限制保护装置 1、2，二极管电路 1、2、3、4、5，DC/DC 转换器 1，电池充电保护模块，电池放电保护模块，可充电电池组，DC/DC 转换器 2，输出限制保护模块，电压电流 AD 采集模块，能量监测模块，MCU 控制模块。

6.5.2.2　系统功能

能源管理系统主要实现对输入电能量进行管理、存储和分配。在正常工作模式下，两路输入电压经过二极管电路进行"或"隔离输入，由 DC/DC 转换器 1 转换为 35 V 直流电压供充电电路及 DC/DC 转换器 2 使用，电池充电保护模块对电池组进行浮充电，DC/DC 转换器 2 把输入非稳定电源转换为稳定输出。在输入能量供应不足或者输入发生故障的情况下，系统由电池组供电，DC/DC 转换器 2 把电池电压转换为稳定的输出。

能源管理系统设有监测单元，以实现对电源输入电压、电流，电源输出电压、电流和电池电压、电流状态等进行监测和控制。

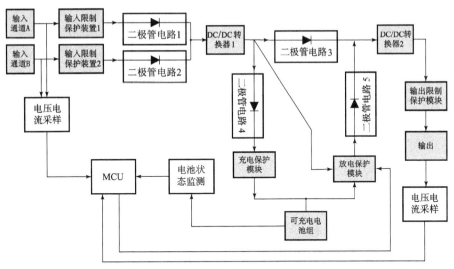

图 6.26　能源管理系统组成框图

1. 输入限制保护装置

能源管理电路中，需要具有输入浪涌抑制、输入欠压关断和输入过压保护等功能。用 RC 充电网络控制功率场效应管慢启动实现输入浪涌抑制。用功率 TVS 管实现过压保护。当输入电压超过设定电压时，其 TVS 管反向导通，电路结构如图 6.27 所示。输入欠压保护由 DC/DC 转换器 1 中的开关控制器实现。DC/DC 转换器 1 的开关控制器包含一个欠压锁定电路，输入电压经过电阻分压网络分压，再输入到控制 IC，当输入电压低于设定电压时，控制 IC 可以实现欠压锁定，电路处于待机状态，电路结构如图 6.28 所示。

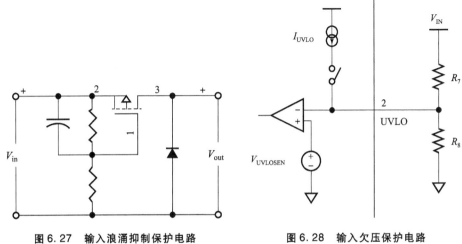

图 6.27　输入浪涌抑制保护电路　　　　**图 6.28　输入欠压保护电路**

2. DC/DC 转换器

当输入电压可以保证负载正常运行时，由于输入电压范围较宽，为了获得稳定输出电压和对电池组进行恒压充电，需要使用升降压型 DC/DC 转换器，对输入电压进行稳压；当系统处于电池单独供电情况下，电池输出电压可能会在一定范围内发生变化，为了保证输出电压稳定，同样需要在输出端使用 DC/DC转换器，以获得稳定的输出电压。

3. 二极管电路

该系统包含两个通道的直流电源输入。这两部分直流电源输入通过二极管功能电路 1 和 2 进行隔离接入，以实现双通道直流电源输入的协调供电，并且保证二者之间不会因为故障或者干扰而相互影响和制约，二极管电路实现了"或"的功能。

在充放电电路中，需要二极管功能电路对充电回路与放电回路进行隔离。二极管电路 3 实现充电电路的输入与放电电路的输出之间的隔离，同时起 DC/DC转换器 1 到 DC/DC 转换器 2 之间直通的作用。二极管电路 4 实现充电电路的隔离，二极管电路 5 实现放电电路的隔离。

二极管电路由一个驱动器和一个 N 沟道金属半场效晶体管（Metal – Oxide – Semiconductor Field – Effect Transistor，MOSFET）组成。MOSFET 开启时，等效为二极管导通状态；MOSFET 截止时，等效为二极管截止状态，而 MOSFET 的导通电阻及导通压降比二极管的导通电阻及导通压降小。用二极管电路取代一个肖特基二极管，当在二极管"或"和高电流二极管应用中使用时，二极管电路能够降低功耗、热耗散、电压损失。

4. 电池组

对于能源管理系统而言，当输入电源足以保证向负载正常供电或没有负载时，输入电源可通过电池充电保护模块对电池组进行浮充电；当输入电源不足以保证向负载正常供电的情况下，则由电池组通过电池放电输出保护模块，并经 DC/DC 转换器 2 为负载供电。

锂电池具有体积小、重量轻、电压高、功率大、自放电少以及使用寿命长等优点。电池研究人员通过改进电池的正极材料，先后推出了锰酸锂、三元和磷酸铁锂等体系的电池，电池的安全性和循环寿命有了很大的进步，并已在电动汽车等场合得到了推广应用。

但是由于上述电池均采用碳作为负极，低温环境下，锂的嵌入和脱出负极能力下降，特别是嵌入能力下降，所以低温下充电更困难，这会影响到电池的充电电流。当充电电流过大，锂离子从正极脱出的速度大于负极嵌入速度时，不能嵌入的锂以原子态形式沉积在电池的表面，这可能导致电池出现安全隐患。

为了解决这一问题，电池研究人员对锂离子电池的负极材料进行了深入研究，并推出了以钛酸锂为负极的锂离子电池——钛酸锂电池。该电池在电池能量密度略有下降的情况下，电池的温度适应性、电池寿命、安全性等性能都有大幅的提升。几种锂离子电池的性能参数比较如表 6.12 所列。考虑到用电设备将蓄电池的低温性能、使用寿命、安全性、能量密度作为主要要求指标，钛酸锂离子电池成为当今最适宜使用的动力源之一。

表 6.12 几种锂离子电池性能参数比较

指标	铅酸	镍镉	镍氢	锰酸锂	磷酸铁锂	钛酸锂
能量密度/$(W \cdot h/kg^{-1})$	25	40	60	120	110	80
充放电寿命/次	300	500	800	1 000	6 000	6 000
自放电率/$(\% \cdot 月^{-1})$	5	25	25	5	5	5
记忆效应	无	有	无	无	无	无
环境污染	污染	轻度污染	无污染	无污染	无污染	无污染
安全性	好	好	良	中	良	良

5. 电池充/放电保护模块

电池充/放电保护模块用来管理电池组的充电和放电进程，提供对电池组的欠压、过压和过流保护。过压保护避免对电池组进行过度充电，欠压保护避免电池组被过量放电，过流保护通过监测传感电阻上的电压大小和方向实现过大充电电流保护和过大放电电流保护。充/放电保护模块由传感电阻、功率场效应管和信号处理及控制电路组成。

6. 输出限制保护模块

当负载发生故障，导致能源管理系统输出发生短路时，需要快速关断输出以保护系统安全。输出限制保护模块通过传感电阻和监测电路对输出电流进行监测，当输出电流超过额定值一定范围时，通过输出开关及时关闭输出，并发出告警，以达到对系统安全保护的目的。当按下复位开关时，系统才能重新输出。

7. 监控单元

监控单元实时监测输入能源管理系统前的电流、电压、电池的工作状态以及系统的输出电流、电压，并监控电池充/放电过程，同时可以将系统状态反馈给上位机。监控单元由电压传感器、电流传感器、模/数转换电路 ADC、温度传感器和 MCU 组成（图 6.29）。

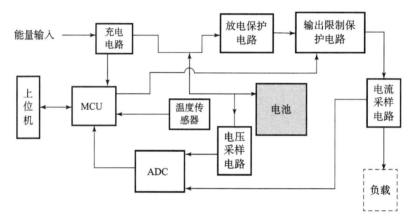

图 6.29 监控单元电路框图

监控单元对电池组充/放电保护模块以及电池状态进行监控，对电池进行有效保护和利用，实现电池组的长寿命正常运行。系统监控单元对能源管理系统进行全局管理，以实现各部分正常、协调、稳定运行，保证系统的可靠与安全。监控单元实时监测电池组的电量状态，一旦电量低于标定值，就将发送警告信号，请求能量供应；电池组处于充电状态时，电量达到标定值，就上传溢出信号，请求停止能量供应。

6.5.3 能源转换提取技术

激光电池在工作时，随着日照强度、环境温度的不同，其端电压将发生变化，使输出功率也产生很大变化，故激光电池本身是一个极不稳定的电源。如何能在不同日照、温度的条件下输出尽可能多的电能，提高系统的效率，这就在理论和实践上提出了激光电池阵列的最大功率跟踪问题。

在常规的线性系统电气设备中，为使负载获得最大功率，通常要进行恰当的负载匹配，使负载电阻等于供电系统的内阻，此时负载上就可以获得最大功率，如图 6.30 所示。

图 6.30 中，U_i 为电源电压，R_i 为电压源的内阻，R_o 为负载电阻，则负载上消耗的功率 P_{R_o} 为

$$P_{R_o} = I^2 R_o = \left(\frac{U_i}{R_i + R_o} \right)^2 \times R_o \quad (6.4)$$

式中，U_i、R_i 均是常数；对 R_o 求导，可得

$$\frac{dP_{R_o}}{dR_o} = U_i^2 \times \frac{R_i - R_o}{(R_i + R_o)^3} \quad (6.5)$$

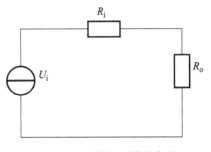

图 6.30　负载匹配等效电路

即 $R_i = R_o$ 时，P_{R_o} 取得最大值。对于一些内阻不变的供电系统，可以用这种外阻等于内阻的简单方法获得最大输出功率。但在激光电池供电系统中，激光电池的内阻不仅受日照强度的影响，而且受到周围的环境、温度及负载的影响，因而处在不断变化之中，从而不可能用上述简单的方法来获得最大输出功率。目前所采用的方法是在激光电池阵列和负载增加一个 DC/DC 转换器，通过改变 DC/DC 转换器中功率开关管的导通率，来调整、控制激光电池阵列工作的最大功率点，从而实现最大功率跟踪控制。

光伏阵列最大功率跟踪常采用的 DC/DC 转换电路拓扑结构有不同类型，具体选择哪种类型的电路拓扑结构由系统的实际需要决定。

6.5.3.1　多峰值 MPPT 原理

由于激光电池的理论模型显示为单峰特性，目前对于 MPPT 算法的研究还集中于 $P - V$ 特性曲线的单峰寻优，主要方法包括恒定电压法、扰动观测法、导纳增量法。其中，扰动观测法通过周期性地增加或减少系统的输出电压，寻找最大功率点；导纳增量法是通过光伏发电系统的增量电导和瞬时电导调节系统的参考电压。在实际的光伏系统中，当若干个光伏组件串联成光伏阵列时，为了避免产生"热斑"，需要在光伏组件两端并联旁路二极管。当某组件被遮挡时，该旁路二极管导通，组件或阵列的输出特性将发生较大变化，显示出多峰值特性。相对于单峰值情况，MPPT 算法众多、研究成果丰富，但对多峰值情况控制算法的研究还很少。

通过对物理模型的分析，激光电池可以看作一个二极管与太阳光电流源并联的等效电路。由于材料本身具有一定的电阻率，引入附加电阻，流经负载的电流经过它们时，必然引起损耗。

激光电池的等效电路如图 6.31 所示，可以用串联电阻 R_s 和并联电阻 R_{sh} 来表示。激光电池单元的 $I - V$ 方程为

$$I = I_{\mathrm{ph}} - I_0 \exp\left\{ \left[\frac{q(V + IR_{\mathrm{s}})}{nKT} \right] - 1 \right\} - \frac{(V + IR_{\mathrm{s}})}{R_{\mathrm{sh}}} \qquad (6.6)$$

式中，I_{ph} 为光生电流，其值正比于激光电池的面积和入射光的辐射度；I_0 为反向饱和电流；q 为电子电荷；n 为二极管因子；K 为玻耳兹曼常数。

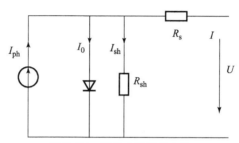

图 6.31　激光电池等效电路

由于单个激光电池所产生的能量很少，需将若干个激光电池进行并、串联，搭接成光伏阵列加以使用。实际应用中，当阴影落在光伏阵列某一支路中的某一光伏组件表面时，总的输出功率会减少。对于串联情况，若有一个光伏组件被遮挡，不但会损失该组件所输出的电能，而且由于该组件被反向偏置，进而变成损耗功率，产生"热斑"现象。为了避免"热斑"的产生，每片激光电池都并联一个二极管，再将多个激光电池串联，如图 6.32 所示。

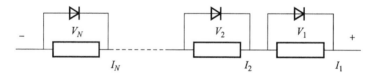

图 6.32　安装旁路二极管的激光电池组件串联支路

当阵列中的部分组件被遮挡时，旁路二极管被激活，组件或阵列的输出特性将发生较大变化，反映在 $P - V$ 特性曲线上则是出现多峰情况，如图 6.33 所示。

对应不同的光照强度，会产生相应的波峰，所以光照强度的数目和波峰的数目是对应的。目前传统的 MPPT 方法针对单峰值曲线情况，技术上可以采用恒定电压法、扰动观测法以及导纳增量法等算法。这些 MPPT 方法的共同思想是不断地调整电流或电压的采集点，并随时计算采集点上的功率，然后将当前时刻的功率与前一时刻的功率进行比较，决定后续"单峰"的基础。当阵列并联有二极管时，各组件的工作状态不一致，使得功率特性曲线不再表现为单峰，上述方法会让系统工作在某一个局部峰值附近，但无法确保系统工作在最大的峰值点上。因此，需要研究并提出新的最大功率跟踪方法，在"多峰"情况下，仍然能够找到全局的最大功率点。

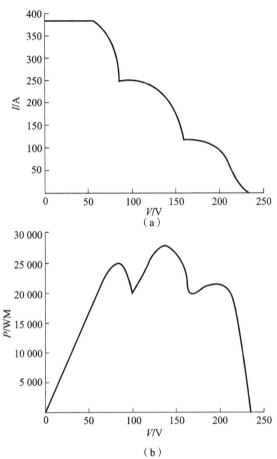

图 6.33　安装旁路二极管的激光电池组件在非均匀光照下的特性曲线

（a）$I-V$ 特性曲线；（b）$P-V$ 特性曲线

　　针对阴影条件下最大功率点跟踪问题，有研究采用了改进的全局扫描法，先从开路电压附近找到最右端的峰值点，再转到最左端工作点，利用等功率曲线快速扫描光伏阵列 $I-V$ 曲线，使得系统快速、准确地跟踪到最大功率点。这种算法虽然解决了两步法的局限性，但是在特定条件下其搜索快速性尚有不足，同时导致较多的功率损耗。近几年许多研究将粒子群优化（Particle Swarm Optimization，PSO）算法应用到最大功率点跟踪中，其思路是利用搜索过程中每个粒子工作点电压信息之间的相互交流与学习，寻找到全局最大功率点，在局部阴影下能够快速有效地完成光伏阵列最大功率点跟踪。但这种算法与同类算法之间性能对比研究比较少见。有研究在多峰值最大功率点跟踪中将粒子群优化算法与扰动观测法仿真比较，但由于扰动观测法在多峰值情况下实现 MPPT 控制存在局限性，因此比较缺乏说服力。本节中，令激光电池阵列中每块光伏组件上的光照均匀，并且并联一个旁路二极管 D_s，以提供局部阴影时的电流通路；每个串联支路接一个阻塞二极管 D_p，防止能量逆流。光伏阵列结构如图 6.34 所示。

假定激光电池组件参数为：$P_m = 185$ W，$U_{oc} = 45$ V，$I_{oc} = 5.1$ A，$U_m = 36.27$ V，$I_m = 5.1$ A，参考光照强度为 1 000 W/m²，参考温度为 25℃。仿真中以一个激光电池组件为阴影单元，[*1：*2] 为阴影在阵列中的分布，*1 和 *2 分别表示串联支路中电池组件阴影个数，S_1、S_2 分别表示每条串联支路中阴影部分光照强度。

下面为出现最大峰值点位置不同的 3 种阴影条件，3 种条件下阵列 $P - U$ 特性曲线如图 6.35 所示。

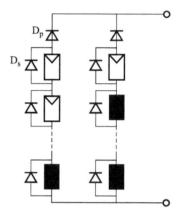

图 6.34 不均匀光照下
光伏阵列结构

（1）阴影条件 1：[*1：*2] = [2:3]，$S_1 = S_2 = 300$ W/m²。最大峰值功率点在左侧，$P_m = 1\ 128.5$ W，$U_m = 110.3$ V；

（2）阴影条件 2：[*1：*2] = [1:3]，$S_1 = S_2 = 500$ W/m²。最大峰值功率点在中间，$P_m = 1\ 414.3$ W，$U_m = 183.4$ V；

（3）阴影条件 3：[*1：*2] = [2:4]，$S_1 = S_2 = 1\ 207.5$ W/m²，$U_m = 231.3$ V。

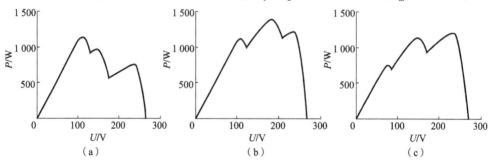

图 6.35 三种阴影条件下阵列 $P - U$ 特性曲线
（a）阴影条件 1；（b）阴影条件 2；（c）阴影条件 3

局部阴影条件下，光伏阵列串联支路中被遮蔽的激光电池组件成为负载，消耗其他有光照的激光电池组件所产生的能量。被遮蔽的激光电池组件此时会发热，这就是"热斑"效应。此时，被遮蔽部分的激光电池两端为反向电压，达到一定程度时，载流子的倍增情况就像在陡峻的积雪山坡上发生雪崩一样，并在反向电压作用下作漂移运动，使反向电流急剧增大，即发生反向雪崩击穿，从而损坏电池。

图 6.36 所示的激光电池模块是由激光电池元串并联而成，激光电池串并联数分别为 N_s 和 N_p，则此光伏模块的数学模型为

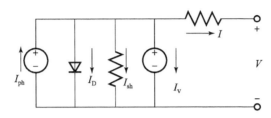

图 6.36　激光电池等效模型

$$I = N_p I_{ph} - N_p I_d \left[\exp\left(\frac{q(V/N_s + IR_s/N_p)}{AkT} \right) - 1 \right]$$
$$- N_p \frac{V/N_s + IR_s/N_p}{R_{sh}} - N_p \alpha (V/N_s + IR_s/N_p) \left(1 - \frac{V_n + IR_s/N_p}{V_{br}} \right)^{-nn} \tag{6.7}$$

$$I_{ph} = \left[I_{sc} + K_t (T - 298) \right] \times \frac{G}{1\ 000} \tag{6.8}$$

式中，I、V 分别为激光电池模块的输出电流和输出电压；N_p 为并联数目；I_{ph} 为光生电流；I_d 为二极管反向饱和电流；q 为电子电荷，$q = 1.6 \times 10^{-19}$ C；N_s 为串联数目；R_s 为等效串联电阻；A 为二极管品质因子；k 为玻耳兹曼常数，$k = 1.38 \times 10^{-23}$ J/K；T 为光照强度和热力学温度；R_{sh} 为激光电池的等效并联电阻；nn 为雪崩击穿特征常数；V_{br} 为雪崩击穿电压；I_{sc} 为标准测试条件下的短路电流；K_t 为短路电流温度系数；G 为光照强度。

假设光伏阵列由 3 组激光电池模块串联组成，电池表面温度不变。3 种不同阴影条件为：3 组电池模块所受光照均为 1 000 W/m²；3 组电池模块所受光照分别为 1 000 W/m²、1 000 W/m² 和 800 W/m²；3 组电池模块所受光照分别为 1 000 W/m²、800 W/m² 和 600 W/m²。假设 3 s 时发生遮挡，光照强度从 1 000 W/m² 突然减小到 600 W/m²，单个激光电池的 $P-U$ 输出特性如图 6.37 所示，其输出功率出现局部极大值点 M 和全局最大值点 N，因此在进行激光能量传输时，需要将功率输出点在众多局部极大点 M_i 中固定在全局最大点 N 点，以获得最大的输出功率。

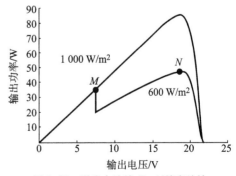

图 6.37　激光电池的 $P-U$ 输出特性

6.5.3.2 MPPT 控制技术的现状与发展

在局部阴影条件下，由于输出功率曲线上多极值点的出现，常规的 MPPT 算法（扰动观察法、恒定电压控制法、电导增量法等）将有可能稳定在某个非最大的极值点上，从而不能实现真正意义上的最大功率跟踪。对此，国内外不少的研究人员对局部阴影条件下的最大功率跟踪问题进行过研究，也相应地提出了若干解决方案。针对局部阴影问题的 MPPT 控制方法，从总体上可以分为两大类：一类是在每个电池模块上并联功率补偿单元，使得并联后的整体输出特性只存在单一极值点，然后通过常用的算法实现 MPPT；另一类是在不改变多极值点输出特性条件下的新型 MPPT 算法。

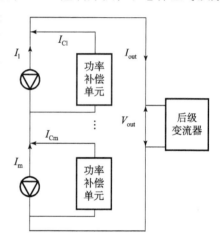

图 6.38　并联功率补偿法结构示意图

1. 并联功率补偿法

并联功率补偿法的原理就是通过并联的功率补偿单元，给受到阴影覆盖的光伏模块提供一个补偿电流 I_{CI}，其大小等于被遮挡模块与正常模块工作电流之差，使得并联后的整体输出特性不出现多极值点特性，其结构如图 6.38 所示。

2. 复合 MPPT 算法

复合 MPPT 算法的思想是先把光伏阵列的工作点设在最大功率点附近的范围，再利用 P&O、InCond 等常规算法进行最大功率（MPP）的定位。

3. 电流扫描法

其原理是利用一个扫描函数对光伏阵列的输出电流进行控制，从而获得光伏阵列的 $V-I$ 特性，用以确定最大功率处的电压 MPPV，并且在一个固定的时间间隔内对其进行更新。

4. Fibonacci 搜索法

Fibonacci 搜索法是基于 Fibonacci 序列，搜索变量可以是电压，也可以是电流，输出是功率，搜索范围按照序列元素的变化规律逐渐变小，当光照条件突然变化时，适当地拓宽搜索范围。

5. 基于状态空间的 MPPT

该方法通过开关状态平均法对光伏阵列、直流变换器、滤波器以及负载建模，求得闭环系统的状态空间方程，再根据稳定条件确定控制器的参数。

6.5.3.3　多峰值 MPPT 算法方法比较

在局部阴影条件下，由于输出功率特性曲线上多极值点的出现，常规的MPPT 算法，如爬山法和电导增量法将有可能稳定在某个并非最大的极值点上，从而不能实现真正意义的最大功率跟踪。目前常见的局部阴影下 MPPT 方法如下：

$$R_{pm} = V_{pm}/I_{pm} \qquad (6.9)$$

1. 结合常规算法的复合 MPPT 算法

复合 MPPT 算法的思想是先把光伏阵列的工作点设在最大功率点附近的范围，再利用 P&O、InCond 等常规算法进行 MPP 的定位。复合 MPPT 算法分为两级控制，第一级的控制参考设等效负载线。它是在一定光照条件下，最佳工作电压和电流的比值。相关文献提到光伏阵列的最佳工作电压和电流与其开路电压和短路电流有一定的比例关系，而开路电压 V_{oc}、短路电流 I_{sc} 通过在线测量获取。前级控制结束时，光伏阵列的工作点在等效负载线和输出 $V-I$ 曲线的交点。在前级控制期间所能达到的最大功率点处的数据被保存下来。后级采用 InCond 算法实现 MPP 的最终定位。但由于等效负载线与输出 $V-I$ 曲线的交点有可能落到局部极值点的邻域范围，从而使 InCond 收敛于局部极值点，此时通过对比前级控制过程中保存的数据来确定收敛点是否为真正的 MPP。当然，如果上述方案的后级采用 P&O 算法，也可得到类似的效果。

该方法易于实现，并且寻优速度迅速，但是存在一些缺点：①在搜索局部最优时，还是采用的 P&O 等传统方法，在极值点处会有振荡，造成功率损失；②算法中存在很多控制参数（Pcrit 等），设置还是依赖于经验，没有理论基础。

2. Fibonacci 搜索法

Fibonacci 搜索法基于 Fibonacci 序列。变量 x 可以是电压、电流或者占空比，$f(x)$ 是输出功率。搜索范围按照下式中的条件进行变化。C_i 为 Fibonacci 序列的元素。搜索范围将按照 Fibonacci 序列元素的变化规律而逐步缩小。

$$\begin{cases} C_{n+2} = C_{n+1} + C_n, C_1 = C_2 = 1 \\ A^{(i)} = A^{(i+1)} + B^{(i+1)}, A^{(i+1)} = B^{(i)} \\ A^{(i)} = C_{n+1}, B^{(i)} = C_n \end{cases} \qquad (6.10)$$

为了适应光伏阵列输出特性的时变性，必须对上述原始的 Fibonacci 搜索法进行改进，包括当光照条件突然变化时，要适当地拓宽搜索范围，以及在光照条件逐渐变化时，在一个控制周期两个不同时刻进行功率的测量等。该方法的准确性和适应环境突变的能力较强，但是收敛速度相比于常规方法较慢，实用性不强。

3. 短路电流脉冲法

短路电流脉冲法的核心思想是光伏阵列的最佳输出电流 I_{op} 与短路电流 I_{sc} 存在一定的比例关系，即

$$I_{op} = kI_{sc} \qquad (6.11)$$

I_{sc} 主要受到光照强度的影响，而比例系数 k 也不是一个常数，它也随着外界环境条件而变化，对光伏阵列表面的阴影情况尤其敏感。控制算法周期性地引入一个短路电流脉冲，在这个过程中上述两个参数都可获得。在光伏阵列的输出端并联上了一个 MOSFET，其作用相当于一个可变电阻。每隔一段时间（长度由外界环境变化快慢而定），在 MOSFET 的门极加上一个持续时间较短的斜坡信号，MOSFET 的等效电导随之从 0 向 100% 变化。其间光伏阵列的 $P-I$ 曲线被扫描，最大功率输出时刻将被检测出来，相应的最佳电流 I_{op} 被采样。扫描结束，MOSFET 完全导通，短路电流 I_{sc} 被采样，此时可以获得式（6.11）中比例系数 k 的值。最后通过对后级 Boost 变换器的控制，使激光电池输出电流等于 I_{op}，便可实现最大功率的跟踪。

该方法实现起来比较容易，实用性比较好。但是短路电流脉冲法要周期性引入短路电路脉冲，用于获取 $P-I$ 曲线和 I_{sc}。这些对于后级变流器的控制而言，相当于一种冲击扰动，会对系统的控制性能造成一定影响；同时，在引入脉冲期间，光伏阵列的能量都没有向外输出，因此造成能量的损失。

4. 基于状态空间的 MPPT

基于状态空间的 MPPT 方法，由光伏阵列、直流变换器、滤波器及负载构成的时变非线性系统通过开关状态平均法进行建模，建立如下式形式的状态方程：

$$\dot{X}(t) = A(t)X(t) + B(t)u(t) + D\xi(t) \qquad (6.12)$$

式中，X 为状态向量；ξ 为由于负载变化引起的扰动；u 为控制输入向量。如

果状态都选取为可检测量，可以使反馈控制最简化，控制器的方程可以表示成

$$u = k^{\mathrm{T}}x + m^{\mathrm{T}}g_1 + n\xi \qquad (6.13)$$

式中，k^{T}、m^{T} 和 n 为待定的控制器参数；向量 g_1 为系统的控制参考信号。

$$g_1 = [\,g(t)\dots \dot{g}(t)\dots \ddot{g}(t)\,]^{\mathrm{T}} \qquad (6.14)$$

在 MPP 处有下式的关系：

$$g(t) = v_0 + i_0(\partial v_0/\partial i_0) \qquad (6.15)$$

式中，i_0 和 v_0 分别为负载电流和电压。

系统的 MPPT 跟踪精度取决于参考控制信号的微分计算精度。仿真结果表明，该方法具有较强的鲁棒性，而且在环境变化及局部阴影的条件下仍有比较好的跟踪性能。但是该算法过于复杂，并且需要大量传感器。

6.5.4 激光电池片散热技术

激光电源系统是通过激光器产生激光照射到光电池板上，通过光/电转换产生电流，对蓄电池充电并为后端负载提供电能，其中光电池模块是总的能源输入。由于激光能量密度高，光/电转换效率在 30% ~ 40%，大部分能量会转化为热能传递到光电池基板上，少部分会通过反射、辐射等方式散失，所以光电池模块的设计核心是热设计，重点解决其热量耗散问题，使其工作在适宜温度范围内。解决途径有如下几种：

1. 研究新型光谱匹配的光电池材料

常规砷化镓带隙截止于 880 nm，与 808 nm 激光波长并不高度匹配，因此有必要研究带隙匹配的高质量电池材料，其外延生长技术是实现激光电池高光/电转换效率和高量子效率的关键。但是，高质量的含 Al 材料的外延生长一直是材料生长领域的一个难题。由于 Al 原子相比 Ga 原子具有较大的黏附系数和较低的表面迁移率，使得在反应界面的 Al 原子很难迁移到生长台阶上形成理想的二维薄膜材料。另外，Al 原子对反应源的纯度以及反应气氛里的水、氧杂质极为敏感，容易造成材料质量的下降。可以考虑在采用高纯生长源的基础上，对反应腔室进行严格清洗，并重点对新型电池材料的生长参数和掺杂进行研究。

2. 激光电池工艺损耗控制技术

激光电池由于能量密度集中，激光电池片电流与太阳电池相比较高，这不仅使得外延电池结构需要进行优化，同时在单片器件工艺制作以及电池片串/并联设计方面，需要进行有针对性的优化。电路传输过程中的能量损耗与电流的平方成正比，因此必须尽可能减小回路中的串联电阻。因此，一方面，电池

结构的窗口层、背反射层、基区、发射区以及接触层的厚度，都需要进行仿真设计优化；另一方面，正面电极的厚度、栅线布局等器件工艺参数也需要进行试验调节。最终，通过全面降低工艺损耗来保证激光电池的高效率性能输出。

3. 电池板散热复合设计

由于电池的温度直接影响到光/电转换效率，需要对激光电池在工作时的散热技术进行研究。如图 6.39 所示，在设计中可以首先采用高导热的金属电极加快热量的向下传导，既需要金属导热能力强，同时希望电阻小，因此需要对金属电极的种类、厚度等进行优化设计，以实现更高的导热速度。同时考虑到激光电池使用时是黏结或者贴装在基板或者物体表面上，因此在金属电极背后制备具有良好导热能力的石墨烯也是一种理想的散热方式。此外，在大气中，也可以采用风冷或水冷微流通道等散热方式进行散热与温控，保障温度的稳定，实现稳定的光电转换率。

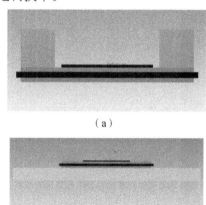

（a）

（b）

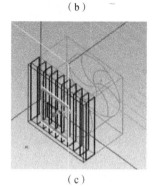

（c）

图 6.39　电池片仿真模型图

（a）电池片封装结构模型；（b）翅片散热仿真模型；（c）翅片风扇散热仿真模型

|6.6　高精度光束控制技术|

6.6.1　APT 系统功能

对于激光无线能量传输而言，要实现能量的高效、可靠传输，将能量光束准确投射在接收端激光电池阵列上是非常重要的，而如何实现光束的准确指向则是激光通信的光束指向控制技术，相对于激光通信、激光测距、激光武器等光电系统，激光无线能量传输系统需要能量光斑与接收端激光电池阵列进行边缘匹配，以实现低的能量损失和高的传输效率，因此对光束指向控制提出了更高的要求。

目前，激光无线能量传输系统的光束控制主要继承了目前激光通信、激光武器的光束指向控制技术（Acquiring Pointing and Tracking，APT），采用复合轴控制的方式实现对目标激光电池阵列的光束指向、跟踪等。

APT 系统的主要任务是完成无线激光能量传输发射机对接收机激光电池阵列的捕获、对准和跟踪，系统包含了位移伺服单元、位置检测单元和控制单元。一般情况下，APT 系统应具有一定扰动抑制的能力，保证激光通信系统能够长时间、稳定地工作。

在无线激光能量传输过程中，无线激光能量传输系统能够进行高效的能量传输的必备条件是发射端对接收端的准确对准，APT 系统就是完成该必备条件的保障。除此之外，必须保证在外界存在扰动的情况下还要保持一定的跟踪精度，维持相对稳定的对准状态。由于激光束发散角极窄（微弧度量级）和远距离，要实现稳定对准是十分困难的。再加上光信号远距离传输会产生能量损失，而且大气湍流、散射以及各种不同的气象条件会使光斑不同程度地破损、闪烁、抖动、漂移，给发射端对接收端目标的图像信号的接收、探测带来一定程度的干扰，增加了目标光信号的接收难度。所以激光无线能量传输系统中的捕获、瞄准和跟踪是一个光、机、电、算紧密结合的技术，需要精心设计一个高精度的 APT 系统来完成此项任务。

6.6.2 系统组成

APT系统是激光无线能量传输系统的重要组成部分，是建立和维持激光无线能量传输通道的重要技术，是一门涉及光、机、电、算的综合技术。主要由光学天线系统、位移伺服系统、粗跟踪机构、精跟踪机构和监控系统器组成，如图6.40所示。

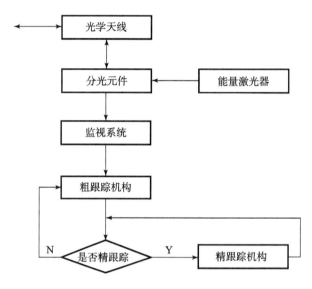

图6.40　APT系统的组成

6.6.2.1 光学天线系统

激光无线能量传输系统中的光学天线，一般为望远镜系统。望远镜系统是由物镜和目镜组成，其中物镜的像方焦点与目镜的物方焦点重合，即光学间隔 $\Delta = 0$。因此平行光入射望远镜系统后，仍以平行光出射。激光无线能量传输系统对光学天线有如下的基本要求：

（1）光学天线应具有较大的入瞳直径，最大限度地收集光信号；

（2）光学天线应设计消杂光光阑，消除杂散光对信号探测的影响；

（3）光学天线的分辨率与探测器的分辨率相匹配。

表6.13列出了望远镜系统的组成及优缺点，其中卡塞格伦系统应用最为广泛。

表 6.13　望远镜系统的组成及优缺点比较

望远镜系统			
物镜			目镜
分类	折射式	反射式	折反射式	
典型系统	开普勒望远镜 伽利略望远镜	卡塞格伦系统 格里高利系统	施密特物镜 马克苏托夫物镜	惠更斯目镜 冉斯登目镜 菲涅尔目镜 对称式目镜 无畸变目镜 广角目镜
优点	中心无遮挡， 球面镜加工容易， 像差易消失	对材料要求低， 重量轻，无色差， 大口径易实现	像差矫正好	
缺点	大尺寸加工困难， 安装与调试难度较大	收/发中心有遮挡， 视场较小		

6.6.2.2　粗、精跟踪机构

粗、精跟踪机构的主要工作是控制并完成发射能量光束对接收端激光电池阵列的 APT。粗跟踪的捕获范围较大，伺服控制执行机构的精度要求较低；精跟踪捕获范围较小，伺服控制执行机构的精度要求高。

粗瞄准机构主要包括一个两轴或三轴万向架以及安装在其上的望远镜、一个中继光学机构、一个捕获传感器、一套万向架角传感器设备，以及万向架伺服驱动电机。在捕获阶段，粗瞄准机构工作在开环方式下。它接收命令信号，将望远镜定位到对方通信终端的方向上，以便来自对方的信标光进入捕获探测器的视场。在粗跟踪阶段，它工作在闭环方式下，根据信标在探测器上的位置与探测器中心的偏差来控制万向架上的望远镜，其跟踪精度必须保证系统的光轴处于精跟踪探测器的视场内，以确保入射的信标光在精跟瞄控制系统的动态范围内。另外，由于粗跟踪环的带宽比较低，一般只有几赫兹，因此它只能抑制外部干扰的低频成分。粗瞄准机构将给系统引入轴承摩擦，这是影响系统性能和跟瞄精度的主要干扰之一，如何克服和抑制其对系统的影响是设计粗瞄准机构和粗跟踪控制器时需要着重考虑的问题。

精瞄准机构主要包括一个两轴快速反射镜、一个跟踪传感器、一套执行机构（压电陶瓷或者直线电机）和位置传感器。它工作在闭环方式下，根据精跟踪探测器的误差信号，控制快速反射镜，跟踪入射信标光，从而构成精跟踪环。精跟踪环的跟踪精度将决定整个系统的跟踪精度，它要求带宽非常高，一般为几百甚至上千赫兹。带宽越高，对干扰的抑制能力就越强，系统的反应速

度就越快，跟踪精度也就越高。因此，设计一个高带宽高精度的精跟踪环，是整个 APT 系统的关键所在。

1. 相机监控系统

APT 系统中相机监控系统的作用是采集并记录光斑图像，通过解算记录下的光斑信息，为控制位移伺服平台提供偏移量的参考数据。在捕获过程中，通过相机采集的信号可以判定是否有光进入相机的视场；在对准过程中，相机采集的信号，可以提供光斑的形心或质心位置信息，并为将光斑位置逼近相机监控视场的中心，提供具体的偏移像素数据，这便是通信双方的视轴对准过程；在跟踪过程中，亦可利用相机采集的信号解算相应的偏移量，将信号光牢牢地锁定在相对零点（通信链路建立时的光斑位置）。相机监控系统的主要元器件是感光器件，其中市场上主流的感光器件有两种：电荷耦合元件（Charge - Coupled Device，CCD）和互补金属氧化物半导体（Complementary Metal Oxide Semiconductor，CMOS），下面对这两种感光器件进行简单的介绍。

2. CCD

CCD 是一种以 MOS 晶体管为基础发展的半导体器件，能够把光学影像转换为数字信号，以 MOS（金属 - 氧化物 - 半导体）电容结构为基本结构。如图 6.41 所示，在半导体 p 型硅（Si）衬底表面上氧化生成厚度为 $100 \sim 150$ nm 的 SiO_2，然后在 SiO_2 上蒸镀一层金属（如铝），再在金属电极和衬底间加栅电压，就可构成 MOS 电容器。因此称 CCD 是在硅衬底上紧密排列 MOS 电容器阵列构成的。光束照射 MOS 电容器，光子穿透上面两层进入 p 型硅（Si）衬底，波长 $\leqslant 1.11$ μrad 的光子被处于价带中的电子吸收而跃迁到导带产生电子 - 空穴对，电子 - 空穴对在外电场作用下向电极两端移动，就产生了光生电荷。CCD 上的最小感光单元称作像素。一块标准规格 CCD 的单位面积上包含的像素数越多，分辨率就越高。

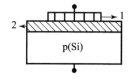

图 6.41　CCD 基本结构
1—金属层；2—SiO_2

3. CMOS

在 MOS 场效应管基础上加上光电二极管就构成了 CMOS 图像传感器的基本像素单元结构。即以一块杂质浓度较低的 p 型硅片做衬底，在其表面扩散出两个高掺杂的肟型区作阳极（源极和漏极），再用高温方法在其表面覆盖一层 SiO_2 的绝缘层，还要在绝缘层上蒸镀铝作为栅极。最后，将光电二极管放置在金属铝上方就构成了 CMOS 的基本结构。

当在硅衬底和源极上接电源负极，漏极接电源正极时，CMOS 图像传感器开始工作，光信号照射到光敏二极管上，光敏元件内部的价带电子则跃迁到导带形成图像光电子，在源极和漏极间形成了电流通路从而输出了图像信号。光信号越强，输出信号越大。

CMOS 图像传感器基本像素单元如图 6.42 所示。

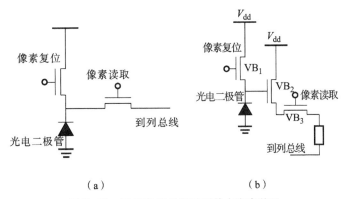

（a）　　　　　　　　　　（b）

图 6.42　CMOS 图像传感器基本像素单元

（a）无源像素传感器（PPS）；（b）有源像素传感器（APS）

4. CCD 和 CMOS 的区别

CCD 应用非常广泛，具有技术成熟、噪声低、灵敏度高和分辨率高的优点，但其同时也存在以下缺点：

（1）CCD 的驱动电路和信号处理电路与 CCD 成像阵列单片集成难度很高，所以图像系统为多芯片系统；

（2）由于存在二相、三相、四相时钟脉冲，所以工作电压要高；

（3）存在光晕和图像拖尾；

（4）工艺特殊、成品率低、成本高；

（5）图像信息只能自扫描输出，不可随机读取。

由于 CCD 存在上述缺陷，所以才对 CCD 进行了改进和研究，发展了 CMOS 固体图像传感器。CMOS 为互补金属氧化物半导体，始于计算机中的一种重要芯片。有人在应用过程中发现 CMOS 和光电二极管结合可以作为一种感光图像传感器；另外，CMOS 制作工艺简单、便于大规模生产且成本低廉。CMOS 图像传感器相比 CCD 最明显的优势是集成度高、功耗小（仅相当于 CCD 的 1/10 ～ 1/8）、成品率高、成本低、结构简单、容易和其他芯片进行整合，可以集合数/模转换、控制芯片，使得电路缩小，提高了捕获速度。

6.6.3 APT 执行步骤

APT 基本步骤可分为三个阶段：捕获（Acquisition，A）、对准（Pointing，P）和跟踪（Tracking，T）。要求系统完成了捕获后，信标光能够成功为相机监控系统接收；系统完成了对准后，能量光能够成功指向接收端激光电池阵列并接收能量；而跟踪则要保证点对点的锁定，在两点之间建立并保持能量传输链路的正常工作状态。

下面简单介绍几个概念：捕获区域、对准区域、跟踪区域。这三个区域具有一定的包含与被包含关系，如图 6.43 所示。

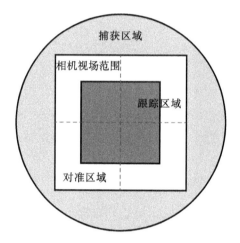

图 6.43 捕获区域、对准区域、跟踪区域的关系结构图

（1）捕获区域：也叫不确定区域，是指先验设定发射机存在的区域。其范围较大，对于较远距离的通信，可借助 GPS 系统确定不确定区域所在的大致位置。对于地面点对点的激光无线能量传输系统也可以借助于电子经纬仪系统完成对捕获区域的判定。

（2）对准区域：信标光进入相机监控系统视场的区域。对准区域一定在不确定区域内部且包含了跟踪区域。

（3）跟踪区域：发射端能量光束准确照射接收端及光电池阵列后，系统开始跟踪目标光斑稳定的区域。其范围较小且这个区域内要保证能量链路的建立和保持。一般在硬件结构固定时，在保证光斑进入相机监控视场中心范围一定区域时，即可保证能量链路成功建立。

第 7 章

国内外空间无线能量传输试验研究简介

将无线能量传输技术应用于空间太阳能电站这个设想已经存在了几十年。将微波电力传输和空间太阳能电站相结合的一个重要里程碑，是从 1977 年开始为期 1 年的美国能源部/NASA 卫星动力系统方案研究和论证计划。该计划是为太阳能发电卫星的研究而开展的，计划从一颗太阳能发电卫星上将 5～10 GW 的电力通过微波波束传输到地面的硅整流二极管天线。该计划的提出引发了世界上对于微波无线能量传输技术发展的浪潮，许多国家开始试验和验证该技术，并开发各种应用领域。

早在 100 年前，特斯拉用工作电压 100 MV、频率 150 kHz 的电磁波发生器产生非定向电磁辐射，成功地点亮了两盏白炽灯，这就是最初的无线输电实验室演示，从那时起无线输电的概念问世了。到 20 世纪 20 年代中期，日本科学家论述了无线输电概念的可行性；30 年代初期美国的研究者也开始了不用导线点亮电灯的输电方案的探讨。

|7.1　日本无线能量传输试验|

1983 年，在数值预测基础上，日本进行了微波电离层非线性交互试验 MI-NIX 火箭试验，使用 2.45 GHz 的磁电管从子航天器向母航天器进行电力传输，这是世界上首次在电离层进行的微波无线能量传输试验，试验系统如图 7.1 所示。

图 7.1　日本 1983 年微波无线能量传输试验

1998 年，日本完成了地面微波无线能量传输试验，利用 2.45 GHz 的微波在 42 m 的距离实现了能量传输，重点研究整流电路连接方式对传输效率的影响，其发射采用了直径为 3 m 的抛物面天线，接收天线采用 3.2 m×3.6 m 的方形硅整流二极管天线，发射功率为 5 kW，接收到的功率为 0.75 kW，效率为 15%，试验现场如图 7.2 所示。2009 年，日本京都大学在离地面 30 m 的飞艇上完成了空中微波无线能量传输试验，如图 7.3 所示。

图 7.2　日本 1998 年地面微波无线能量传输试验

图 7.3　2009 年日本京都大学空中微波无线能量传输试验

2015 年 3 月，日本先后两次成功进行了微波无线能量传输试验，该成果有望用于太空太阳能发电领域。

7.1.1　日本宇宙航空研究开发机构（JAXA）最新试验

2015 年 3 月 11 日，JAXA 研究人员利用微波，将 1.8 kW 电力（足够用来启动电水壶）以无线方式，精准地传输到 55 m 距离外的一个接收装置。

本试验中，从接收天线一侧发射导引信号到发射天线，采用反向导引技术（通过测量导引信号，对其反方向的微波波束进行指向控制），使微波波束高精度指向接收天线，验证了精确波束控制技术。具体微波无线能量传输技术地面试验情况如图 7.4 和图 7.5 所示，该技术研究的目标是将来空间太阳能发电系统以及能源来源多样化。

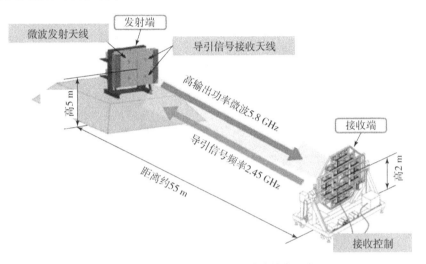

图 7.4　JAXA 微波无线能量传输技术研究

图 7.5　JAXA 微波无线能量传输技术地面试验情况

7.1.2　三菱重工业公司的最新试验

三菱重工业公司作为日本具有雄厚实力的军工企业，不仅开发了 N 和 H 系列火箭、"国际空间站""希望号"日本实验舱，还提出了一系列太阳能发展规划及概要，如图 7.6 所示为该公司针对天基太阳能电站提出的开发目标及发展规划。

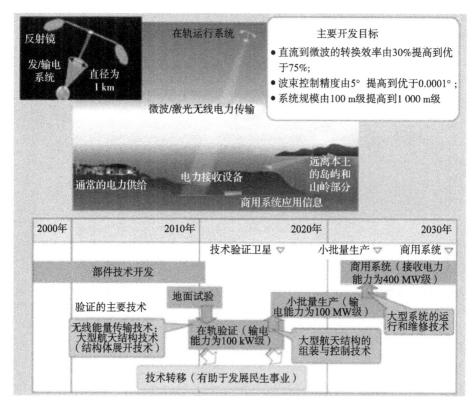

▲ 天基太阳能电站系统概要（三菱重工业公司）

图7.6　日本三菱重工业公司天基太阳能电站系统规划

　　2015年3月12日，日本三菱重工业公司宣布，科研人员将10 kW电力转换成微波后输送，其中的部分电能成功点亮了500 m外接收装置上的LED灯，这是迄今为止日本在国内成功试验距离最长、电力最大的一次，试验现场如图7.7所示。

　　三菱重工业公司在一份声明中称："我们确信，这次试验表明无线输电商业化已经成为可能。"三菱重工业公司表示，会将这一技术用于太空太阳能发电系统。该公司计划在2030—2040年运用该技术，将太空的发电装置获得的电能通过微波向地面传输。据估算，如果使用直径两三千米

图7.7　接收装置（LED灯被成功点亮）

的巨大太阳能电池板进行太空发电，将能达到一台常用的 10^6 kW 装机容量的核电机组发电水平。

此外，该技术有望在其他领域也得到利用，例如，海上风力发电站向陆地输电、向自然条件艰险的地区输电以及电动汽车无线充电等领域。

7.1.3　USEF 的太阳能发电无线输电技术研究

在空间太阳能电站技术研究中，日本不载人空间试验系统研究开发机构（The Institute for Unmanned Space Experiment Free Flyer，USEF）主要负责微波精确波束控制技术的研究开发。设计方案中，相控阵天线（控制天线单元辐射的电磁波振幅和相位，辐射电磁波在空间合成任意形状的波束的天线）间相位保持同步；采用反向导引技术（通过测量导引信号，对其反方向的微波波束进行指向控制）；微波波束高精度指向接收天线；进行高效指向控制精确波束控制技术的研究开发。具体来说，研制微波无线输电试验模块，在室内试验设施（微波暗室）中测定和评估微波波束的控制精度。另外，在室外试验场地中的电力输送试验中实施微波波束控制并确认电力传输。

该系统由发射端、波束方向控制部、接收端构成。发射端由轻量超薄的微波相控阵天线构成，可高效地将电能转换成微波。接收端由数个模块单元构成，将空间传送来的微波稳定且高效地转换成电能。另外，对接收端的高效率的整流器二极管阵列实现的关键要素进行研究，目的是提高微波转换成电能的效率。对于波束方向控制部分，为了将微波按所要求的方向高精度地输送，采用软件引导指示功能和 REV 功能等进行微波波束方向的控制。

上述各部分硬件的组合在室外进行了联试。功率大于 1.6 kW 的微波从发射端发送，在 50 m 左右的距离间隔，由接收面板接收微波能量，计划获得约 350 W 的电能。这时，对于微波光束，采用由接收方向发送的引导信号的反向导引指示功能，为了增强微波传输能量采用了旋转电磁矢量（Rotating Electromagnetic Vector，REV）功能。各分系统的主要参数见表 7.1 ～ 表 7.3。

表 7.1　发射端主要参数

项目	主要参数
使用频率	5.8 GHz ± 75 MHz（圆极化）
系统构成	4 块模块组成
模块尺寸	约 0.6 m × 0.6 m
波束展开角	全系统约 3° 的波束形成（－3 dB）
模块重量	19 kg 以下

续表

项目	主要参数
模块之间的连接方法	手动 ±10°（纵向）可动的连接方法
模块支撑方法	4 个发射模块可独立支撑的框架结构（按晴天时的室外微波能量传输试验设计）
输电	400 W 以上/输出模块 1 600 W 以上/系统（4 模块） 另外，拥有低输出模式
天线单元间隔	中心频率对应（0.65±0.02）λ（33.6 mm±1 mm）
微波放大器效率	60% 以上
移相器	5 bit（MMIC 移相器）
运用时间	1 min 以上（输出 400 W/输电模块的高输出模式）
发射端综合效率	30% 以上
参考信号传递	有线送信
天线元件数	超过 300 单元/模块。波束方向控制部分中心部确保 20 个天线单元的设置空间
微波放大器数量	76 个以上/模块，1 个放大器给 4 个天线单元馈电
分阵列厚度	40 mm 以下
散热结构	发射端设置另外的散热结构

表 7.2　波束方向控制部分的主要参数

项目	主要参数
反向导引指示方式	属于软件反向方式，采用单脉冲振幅方式
波束控制精度	传输距离 10 m 以上，目标角度精度 0.5° rms（均方根平方根）

表 7.3　接收端主要参数

项目	主要参数
接收面板尺寸	约 2.5 m×2.5 m 的圆形排列（按晴天时的室外微波能量传输试验设想设计）
接收面板数	1 个（接收面板由 37 个接收模件组成）
接收面板支撑方法	接收面板支撑为能自立的台架设置（角度调整功能，具备可移动功能）
二极管	整流二极管

项目	主要参数
射频 DC 转换效率	50% 以上（天线 – 整流控制装置输出） 80% 以上（改良型二极管）
谐波辐射抑制	抑制接收面板发生的再辐射
自动检验测量功能	具有在短时间内对接收面板进行自动检查测量的功能

7.2　美国和欧洲无线能量传输试验

7.2.1　美国无线能量传输试验

在 NASA 的支持下，美国于 1975 年开始了无线输电地面试验的 5 年计划，由喷气推进实验室和 Lewis 科研中心承担，将 30 kW 的微波无线能量输送 1.6 km，微波 – 直流的转换效率为 83%，如图 7.8 所示。从 20 世纪 80 年代末起，某些无线输电试验在空间 – 地面、空间 – 空间之间进行，目前空间站上的无线输电试验正在进行中。1991 年华盛顿 ARCO 电力技术公司使用频率 35 GHz 的毫米波，整流天线的转换效率为 72%。毫米波段的优点是天线的孔径较小；缺点是毫米波源的效率比厘米波低，器件的价格也较贵，还存在有波束传播的雨衰问题。

图 7.8　1975 年美国喷气推进实验室进行的地面微波输能试验

由于无线通信频率的扩展，为了避免对 2.45 GHz 频段通信潜在的干扰，NASA 倾向于把 5.8 GHz 的频率用于无线输电。这两个频率点的大气穿透性都很好，相应元器件的转换效率都很高，价格也便宜。1998 年 5.8 GHz 印制电偶极子整流天线阵转换效率为 82%。近些年来也发展了微带整流天线和圆极化整流天线。

1995 年，NASA 成立专门的研究组对建立卫星间微波能量传输的设想进行研究，并于 1999 年实现了卫星间的微波小功率能量传输试验。NASA 太空网 2008 年 9 月 15 日报道，NASA 的科学家在 Discovery 频道的资助下，利用 100 万美元，将太阳能接收并转化为微波，在从毛依岛的山顶和夏威夷主岛之间传输了 92 英里（约 148 km）的距离，试验结果证明这一技术可以将太阳能从卫星传回地球。该试验是目前距离最远的微波无线能量传输试验，传输的微波功率为 20 W，实际输出直流功率为微瓦量级，接收装置如图 7.9 所示。

图 7.9　NASA 2008 年微波无线能量传输系统接收装置

此外，美国无线电力公司在 2009 年的全球科技、娱乐及设计大会（TED Global）上，成功利用线圈共振原理实现无线输电，为 2 台手机隔空充电，并开启了 1 台没有接电线的电视机。美国目前正在进行或计划进行的各种空间无线电能量传输试验有：5 kW 能级的从"国际空间站"到地面无线能量传输试验；从"国际空间站"到太空飞船的无线能量传输试验；从低地球轨道到空间宇宙飞船的无线能量传输试验；100 kW 级的从太空输送能量到地面试验；1 MW 和 10 MW 级的空间无线能量传输试验。

7.2.2　欧洲无线能量传输试验

欧洲自 20 世纪末开展天基太阳能电站研究工作，并完成了一系列设计方案及试验验证。德国开展了天基太阳能电站的方案研究，法国开展了无线电力传输试验研究，其他一些欧洲的科研机构也开展了一些基础技术研究，如高效率多层太阳电池、薄膜电池、高功率微波发生器、大型超轻质结构等技术。

在 ESA 的资金支持下，德国航空航天研究院（DLR）在研究太阳帆的同时，于 1999 年提出了名为"帆塔"的太阳能电站概念方案。"帆塔"的设计与 NASA 的"太阳塔"方案设计相似，但"帆塔"方案提倡采用薄膜技术和为"太阳帆"开发的新型展开机构。

2001 年，欧洲搭建了一个点对点的无线能量传输试验验证系统，可以传输 10～17.5 kW 的电能到法属留尼旺岛的一个旅游胜地的小村庄。该试验实现了 10 kW 电力的传输，传输距离为 700 m，如图 7.10 所示。

图 7.10　法国 2001 年微波无线能量传输系统

2002 年 8 月开始，为了统筹和协调欧洲各国的天基太阳能发电研究，ESA 建立了"太阳能发电卫星欧洲网络"。2003 年，ESA 的先进概念小组（Advanced Concept Team，ACT）专门评估了天基太阳能电站方案的经济性、可行性和空间应用，包括工业界、学术界和研究机构在内的所有相关者与感兴趣者参与了讨论和研究。2004 年 6 月，欧洲召开了"第五届国际天基太阳能电站大会"。

ESA 原计划在 2005 年年底至 2006 年年初开始第二阶段工作，期望提供 1～3 种新的天基太阳能电站的设计方案、建立优先研究领域的路线图，选取 2～3 个重点领域进行突破；第三阶段将开展地面和小规模空间技术验证等。但关于这两个阶段的研究进展没有太多报道。

据 BBC 新闻 2010 年 1 月 19 日报道，法国 Astrium 公司正在研究天基太阳能方案，开展了实验室激光电力传输试验，并计划进一步开展空间演示验证。

|7.3 国内空间无线能量传输试验研究|

1996 年，有学者将空间太阳能电站的概念介绍到国内。随后，航天科技工作者就开始论证国内发展空间太阳能电站的必要性和可行性。2008 年，国防科工局支持了"我国空间太阳能电站概念和发展思路研究"项目，并在"十二五""十三五"期间连续资助了相关项目研究。2010 年，中国科学院也启动了学部咨询评议项目"空间太阳能电站技术发展预测和对策研究"，由王希季、闵桂荣等七位院士牵头开展。此外，中国航天科技集团公司（CASC）、中国工程物理研究院等大型研究机构自主开展了相关研究工作。2013 年，中国空间技术研究院西安分院杨士中院士和西安电子科技大学段宝岩院士联合建议国内开展空间太阳能电站关键技术研究，掀起了空间太阳能电站新的发展高潮。中国空间技术研究院、西安电子科技大学、重庆大学、四川大学等都积极投入空间太阳能电站系统和关键技术研究。

空间太阳能电站系统庞大，涉及学科门类众多，从工程角度出发已经梳理了多项关键技术，包括大型运载技术、太阳能发电技术、微波能量传输技术、热控技术等。经过多年发展，国内外研究者已逐渐达成共识，微波能量传输技术是空间太阳能电站最为核心的关键技术，国内在该方向的研究也逐步深入，并取得一些实质性成果。四川大学首先开展了基于磁控管功率源的微波能量传输技术研究。中国空间技术研究院西安分院提出的固态相控阵体制微波能量传输技术，则较好地支撑了 MR SPS 和 SPS OMEGA 系统。重庆大学和中国空间技术研究院西安分院联合开展了微波能量垂直传输模式的演示验证。

我国在微波无线能量传输的基础技术方面具有广泛的研究基础，国产的微波器件、天线、整流设备等性能指标良好，具备开展相关技术研究的基础。中科院电子所、电子科技大学、上海大学、四川大学、中国空间技术研究院西安分院等单位都开展了微波无线能量传输关键技术研究并取得了一定的成果。

1. 电子科技大学

在微波无线能量传输技术中，将直流电能转换为微波能量的微波源，以及将微波能量转换为直流电能的微波整流电路，是微波无线能量传输系统的两大核心器件。电子科技大学李家胤等人开展了高功率回旋整流器的理论和模拟研究，全面分析了限制电压与电流的各种因素，并运用等效电路与粒子模拟相结合的方法，设计出了一个工作频率为 2.45 GHz、输出电压为 109 kV、输出功率约为 762.8 kW 的高压大功率回旋波整流器，为微波无线能量传输技术研究提供了应用基础。

2. 四川大学

21 世纪初开始，四川大学应用电磁研究所即开始了微波无线能量传输技术的理论研究。2009 年 10 月，利用 800 W 的 5.8 GHz 高稳定度微波源，使用自行设计的平面天线和接收整流天线阵列，实现了 200 m 距离的微波无线能量传输试验，整流天线的面积为 20 多平方米。此试验为国内首次完成的 200 m 距离的微波无线能量传输试验验证，试验系统如图 7.11 所示。

图 7.11　四川大学微波无线能量传输试验系统

2014 年，四川大学开展了大量微波无线能量传输技术的理论和试验研究，在远距离传输方面进行了大量的验证试验，在国防科工局及相关部门的大力支持下逐步开始面向应用的基础试验研究，并取得了一些显著成果。

3. 上海大学

2000 年开始，上海大学在国家自然科学基金和"863"高技术项目的支持下，开展了管道微波能量传输技术的研究，利用金属管道作为传输装置，为探测作业微机器人提供能量。微波激励装置将微波能量耦合进入管道，管道相当于微波传输线中的圆波导，在管道中作业的微波机器人利用其携带的整流天线接收微波能量，并将其转换成为直流能量而获得直流电源。该装置使微波在管道内以 TE11 单模传输，较好地解决了微波在传输过程中的极化旋转和能量传输的稳定性问题。试验测得工业用不锈钢管道的传输损耗为 1.3 dB/m，该管道可用作微波传输线向微机器人提供微波能源。

4. 中国空间技术研究院西安分院

中国空间技术研究院西安分院依托民口"863"课题，完成了微波无线能量传输技术的顶层设计以及各项关键技术攻关，并在 2014 年年底搭建了微波无线能量传输演示验证系统，采用 2.45 GHz 载波频率、口径为 2.4 m 的改进型卡塞格伦天线作为发射天线，2.4 m×2.4 m 的微带阵列天线作为整流天线，在 12 m 传输距离上实现了优于 16% 的高传输效率。

微波无线能量传输技术地面演示验证系统主要由微波发射机、微波发射天线、微波接收天线及微波整流电路组成，通过搭建微波无线能量传输技术地面演示验证系统，验证了系统链路各部分的关键技术：DC-RF 的转换效率、RF-DC 的转换效率以及天线发射到接收的效率，从而寻求进一步提高微波无线能量传输效率的有效方法，使无线能量传输技术逐渐从理论研究转变为系统验证，验证结果与理论估算基本一致，为我国分布式可重构卫星系统的进一步研究提供了必要的理论和工程研制方面的支持。演示系统及收/发天线结构如图 7.12 所示。

图 7.12 中国空间技术研究院西安分院搭建完成微波无线能量传输地面演示验证系统

5. 山东航天电子技术研究所

相对于微波无线能量传输验证系统，目前公开报道的激光无线能量传输验证平台较少，图 7.13 为山东航天电子技术研究所于 2014 年完成的两飞艇之间的激光无线能量传输试验平台。图 7.12 及图 7.13 的两种无线能量传输技术验证平台是"十二五"期间国家"863"课题"分布式可重构卫星系统"的重要子课题之一，通过对分布式可重构卫星系统中模块航天器间微波/激光无线能量传输技术的研究，使无线能量传输技术从理论研究转变为试验验证，为我国分布式可重构卫星系统的研究提供了必要的理论和工程研制方面的支持。

图 7.13　基于飞艇平台的激光无线能量传输试验

我国在微波无线能量传输相关技术领域，如大功率微波器件、大型相控阵天线、大型整流天线等方面开展了多年的探索和研究，但对于实用的无线能量传输系统研究则处于起步阶段。在这方面可以充分借鉴国外已有的经验和教训，缩短研发周期。同时，利用太阳能是利国利民，甚至有益于全人类的太空探索工作，可以以此为契机加强与其他国家的合作，互通有无，共同为人类社会的发展做出贡献。

6. 重庆大学和西安电子科技大学

2018 年年底，我国空间无线能量传输技术迎来两个重要里程碑事件：中国首个空间太阳能电站实验基地落户重庆璧山国家高新区；空间太阳能电站地面验证中心在西安成立。璧山空间太阳能电站实验基地技术团队以重庆大学杨士中院士团队为主，联合重庆大学输配电装备及系统安全与新技术国家重点实验室、西安电子科技大学段宝岩院士团队、中国空间技术研究院西安分院微波技术重点实验室、中国航天科技集团钱学森空间技术实验室空间能源技术研究中心等单位共同组建。几乎同时，被命名为"逐日工程"的"空间太阳能电站系统项目"的地面验证平台，在西安市经开区落成。这一模拟系统，将用球形聚光器和线馈源光伏电池模拟太阳能收集，再通过电力传输、发射天线、接收天线，实现功能与效率的验证。空间太阳能电站实验基地和空间太阳能电站地面验证中心的建立，将推动我国空间无线能量传输技术的快速发展。

|7.4 高效微波无线能量传输系统设计实例|

7.4.1 系统简介及指标要求

在微波无线能量传输系统中，需要通过发射天线将微波能量传输至空间，微波能量在空中传输一段距离后，通过接收天线接收后传送给微波整流电路，整流电路将射频能量转换为直流能量，然后为负载设备提供所需的直流能量。从其工作机理上可以看出，微波无线能量传输系统主要包括微波发射组件、微波接收组件及空间传输三部分。具体电路由微波发射机、微波发射天线、微波接收天线、微波整流电路4个分系统组成。其中，微波发射机又包括微波信号源及固态放大器两部分；微波整流电路又包括单元整流电路及直流合成两部分。系统方案如图7.14所示。

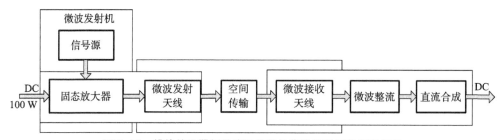

图7.14　模块航天器间微波无线能量传输演示系统原理框图

该系统包括以下部分：

微波发射机（包括微波信号源和固态放大器）；

微波发射天线；

微波接收天线（平面阵列天线）；

微波整流电路；

直流合成电路。

微波无线能量传输系统技术要求：

工作频率：2.45 GHz；

系统传输效率：≥5%；

发射、接收天线间距：≥10 m。

7.4.2　链路传输效率预算

在微波无线能量传输演示验证系统中，接收天线是整个系统的重要部件之一，负责接收空间传输的射频能量并输出至微波整流电路。根据 5.3 节内容，可以估算该能量传输系统的传输效率，如图 7.15 所示。本链路效率定义为直流 – 直流传输效率。

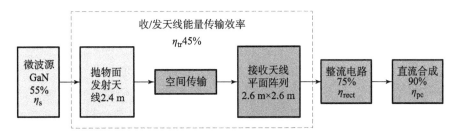

图 7.15　微波无线能量传输演示系统效率预算

目前，国内外开展微波无线能量传输技术研究，搭建的能量传输演示验证系统均采用阵列天线形式，考虑天线尺寸、旁瓣、馈电线差损、端口反射、天线自身差损等因素，结合国内外有关单位相关研究经验，估算收/发天线能量传输效率约为 49%。目前，单路整流效率约为 75%，直流合成效率约为 90%。综合考虑微波源、固态功率放大器、微波发射天线、空间传输、微波接收天线及微波整流等分系统目前技术水平，根据 5.3 节分析结果，理论估算效率为

$$\eta_{\mathrm{DC-DC}} = \eta_{\mathrm{s}} \times \eta_{\mathrm{tr}} \times \eta_{\mathrm{rect}} \times \eta_{\mathrm{pc}} = 55\% \times 45\% \times 75\% \times 90\% = 16.8\%$$

7.4.3　微波发射机设计

1. 频率源设计

通过分析微波真空器件和微波固态器件的特性，根据系统层面对效率和性能的综合评估，在研制微波无线能量传输原理样机时，采用固态器件实现微波发射机研制，该发射机主要由微波信号源及微波固态功率放大器组成，如图 7.16 所示。其中，微波信号源的研制采用成熟电路实现，综合考虑输出能力和直流功耗，后级功率放大器的高效率性能是设计中需要主要考虑的问题和难点。

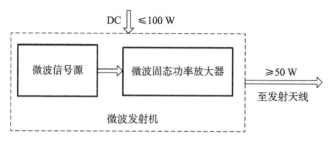

图 7.16　微波发射机组成框图

目前，要获得高性能的微波信号源，主要采用倍频、锁相以及混频等方式。本研究采用锁相方式获得微波信号源。系统中需要为功率放大器提供 2.45 GHz 的信号，鉴于该频率较低，综合考虑频率综合器尺寸问题，选择 Silicon Labs（SL）公司高集成度、相位噪声的锁相环芯片完成设计，该芯片集成了鉴相器、分频器、压控振荡器，既符合小型化设计，也满足系统要求。为保证频率源输出达到增益放大组件输入功率值，在其后加入两级放大器，并在其后加入 LTCC 滤波器以滤除谐波分量，考虑到放大器增益随温度升高而降低，使用温补衰减器加以补偿。电路组成如图 7.17 所示，相位噪声仿真曲线如图 7.18 所示。

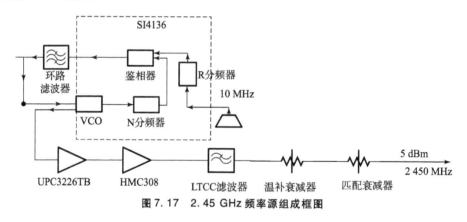

图 7.17　2.45 GHz 频率源组成框图

2. 功率放大电路设计

50 W 高效率 S 波段发射机主要由 2.45 GHz 频率源和功率放大电路组成。其中，频率源采用 PLL 电路将 10 MHz 参考信号倍频到 2.45 GHz 的频率上；而综合考虑发射机输出能力和直流功耗，则后级功率放大器的高效率性能成为需要重点考虑的问题和难点，因此着重设计 50 W 高效率功率放大器的实现方案和电路。

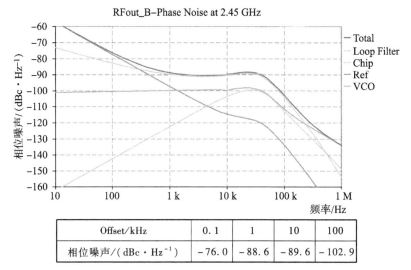

Offset/kHz	0.1	1	10	100
相位噪声/(dBc·Hz⁻¹)	-76.0	-88.6	-89.6	-102.9

图7.18　信号源相位噪声仿真结果

50 W 高效率 S 波段发射机包括 2.45 GHz 频率源和功率放大电路，根据技术指标，整个系统将由频率源（包含温补晶振和锁相倍频电路）、增益级放大组件、驱动级功率放大组件及末级 Doherty 功率放大器组成，其系统结构框如图 7.19 所示，增益温补措施在频率源和第一级增益放大后考虑。

由图 7.19 可知，温补晶振与锁相环芯片 SI4136 产生频点为 2.45 GHz、功率大小为 -7 dBm 的信号，信号功率较小，通过匹配衰减器和两级增益放大器 UPC3226TB、HMC308 后，信号功率约为 15 dBm。为了抑制谐波、补偿放大器增益随温度升高而降低以及良好的端口匹配，设置 LTCC 滤波器、温补衰减器和匹配衰减器，频率源最终输出功率约为 5 dBm。信号经过增益级温补放大组件和驱动级放大组件后，输出为 36 dBm。最后信号进入末级 Doherty 功率放大器，输出功率为 47 dBm。

考虑到放大器的输出功率会随温度变化而发生改变，在增益放大器前加入温补衰减器来补偿功率的变化。依据实测数据，绘出不同温度下系统电平分配，如图 7.20 所示。

本系统要求频综能够输出频率为 2.45 GHz 的信号，为提高系统的集成度，选用具有射频及中频双锁相环的集成芯片，采用 SL 公司的集成锁相环芯片 SI4136，该芯片包括三个 VCO、环路滤波器、参考和 VCO 分频器、相位检测器、除法和掉电设置，具有低相位噪声的特点，其特性参数如表 7.4 所列，电路原理如图 7.21 所示，芯片相位噪声特性曲线如图 7.22 所示。

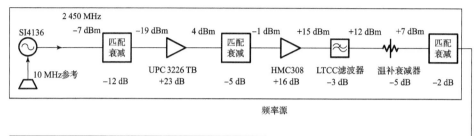

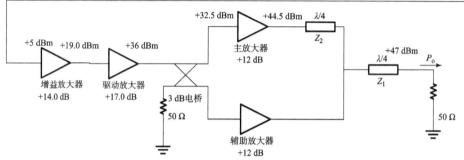

图 7.19 50W S 波段发射机系统实现框图

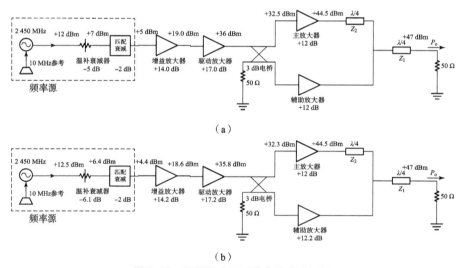

（a）

（b）

图 7.20 不同温度下系统电平分配框图

（a）0℃下系统电平分配框图；（b）－40℃下系统电平分配框图

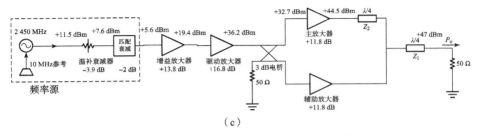

（c）

图 7.20　不同温度下系统电平分配框图（续）

（c）55℃下系统电平分配框图

表 7.4　SI4136 特性参数

型号	SI4136
RF1/MHz	2 300 ~ 2 500
IF/MHz	62.5 ~ 2 500
RF/dBm	− 3.5
IF/dBm	− 4

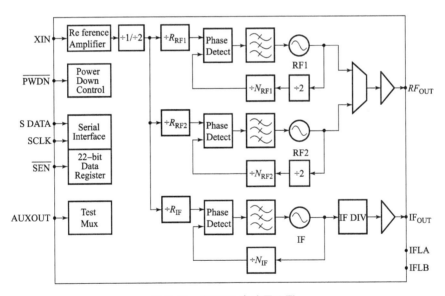

图 7.21　SI4136 电路原理图

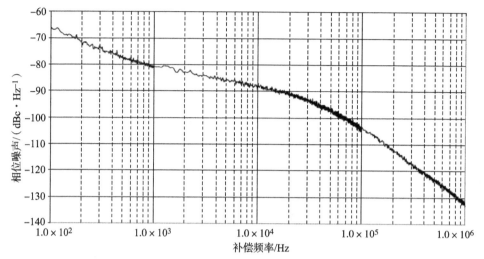

图 7.22   芯片相位噪声特性曲线

为保证频率源输出达到后级增益级放大器的驱动功率，在 SI4136 后加入 UPC3226TB 和 HMC308 两级放大器，UPC3226TB 在 2.2 GHz 频点增益为 26 dB，$P_{\text{sat}} = 5.7$ dBm，5 V 下工作电流为 15.5 mA；HMC308 在 2.45 GHz 频点增益为 16 dB，$P_{\text{sat}} = 16.5$ dBm，5 V 下工作电流为 53 mA。UPC3226TB 和 HMC308 的特性曲线分别如图 7.23 和图 7.24 所示。

末级放大组件是整个微波发射机的功率提供者和非线性失真的主要产生者，功率管的选取直接影响到放大设计的优良程度。在 S 波段的高效率功率放大器设计中，目前主要有 GaAs 功率晶体管、LDMOS 功率晶体管及 GaN 功率晶体管三种类型可供选择。

（1）GaAs 功率晶体管：主要应用在 4GHz 以上高频率波段，电子迁移率比 BJT 管大 5 倍，线性性能好，噪声低，功耗低，耐高温。缺点是散热困难，单位面积功率低。

（2）LDMOS 功率晶体管：LDMOS 管具有高增益、高线性、交调失真低、价格低廉等优点，其应用时间不长，但发展异常迅速，已成为射频功率器件领域研究和开发的一个热点。与 BJT 管相比，它的击穿电压大（可达80 V），增益比 BJT 管高 6 ~ 9 dB，可以减小电源及缩小设计电路面积，具有比 BJT 管更高的线性，不需要再设计预纠正放大组件；其交调失真可达 − 40 dBc（BJT 管为 − 30 dBc）；开关速度很高，这是 BJT 管所无法比拟的。同时，芯片直接键合在封装的热沉上，其间不用任何绝缘片，源极与热沉（接地）之间有良好的电气接触；而在 BJT 管中，其集电极与热沉（地）之间必须用散热性能很好的绝缘片进行电气隔离，显然，LDMOS 管比 BJT 管具有更为优越的热性能。

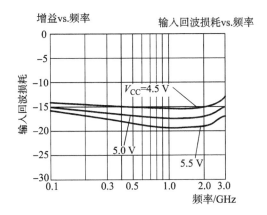

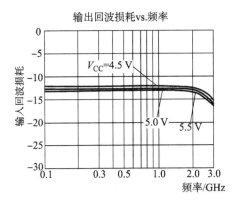

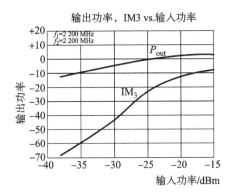

图 7.23　频率源放大组件 UPC3226TB 特性曲线

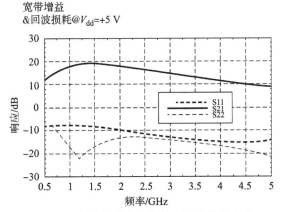

图 7.24　频率源放大组件 HMC308 特性曲线

功率压缩
@2.5 GHz, V_{dd}=+5 V

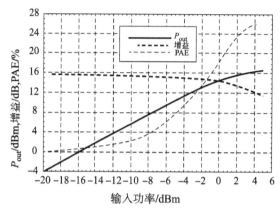

输出 P_{1dB} vs
温度 @V_{dd}=+5 V

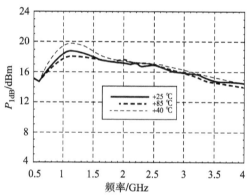

输出 IP$_3$
vs.温度@V_{dd}=+5 V

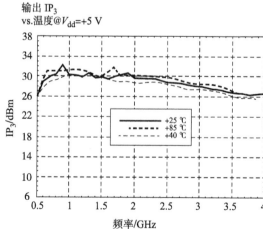

图 7.24　频率源放大组件 HMC308 特性曲线（续）

LDMOS 管具有大的动态范围，即使增益 30 dB、输出功率达 200 W 的情况下，LDMOS 管也远未饱和；在器件上，其很容易借助栅压来调控增益，并使信号开关时间延迟几乎为零，无毒封装，耗电少，减小寄生源电感及金属层的电抖动等。

（3）GaN 功率晶体管：因为 GaN 材料载流子迁移率高于硅，带隙是硅的 3 倍以上，绝缘击穿电场是硅的 10 倍以上，所以其具有以下几个主要特点：耐高温，耐高压，电流密度大，导通电阻小，开关速度快。可以将这些特点直接应用到功率放大组件电路。例如，应用到功率放大组件电路中时，耐高压的特点可以将电源电压设定为 48 V，远远高于工作在 28 V 左右的 LDMOS 管，这样就有助于功率附加效率的改善，但主要偏向于大功率的应用。

本设计指标要求 P_{sat} 达到 50 W（47 dBm），功率附加效率约为 50%。功率放大组件采取三级放大实现，末级功率级采用 Doherty 技术，考虑功率合成的损耗，单路功率放大器管的 P_{sat} 应大于 44.5 dBm。相关功率放大器管的参数如表 7.5 所列。

表 7.5　末级功率放大器管的参数

芯片	频率/MHz	增益/dB	P_{sat}/W	效率/%
CGH40025	2 400～2 500	13	30	62
CGH27030	2 300～2 900	14.5	30	>28
NPT1004	2 500	13.5	45	55
NPTB00025	2 400～2 500	11.5	25	65

依据实现方案，针对输出功率、功率放大器效率及增益对以上的功率放大器管进行选型，最终选用 CREE 公司的 CGH40025，器件工作电压为 +28 V，CW 状态时的最大输出为 30 W，小信号增益为 13 dB，效率大于 50%。其性能特性曲线如图 7.25 所示。

根据 Doherty 末级功率放大器的输出功率和增益，驱动级功率放大组件需是满足 P_{1dB} > 35.5 dBm 的功率放大器管。由于末级功率放大器芯片 CGH40025 在 P_{out} > 47 dBm 时增益会迅速下降，综合考虑电路的稳定性和高温试验的实际情况，驱动级的 P_{1dB} 要大于 36 dBm。因此，驱动级功率放大器管选择为 Nitronex 公司生产的功率放大器管 NPTB00004。2.3 GHz 频点增益大于 18 dB，P_{1dB} = 36 dBm，满足功率要求，并可提供较好的线性度。NPTB00004 的特性曲线如图 7.26 所示。

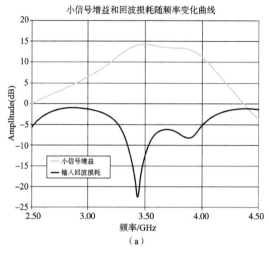

（a）

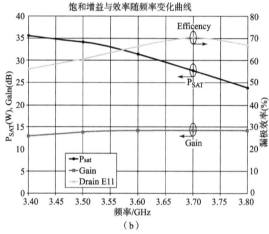

（b）

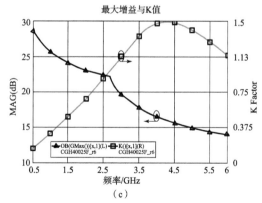

（c）

图 7.25　功率放大组件 CGH40025 特性曲线

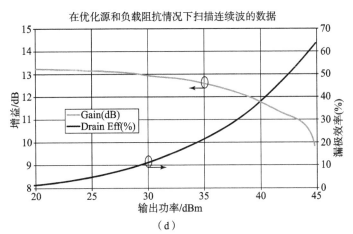

图 7.25 功率放大组件 CGH40025 特性曲线 （续）

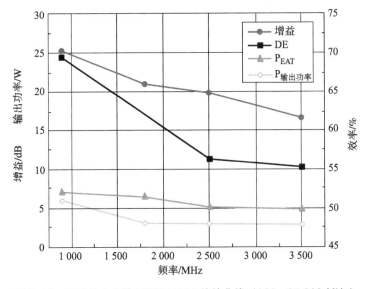

图 7.26 驱动放大组件 NPTB00004 特性曲线 （900 ~ 35 000 MHz）

采用负载牵引得到的阻抗在功率放大器输入为 32 dBm 的情况下，功率附加效率（Power - Add Efficiency，PAE，为射频输出功率与耗散的直流功率之比）最大可以达到约 70%，最大输出功率可达到 44.78 dBm。综合考虑选定最佳输出阻抗，然后运用 Smith 圆图进行匹配。其实现版图和结构图分别如图 7.27、图 7.28 所示。

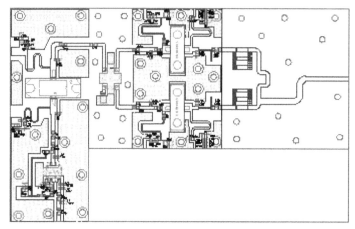

图 7.27　50W 功率放大器电路版图

图 7.28　50 W 功率放大器结构图

3. 测试结果

经结构和布局设计，其大致布局如图 7.29 所示。输出接口为 TNC –
KFD34，供电接口为 Y8C – 7ZKB，结构已包括散热结构和风冷措施。其中，
风扇采用 220V 单独供电，以保证放大器效率的实现，外形尺寸为 203 mm ×
203 mm × 100.9 mm，实物如图 7.30 所示，测试结果如表 7.6 所列。

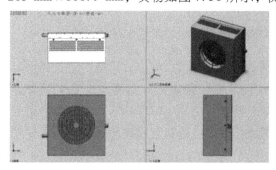

图 7.29　50 W 发射机外形示意图

图 7.30　50 W 发射机实物图

表 7.6　发射机测试结果（室温）

项目 / 指标	测试指标	要求指标	结论
输出功率/dBm	>47.13	47	满足
直流功耗/W	87.282	100	满足
效率/%	>59.16	50	满足

7.4.4　天线设计

1. 发射天线设计

根据系统技术要求，分别对微波发射天线、微波接收天线、微波整流电路、直流合成电路进行选择及试验验证。

1）天线形式及尺寸选择

在微波无线能量传输系统中，要求发射天线和接收天线之间的距离≥10 m。通过计算不同口径天线离开口面不同距离上电场强度随距离的变化规律，直径为 2.4 m 的天线在 10～12 m 距离范围内电场强度达到最大值附近，也可以说要想在 10 m 以外使电场强度达到最大值，天线口径必须达到 2.4 m。2.4 m 天线电场强度随距离变化曲线如图 7.31 所示。

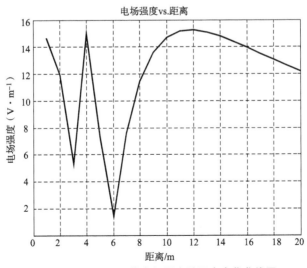

图 7.31　2.4 m 天线电场强度随距离变化曲线图

为了方便固态功率放大器及信号源的连接，选用双反射面天线。天线反射面及天线支架采用外购的方式，天线馈源部分（含喇叭馈源、副反射面及馈源支架）需要重新设计加工，将工作频率调整到 2.45 GHz。

2）发射天线的测试

在距发射天线 10 m 的距离测量了其幅度与相位分布，扫描面大小为 5.3 m × 5.3 m 的矩形口径。近场幅度的三维分布如图 7.32 所示，图 7.33 和图 7.34 分别是中心一行的幅度和相位分布，图 7.35 和图 7.36 分别是中心一列的幅度和相位分布。

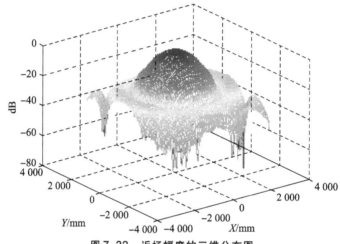

图 7.32　近场幅度的三维分布图

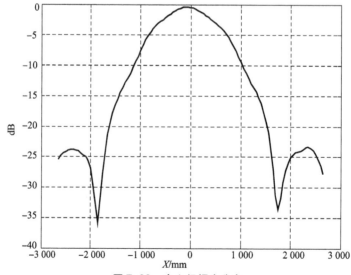

图 7.33　中心行幅度分布

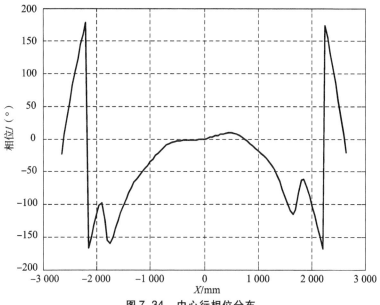

图 7.34　中心行相位分布

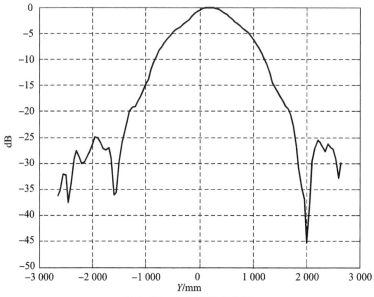

图 7.35　中心列幅度分布

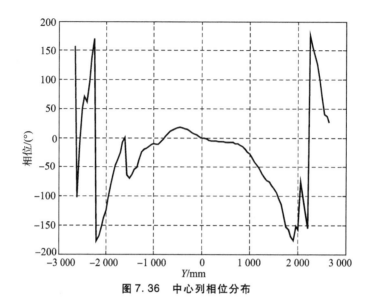

图 7.36　中心列相位分布

2. 接收天线设计

1）天线形式选择

由于整流二极管的工作电流有限，接收天线不能采用传统的微波功率合成后，用一套整流电路进行整流。为了避免接收天线功率过大击穿二极管，接收天线选用阵列天线的形式，在到达接收天线口面时，适当地将阵列天线单元分组，使分组合成功率满足整流二极管的输入功率的要求。分组的原则：既要保证二极管工作在线性区域内不被击穿，又要尽量减少分组以提高整流效率。

2）天线尺寸选择

接收天线尺寸选择的原则是既要使传输功率的绝大部分落入接收天线口径内，又要折中考虑扩大天线口面尺寸的效率。本方案选定接收天线的口径尺寸为 2.6 m。

3）天线辐射单元选择

天线辐射单元可选取波导裂缝天线、小喇叭天线、印制振子天线、缝隙耦合贴片天线、空气微带天线。单从效率考虑，可选取波导裂缝天线、小喇叭天线；从易于制作和控制成本考虑可选取印制振子天线、缝隙耦合天线、空气微带天线。本方案为试验验证演示，所以重点考虑了缝隙耦合微带天线、印制振子天线和空气微带天线三种天线。图 7.37 为三种天线模型。分别对这三种天线子阵进行了仿真，由于空气微带天线带宽宽、重量轻、剖面低，拟选用空气微带天线作为接收天线单元，并对其进行了加工测试。

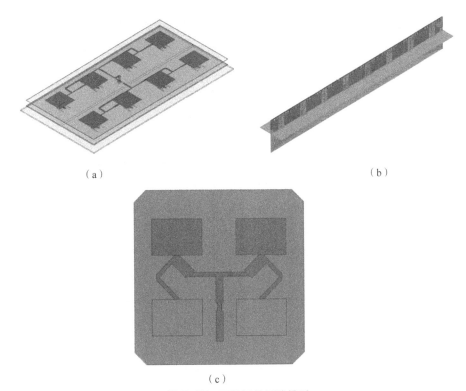

（a）　　　　　　　　　　　　　　　　　　　　　　　（b）

（c）

图 7.37　三种天线子阵模型

（a）8 单元缝隙耦合天线子阵模型；（b）8 单元印制对称阵子子阵模型；

（c）4 单元空气微带天线子阵模型

　　接收整流天线单元 HFSS 仿真模型如图 7.38 所示，天线尺寸为 115 mm ×
115 mm ×5 mm，工作频率为 2.45 GHz；图 7.39 为整流天线单元驻波仿真曲
线，在 2.45 GHz 时，天线驻波小
于 1.1；图 7.40 为整流天线 E 面
和 H 面的仿真图；图 7.41 为天线
单元的加工图。

　　如果天线单元的接收功率无
法满足二极管的最佳输入功率要
求，导致整流效率不高，可以将
单元组阵后再整流，以满足二极
管的最佳输入功率要求。图 7.42
为 2 个 2 单元组阵后再整流，图
7.43 为 1 个 4 单元组阵后再整流。

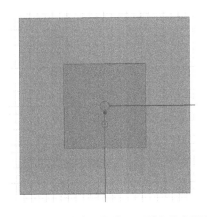

图 7.38　接收整流天线单元 HFSS 仿真模型

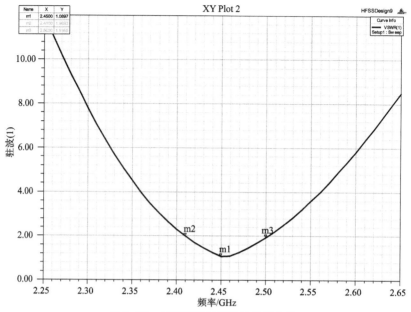

图 7.39　整流天线单元驻波仿真曲线

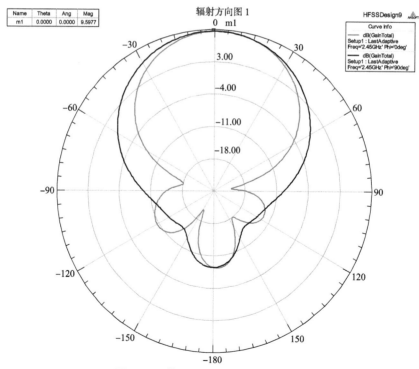

图 7.40　整流天线 E 面和 H 面仿真图

图 7.41　天线单元加工图

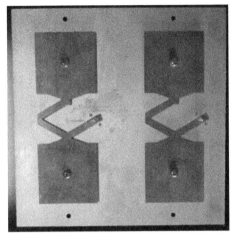

图 7.42　2 个 2 单元组阵

如果单个天线单元输出功率可以满足二极管最佳输入功率要求，但是整流电路的输出直流功率还是无法满足要求时，可以考虑适当将天线组阵以满足输出直流功率要求。图 7.44 为 4 单元接收阵列天线实物图。

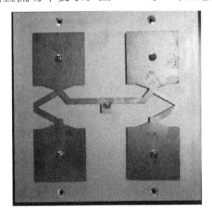

图 7.43　1 个 4 单元组阵

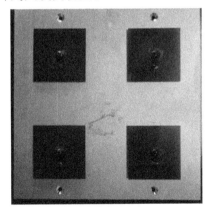

图 7.44　4 单元接收阵列天线

7.4.5　整流及直流合成电路设计

1. 整流电路设计

目前有多种可采用的整流电路模型，如桥式和半桥式整流电路等，其中单个二极管并联（类似于低频半波整流电路）被证明是最实用的方式。如果将接收天线等效成内阻为接收天线的输入阻抗 R_s 的电压源，则理想的单二极管并联整流电路的闭环电路模型如图 7.45 所示。

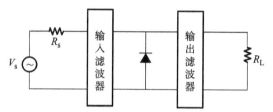

图 7.45 单个二极管并联的整流电路原理图

由于二极管的非线性，在电路中会产生高次谐波。因此采用输入低通滤波器允许基波无耗通过，截止高次奇次谐波；由于对于负载而言，偶次谐波做功为零，故在输出滤波器允许直流和偶次谐波通过；奇次谐波能量被限制在输入低通滤波器和输出直通滤波器之间，经过二极管的再次整流，以达到提高二极管转换效率的目的。系统组成如图 7.46 所示。

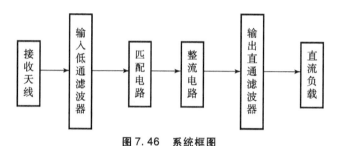

图 7.46 系统框图

由图 7.45 的电路原理图可知，单个二极管并联的转换效率只有 50%，然而由于二极管的非线性产生高次谐波，采用上述的滤波器使奇次谐波能量被限制在输入滤波器和输出滤波器之间，经过二极管的再次整流，这样就提高了二极管的转换效率，理论分析效率会达到 50% 以上。

电路原理如图 7.47 所示。输入低通滤波器采用 6 阶阻抗阶跃滤波器，其功能是允许基波通过，截止奇次高次谐波，其输入、输出阻抗均为 50 Ω。使用 ADS2011 对串联形式的整流电路进行设计、仿真，其仿真原理图如图 7.48 所示。

整流电路联合仿真版图如图 7.49 所示，经过优化仿真，得到当 $R_L = 3500\ \Omega$，输入功率 $P_{in} = 24$ dBm 时，整流电路转换效率最高可以达到 $\eta = 80.2\%$，整流电路转换效率随输入功率变化曲线如图 7.50 所示。由仿真结果可以看出，当输入功率范围为 22～24 dBm 时，整流电路转换效率在 75% 以上。

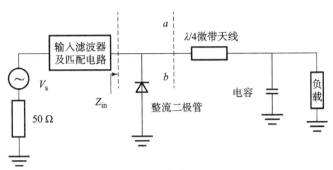

图 7.47　电路原理图

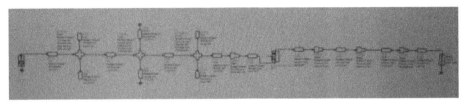

图 7.48　串联时整流电路仿真原理图

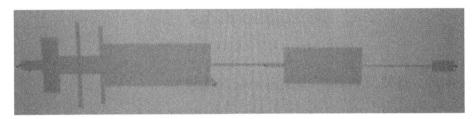

图 7.49　串联时整流电路联合仿真版图

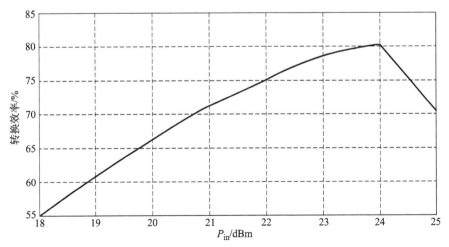

图 7.50　串联整流电路转换效率随输入功率变化曲线

2. 直流合成电路设计

如果接收天线不止一个单元，则需要设计直流功率合成电路。由仿真结果可知，整流电路的负载对整流效率有一定的影响。假设单个整流电路最大效率状态时的负载为 R，则 n 个整流电路串联，最大效率状态时的负载为 $n \times R$，m 个整流电路并联，最大效率状态时的负载为 R/m，则最终负载为 $n \times R/m$。由以上关系可以根据串、并联的单元数来计算负载值，以确保整流电路工作在最大效率状态。图 7.51 为 4 路并联直流合成电路实物图。

图 7.51　4 路并联直流合成电路实物图

7.4.6　接收天线阵列与整流电路布局设计

用一个空气微带天线单元在距发射天线 10 m 处测得 2.6 m 矩形口径的接收功率分布如图 7.52 所示。

```
2.5   6.8  10.2 12.0 13.0 13.7 13.8 13.7 13.0 12.0 10.2 6.8   2.5
7.2  11.4 13.8 15.4 16.6 17.5 17.8 17.5 16.6 15.4 13.8 11.4  7.2
11.0 14.1 16.4 18.6 20.3 21.3 21.6 21.3 20.3 18.6 16.4 14.1 11.0
13.3 16.1 18.9 21.4 23.0 23.8 24.1 23.8 23.0 21.4 18.9 16.1 13.3
14.9 18.1 21.2 23.5 24.9 25.7 26.0 25.7 24.9 23.5 21.2 18.1 14.9
15.9 19.3 22.6 24.6 26.0 26.8 27.1 26.8 26.0 24.6 22.6 19.3 15.9
16.3 19.8 23.1 25.0 26.4 27.4 27.8 27.4 26.4 25.0 23.1 19.8 16.3
15.9 19.3 22.6 24.6 26.0 26.8 27.1 26.8 26.0 24.6 22.6 19.3 15.9
14.9 18.1 21.2 23.5 24.9 25.7 26.0 25.7 24.9 23.5 21.2 18.1 14.9
13.3 16.1 18.9 21.4 23.0 23.8 24.1 23.8 23.0 21.4 18.9 16.1 13.3
11.0 14.1 16.4 18.6 20.3 21.3 21.6 21.3 20.3 18.6 16.4 14.1 11.0
7.2  11.4 13.8 15.4 16.6 17.5 17.8 17.5 16.6 15.4 13.8 11.4  7.2
2.5   6.8  10.2 12.0 13.0 13.7 13.8 13.7 13.0 12.0 10.2 6.8   2.5
```

图 7.52　接收功率分布图

从图 7.52 可以看出，4 单元空气微带天线在中心处的接收功率最大为27.8 dBm，其所采用的整流电路效率随输入功率变化曲线如图 7.50 所示，可以看出，输入功率在 16 ~ 22 dBm 时，整流效率都能大于 50%。因此，对于 4 单元空气微带天线接收功率大于 26 dBm 的位置，如果采用 1 个天线单元接收，相当于这 1 个单元接收的功率为 20 ~ 21.8 dBm，满足输入功率要求。因此，对于接收功率大于 26 dBm 的位置，采用 1 个天线单元后接 1 个整流电路的方案；同理，对于接收功率在 22 ~ 26 dBm 的位置，采用 2 个天线单元后接 1 个整流电路；对于接收功率在 16 ~ 22 dBm 的位置，采用 4 个天线单元后接 1 个整流电路；对于接收功率小于 16 dBm 的位置，采用 16 个天线单元后接 1 个整流电路或者直接空置。按照这个思路，接收天线的分布图如图 7.53 所示。

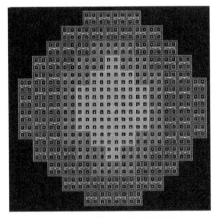

图 7.53　接收天线分布图

7.4.7　试验结果

微波无线能量传输技术地面演示验证系统主要由微波发射机、微波发射天线、微波接收天线及微波整流电路组成，通过搭建地面演示验证系统，在 12 m 传输距离上，完成了相关技术指标测试，测试组成如图 7.54 所示，现场联试如图 7.55 所示。

由系统仿真分析可知，最佳传输效率对应最佳阻抗点，试验过程中，在理论分析的最佳阻抗点附近进行微调，测量得到相应的整流输出直流功率，处理数据后得到一组传输效率值，如表 7.7 所列。处理数据后得到效率曲线，如图 7.56 所示。试验结果表明，系统链路传输效率大于 16%，最佳效率达到 16.57%，与理论估算值 16.8% 吻合较好。

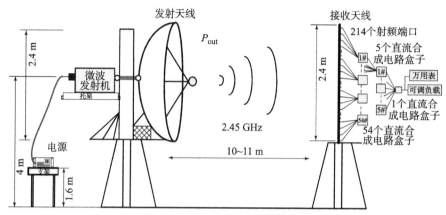

图 7.54　系统链路效率测试示意图

图 7.55　系统联试现场图

表 7.7　微波无线能量传输系统 DC－DC 传输效率测试结果

负载电阻 R_{load}/Ω	直流端输出 电压 V_{DC}/V	直流输出功率/W $P_{DC} = V_{DC} * V_{DC}/R_{load}$	效率/% $\eta = P_{DC}/P$	备注
14.8	14.2	13.624 324 32	16.5	
15.3	14.47	13.685 026 14	16.57	
15.8	14.68	13.639 392 41	16.52	
16.3	14.78	13.401 742 33	16.21	发射机供电:
16.8	15.04	13.464 380 95	16.1	28.18 V/2.87A
17.3	15.37	13.655 312 14	16.54	5.06 V/0.5 A
17.8	15.53	13.549 488 76	16.39	直流功耗:
18.3	15.73	13.520 923 5	16.36	$P = 82.65$ W
18.8	15.9	13.447 340 43	16.27	
19.3	16.1	13.430 569 95	16.25	
19.8	16.26	13.352 909 09	16.16	

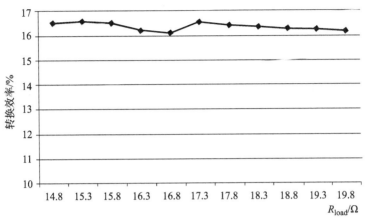

图 7.56　DC - DC 转换效率随负载阻抗变化曲线

　　微波无线能量传输技术是一种新型能量传输方式，研究过程探索性强，包括试验系统、关键单机、研制流程、试验方法在内的很多技术需要不断探索。通过分析微波无线能量传输技术发展现状，提出了一种高效微波无线能量传输系统的设计与实现方法，对比理论估算值与试验结果，得到如下结论：

　　（1）该方法适用于微波无线能量传输系统设计，链路能量传输效率指标良好，可满足预期技术指标要求。

　　（2）微波无线能量传输技术研究距离工程化应用还有一定的距离，在长距离、大功率、高效率微波无线能量传输以及在轨应用工程化实施方面还需要加大投入，进一步开展相关技术研究。

|7.5　我国无线能量传输技术发展前景和需求分析|

7.5.1　国民经济发展对无线能量传输技术的需求

　　我国幅员辽阔，地形复杂，气候变化多样。东南沿海地区经常会遭受台风影响，西北地区则容易遭受沙尘暴天气影响。随着温室效应的增加，厄尔尼诺、拉尼那现象逐渐增多，我国经常会遭受突发性的气象灾害；受我国在地球上所处的地理位置影响，地壳运动、板块位移等会不定期地造成地质灾害。灾后的很长一段时间内，灾区都会出现大面积停电，并导致长期通信不畅。受地形、天气、余震等客观条件影响，有线电力网络无法及时修复，电力供应缺失为救灾工作带来巨大困难。如果能利用微波无线能量传输技术对灾区进行电力供应，作为传统的输电线路的补充，必然能在一定程度上为救灾工作提供便利，同时实现无污染的太阳能利用。

尽管我国地域广阔，但目前探明而又能开采的矿物资源有限。目前我国人均能源消耗水平仅为发达国家人均能耗的 1/10 ~ 1/5。我国东西部经济发展的差距日益扩大，资源分布不平衡的矛盾日益突出。我国东部特别是沿海地区经济发展很快，但资源储量很少，供应紧张。我国的绝大部分资源分布在经济发展相对落后的西部及北方地区，由于技术、交通及经济等因素，未能充分开发利用。即使有计划开采出的大量煤炭，也不能及时运出。一些边远山区、牧区、高原、海岛，人口稀少，居住分散，交通不便，经济落后，既缺乏常规能源，又远离大电网，严重影响我国现代化建设与国民经济的发展。

要发展经济，一方面要充分高效利用现有能源资源，避免浪费，降低消耗，提高技术水平与管理水平；另一方面，必须加快能源开发建设，克服因矿物资源严重不足带来的潜在危机，同时还必须承担对全球环境保护的义务。由此可见，开发利用洁净的可再生能源资源是世界各国的必然选择。在所有可大规模开发的再生能源中，太阳能是最丰富、最清洁的。但在地面利用太阳能，由于受到昼夜、大气和天气等多种因素的影响，平均入射太阳能约为 250 W/m^2，而在空间，太阳辐射可稳定在 1 353 W/m^2 左右，特别在地球同步轨道，99% 的时间内可稳定接收太阳辐射。因此，可以考虑建立空间太阳能电站，然后利用微波无线能量传输方式，为地面提供电力。发展太阳能电站，对于地形复杂、难以架设输电线路的地区，如岛屿、荒山、沙漠等地区，可以解决能源短缺问题，极大提高这些地区人民的生活水平。作为太阳能电站的关键技术之一，无线能量传输技术的研发与验证至关重要。能源紧缺已经成为我国经济可持续发展的巨大障碍，无线能量传输技术的快速发展，对解决日益严重的能源危机和环境污染问题具有极其重要的现实意义。

随着人类征服太空能力的加强以及石油、天然气、煤炭资源的日趋短缺和地球生态环境的恶化，太阳能以其独特优势越来越受到各国的关注。空间太阳能电站作为一种新的能源方式，研发初期，投入成本较大，但随着技术成熟度的提高，研制成本会逐步降低。

同时，发展空间太阳能电站的过程将带动新能源、航天、新材料、光电、电力技术等多个科学技术领域的重大创新。空间太阳能电站作为一种大功率能源系统，由于功率巨大、传输距离远、传输效率高等特点，对于微波无线能量传输技术提出了很高的要求。需要结合空间太阳能电站的需求和总体概念研究，逐步开展微波无线能量传输系统层面和部件层面的关键技术研究。在关键技术研究的基础上，逐步开展部件级和分系统级的试验验证，为未来空间太阳能电站的工程研制奠定基础。主要目标是提高效率、减轻重量、提高系统可靠性。未来需要重点研究的领域包括：巨型空间天线系统，高效、轻型、长寿命微波源大功率合成技术，高效、长寿命、低成本的微波整流技术，高精度的波束指向控制，环境生态影响等。

7.5.2　科学技术发展对无线能量传输技术的需求

无线能量传输技术给人类提供了一种新的能量传输手段，具有很广阔的应用前景，除了用于太阳能电站，还有很多其他的特殊应用，可以为科技发展做出巨大贡献。

无线能量传输技术在航天领域中的应用前景尤为广阔，比如，在太空中布置多颗 SPS 卫星，由它们为太空中的各种卫星、飞船、轨道舱等提供所需的能量，从而减少这些飞行器发射升空时携带的燃料数量。俄罗斯/苏联科学家通过大量的太空试验研究发现，太空舱良好的微重力条件对于培养高质量晶体、生产高纯度药物及进行某些特殊的生物试验具有很重要的意义。太空舱往往携带着很重的燃料及动力装置，这些会导致太空舱内难以形成良好的微重力条件。解决的办法是发射子母卫星，母卫星通过大功率发射天线向子卫星辐射能量，子卫星不需要携带任何动力装置，通过接收天线从母卫星获得能量，从而在子卫星内形成良好的微重力环境。随着我国太空科技的飞速发展，今后的空间科学探索研究活动会越来越频繁，大功率无线能量传输技术在这些领域具有很好的应用前景。

利用无线能量传输技术，可以实现人造卫星之间的能量传输。太空卫星接收太阳能或者依靠自身携带的能源，通过无线能量传输技术可以将能量传递到另外一颗卫星，解决能源问题对卫星功能和性能的限制。利用无线能量传输技术可以降低卫星发射的成本，增加卫星工作的可靠性，推动国家经济的发展。

利用无线能量传输技术可以从卫星、空间站、宇宙飞船等向空间探测器等移动目标源源不断地提供能量供应，使探测器可以长时间可靠地工作，摆脱受太阳电池或者其他电池能量供应的限制，从而可以延长探测器的工作时间，提高工作的可靠性和稳定性。

除了航天领域的发展需求，无线能量传输技术也可以带动大功率微波器件、高效率 DC – 射频转换器件等高新技术的发展。目前我国有多家单位在研制大功率微波器件，但能够满足空间工作条件的大功率微波器件主要依靠进

口。如某型号使用的数传系统行波管放大器，一只管子就要 40 万美元。对于 SSP 这种大功率的微波产生系统，微波放大器件完全依赖进口是很不现实的。所以以无线能量传输技术为牵引，可以带动相关领域的关键技术发展。

无线能量传输系统需要大型相控阵天线，大面积的相控阵天线带来的大重量不可避免，为此，需要进行新型材料和新型工艺的攻关，突破相控阵天线的重量瓶颈。该项技术一旦攻关成功，不仅有利于微波无线能量传输技术的发展，更会带动天基预警雷达、天基 SAR 等技术的革新。重大的技术创新会导致社会经济系统的根本性转变。

7.5.3　国防应用对无线能量传输技术的需求

无线能量传输技术除了可以为民用领域带来巨大的经济效益外，也在军事领域发挥重要作用。该技术对于国防战略应用的价值在于战时的及时能源供应。战争期间，后勤补给、能源供应是否及时往往对战争的走向起决定性作用。战争时期双方都会对对方的发电厂、电站等能源供应设施进行重点打击，造成对方的能源供应系统瘫痪，从而为战时通信、救援、供给等各项工作带来困扰。在这种情况下，可以利用微波无线能量传输技术，在地面安置大功率微波发射天线，在其上方数百米至数十千米的空中布置小型无人飞行平台，平台腹部安置接收整流天线，由接收到的微波能量来维持飞行平台的飞行及各种功能运行，从而实现无人飞行平台在发射天线上空照射范围内持续不间断的连续飞行。

可以根据战场的具体需求，赋予飞行器很多种不同的功能，比如战场监测、环境监测、大气监测、天气监测、雷达探测、通信中继等。如果将地面的大功率微波发射天线安装在车辆上，作为移动基站，可以提高系统的机动性能。基站在指定地点布置展开，然后将飞行平台发射升空执行任务，任务结束后将其回收，基站再移动到下一地点执行另外的任务。美国和加拿大的科学家们在微波无线能量传输小型无人飞行平台方面的技术研究已开展了 20 年左右，并取得了一定的成果。

另外，随着战场单兵数字化系统的应用越来越广泛，其电力供应的需求也越来越迫切。美国国防部 2007 年编写的一部名为"空间太阳能电站——战略的机遇"报告中提到无线能量传输可以以"应急模式"为部队提供服务，利用微波无线能量传输技术向指定地点快速提供基本的电能。利用此项技术，可以向位于国外敌对区域或者条件很差的区域的己方军队提供电能；可以为在遥远地区或者不发达地区执行维和任务的部队提供帮助，在此情况下，提供的电力对军事任务的完成具有决定性的意义。

高功率微波武器是近几年发展起来的定向能武器之一，被认为是在未来制天权争夺的战场上对卫星有效载荷最大的威胁之一。与其他反卫星武器相比，这种攻击手段具有隐蔽、高效、攻击范围广以及不受外界环境影响等特点。微波武器是利用微波辐射信号干扰对方电子设备，利用定向辐射的高功率微波杀伤破坏目标，前者是软杀伤，后者是硬杀伤。目前微波武器的工作频率达300 GHz，功率达到 GW 量级。利用大功率微波无线能量传输，若下传波束赋形为某敌区地图，选择适当频率持续照射则可以使敌方通信、雷达损坏或堵塞，其持续性与作用范围远超过电磁脉冲弹。空间太阳能电站通过星际功率链路（Power Inter - Satellite Link，PISL）向卫星和太空武器馈电，可以省去其能源负荷，提高卫星效能，特别是需高能的太空武器的效能。

目前，以美、英、俄为代表的军事强国很重视发展高功率微波武器，其所涉及的关键技术包括大功率脉冲功率源技术、高功率脉冲开关技术、高功率微波源技术、高功率天线技术以及搭载平台技术等内容。俄罗斯的 Ranets 杀伤距离可以达到 10 km。美国计划开发天基高功率微波武器和机载微波弹，虽然由于体积和重量的限制，其峰值功率与发射天线增益明显要比路基高功率微波武器低，但机动性强，可以近距离对目标进行攻击。英国 BAE 系统公司在高功率微波源及微波武器的研究、生产方面具有世界级水平，其把激光技术和微波技术相结合，使新的源功率大大超过以往的功率极限，并减少了体积与成本。

7.6 启示与展望

7.6.1 我国无线能量传输技术发展建议目标

以空间太阳能电站及深空探测为最终应用目标，结合地面和近空间等领域的应用方向，全面开展无线能量传输技术顶层系统设计；针对大功率高效微波发射机、微波发射天线、高效率微波接收整流天线、波束控制等关键技术开展重点攻关，从功率、功能、技术和应用等方面逐步开展工作，突破微波无线能量传输系统顶层设计技术，突破各相关关键技术；完成地面演示原理样机及原型样机研制，并进行地面或飞艇验证试验；深入研究微波无线能量传输技术的传输机理，为分布式可重构卫星系统的研究提供必要的理论和工程研制方面的支持，力争在 2030 年完成空间太阳能电站的初步建设与验证，2040 年完成空

间太阳能电站的应用建设。

7.6.2 我国无线能量传输技术发展建议路线图

无线能量传输技术是空间太阳能电站的核心技术之一，也是一个全新的应用领域，涉及许多基础理论问题和基础工业能力问题，对产品工艺、大型天线技术、高效率微波器件、波束跟踪技术等各关键技术均有较高的要求。特别是该技术在空间的应用对于航天领域也是一个严峻的挑战，需要全面考虑国内的应用需求及技术发展水平，充分借鉴国际上相关国家取得的技术成果，提出合理可行的发展思路，开展多项基础技术研究，循序渐进地发展我国的微波无线能量传输技术，逐步实现该技术的工程化与实用化，如图7.57所示。

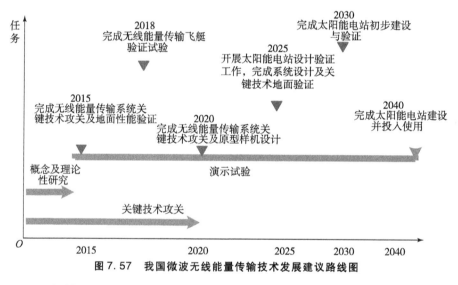

图 7.57　我国微波无线能量传输技术发展建议路线图

2015 年前，完成了小功率地面微波无线能量传输系统演示验证试验，完成部分关键技术研究与试验验证。

2018 年，在小功率地面 MPT 演示试验基础上，完成大功率、高效微波无线能量传输地面演示验证试验，完成飞艇之间的微波无线能量传输应用试验。

2020 年，完成微波无线能量传输系统关键技术攻关，完成原型样机研制。

2025 年，开展太阳能电站设计验证工作，完成系统设计及地面验证。

2030 年，完成空间太阳能电站初步建设与验证工作。

2040 年，完成空间太阳能电站的建设与应用。

7.6.3　我国无线能量传输技术研究工作建议

1. 设立技术研究专项，顶层策划，逐步实施

在能源问题日益突出的国际大环境下，发展空间太阳能电站的关键技术——无线能量传输技术，是一项关系国计民生的战略性课题。特别是在当下，通过大力发展遥控机器人技术、无线能量传输技术等，可以在较短的时间内完成该方案的技术准备，并初步建立空间太阳能发电系统，此时发电功率虽受一定限制，但可通过其进行各种相关技术的试验论证工作，验证各项关键技术，再进一步考虑月球发电构想。为了保证该项研究的顺利发展，需要成立一支既精通专项技术，又具有战略眼光的专家组队伍，加强顶层策划，制定整体规划，逐步推进技术研究工作，管理体系相互制约、集中决策、分散实施，为研究的发展指引方向，保驾护航。

2. 建立专题工作组织体系

新技术的开发以知识的积累和技术人才为基础，我国在卫星总体设计、微波器件、大型天线等方面都有一定的人才储备，可以在此基础上，再利用人才引进，在专家组的领导下成立一支高效率、高素质的专业技术团队，同时加强人员和经费投入，掌握核心技术，开展关键技术研究，逐步实现无线能量传输系统的工程化研制。同时，需要国家和相关单位加大经费投入，加强核心技术的研发与攻关。从技术层面上看，无线能量传输技术涉及多项关键基础技术，主要包括大功率器件、高效率轻质天线等，需要联合优势单位共同突破。在关键技术攻关的基础上，结合关键技术的攻关成果和已有的技术基础，联合进行地面无线能量传输验证试验，开展空 – 地或天 – 地之间的演示验证试验，开展国际交流合作，探讨国际间和平利用空间太阳能的可能。

3. 强强联合、通力合作

高校和科研机构是新技术开发的主体，无线能量传输技术涉及领域多，需要积极团结国内外相关领域的优秀研究团队，组织全国各大院校及科研院所对各个立项进行分组攻关，拓展思路，共同开展技术研究，必要时可以进行国际交流与合作。重点是无线能量传输技术（包括微波的发射、反射、接收及转换技术）、遥控机器人技术、提高太阳电池的寿命、提高运载有效载荷、降低运输成本等，加速发展载人航天与空间站技术，提前研究空间活动内容及相关

技术，建立以科研单位、工业界、大学为基础的公私结合、军民结合的综合体系。因此，需要鼓励高等学校、科研院所、国有企业以及民营科技企业共同联合开展无线能量传输技术研究，通过完善产权保护制度、消除市场准入歧视、完善经费支持体系、优化发展环境等政策措施，成立技术中心或技术联盟，发展以企业为主体，科研机构、高校相互联动的微波无线能量传输技术创新团队，根据优势互补、利益共享的原则，实现技术资本、产业资本和人才资本的优化组合。

4. 结合空间太阳能电站总体研究开展系统验证

无线能量传输技术最主要的应用领域就是空间太阳能电站系统，此外还可以应用于临近空间飞行器、空中通信中继站、卫星电力中继、恶劣环境的电力供应等领域。研究过程中，可以依托空间太阳能电站为应用背景，开展相关关键技术研究，并搭建试验系统。

空间太阳能电站作为一种大功率能源系统，具有传输功率大、传输距离远、传输效率要求高、传输精度高等特点，对空间无线能量传输技术提出了很高的要求。开展相关技术研究，需要结合空间太阳能电站的需求和总体概念研究，逐步开展无线能量传输系统层面和部件层面的关键技术研究。在关键技术研究的基础上，逐步开展部件级和分系统级的试验验证，为未来空间太阳能电站的工程应用奠定基础。

我国在无线能量传输相关技术领域，如大功率微波器件、大功率光源器件、大型相控阵天线、大型整流天线、波束控制等方面开展了多年的探索和研究，但对于实用的无线能量传输系统研究则时间相对较短，应积极跟踪国外先进技术进展，充分借鉴国际先进研究成果，加快开展相关领域的技术研究，特别是大规模相控阵天线系统技术，精确波束控制技术，高效、轻型长寿命发射源，高效、长寿命、低成本整流技术等太阳能电站和空间无线能量传输技术的核心技术。同时，空间太阳能电站是利国利民，甚至有益于全人类的太空探索工作，可以以此为契机，加强与其他国家的合作，互通有无，进一步巩固与扩大现有技术基础，向有利于建设空间电站的方向转变，共同为人类社会的发展做出贡献。

参 考 文 献

［1］ Glaser P E. Power from the sun: its future ［J］. Science, 1968, 162 （3856）: 857 - 861.

［2］ Qiang Chen, Xing Chen, Pan Feng. A Comparative Study of Space Transmission Efficiency for the Microwave Wireless Power Transmission ［J］. IEEE, 2015.

［3］ Peter Glaser. Solar Power Satellites: A Space Energy System for Earth ［M］. Praxis Publishing Ltd, 1998.

［4］ 太阳能发电卫星（SPS）白皮书——URSI 国际委员会工作组报告 ［M］. 侯欣宾, 王立, 黄卡玛, 等译. 北京: 宇航出版社, 2013.

［5］ William C Brown, Eugene Eves E. Beamed Microwave Power Transmission and its Application to Space ［J］. IEEE Transactions on Microwave Theory and Techniques, 1992, 40 （6）: 1239 - 1250.

［6］ International Union of Radio Science. URSI White Paper on Solar Power Satellite （SPS） Systems ［C］∥Brussels: URSI, 2006.

［7］ Shinohara N, Kawasaki S. Recent Wireless Power Transmission Technologies in Japan for Space Solar Power Station/Satellite ［C］∥IEEE Radio and wireless Symposium 2009, San Diego: 18 - 22.

［8］ John C. Mankins. Space Solar Power: The first international assessment of space solar power: opportunities, issues and potential pathways forward ［R］. International Academy of Astronautics, 2011.

［9］ W. Seboldt, M. Klimke. European Sail Tower SPS concept ［C］∥The 51th International Astronautical Congress, Rio de Janeiro, Brazil, 2000 October, 2 - 6.

［10］ John C. Mankins. SPS - ALPHA: The first practical Solar Power Satellite via Arbitrarily Large Phased Array ［R］. Artemis Innovation Management Solutions LLC, 2012, 9.

［11］ Haihong Ma, Xi Li, Linlin Sun, etc. Design of high - efficiency Microwave Wireless Power Transmission System ［J］. Microwave and Optical Technology Letters,

2016, 58 (7): 1704 – 1707.

[12] Brown W C. The technology and application of freespace power transmission by microwave beam [J]. IEEE Proc, 1974, 62 (1): 11 – 25.

[13] James O McSpadden, Frank E Little, Michael B Duke, et al. An In – space Wireless Engery Transmission Experiment [J]. IEEE, 1996, 468 – 473.

[14] Kert P, CHA J T. Millimeter wave technology for space power beaming [J]. IEEE Trans. MTT, 1992, 40 (6): 1251 – 1258.

[15] Fujino Y, Fujita M, et al. A dual polariza – tion patch rectenna for high power application [C] // IEEE AP – S, Int. Syrup. Dig., 1996, 1560 – 1563.

[16] Ronald J Gutmann, Jose M Borrego. Power combing in an array of microwave power rectifiers [J]. IEEE Trans. MTT, 1979, 27 (12): 958 – 968.

[17] Mcspadden Jo. An In – space wireless energy transmission experiment [C] // IEEE MTT – S lot. Microwave Symp. Dig., 1996: 468 – 473.

[18] JENN D C. RPVs: Tiny, microwave powered, remotely piloted vehicles [J]. IEEE Potentials, 1997, 16 (5): 20 – 22.

[19] YOO T W, Chang K. 35GHz integrated circuit rectifying antenna with 33% efficiency [J]. Electronics Letters, 1991, 27, (23).

[20] Woodcock G R, et al. Solar Power Satellite System Definition Study, Phase II Final Report [J]. Volume II. Report D 180 – 25461 – 2, 1979, Beoing Aerospace Company for NASA JSC, Seattle, Washington.

[21] Glaser P E. An overview of the solar power satellite option [J]. IEEE Trans. MTT, 1992, 40 (6): 1230 – 1238.

[22] Strassner B H, Chang K. Microwave power transmission [J]. in Encyclopedia of RF and Microwave Engineering. Hoboken, NJ: Wiley, 2005, 4, 2906 – 2919.

[23] Deng Hong – Lei, Kong Li. A Novel High – efficiency Rectenna for 35GHz Wireless Power Transmission [C] // 4th International Conference on Microwave and Millimeter Wave Technology Proceedings, 2004, 114 – 117.

[24] 马海虹, 石德乐. 模块航天器间微波无线能量传输技术应用前景及发展建议 [J]. 空间电子技术 (空间微波技术专辑), 2012, 9 (4): 1 – 5.

[25] James C. Lin. Space Solar – Power Station. Wireless Power Transmission and Biological Implications [J]. IEEE Antennas and Propagation Magazine, 2001, 43 (5): 166 – 169.

[26] McSpadden James O, Fan Lu, Chang Kai. Design and Experiments of a High Con-

version Efficiency 5. 8 GHz Rectenna [J]. IEEE Transactions on Microwave Theory and Techniques, 1998, 46 (12): 2053 – 2060.

[27] Brown W C. An experimental low power density rectenna [C] // IEEE MTT – S Int. Microwave Syrup. Dig. , 1991, 197 – 200.

[28] 侯欣宾，王立，张兴华，等. 多旋转关节空间太阳能电站概念方案设计 [J]. 宇航学报，2015，36 (11): 1332 – 1338.

[29] 杨阳，段宝岩，黄进，等. OMEGA 型空间太阳能电站聚光系统设计 [J]. 中国空间科学技术，2014，34 (5): 18 – 23.

[30] Shi – Wei Dong. Spatial power combining in microwave power transmission systems [C] // Electronics, Communications and Control (ICECC), 2011 International Conference, 2011, 4523 – 4526.

[31] Yongchae Jeong. Girdhari Chaudhary, Jongsik Lim. A Dual Band High Efficiency Class – F GaN Power Amplifier Using a Novel Harmonic – Rejection Load Network [J]. IEICE Trans. Electron. , Vol. E95 – C, 2012, 11: 1783 – 1789.

[32] Hankuk Univ. of Foreign Studies, Yongin, South Korea. Expanding bandwidth of class – F power amplifier with harmonic structures [C] //2013 Asia – Pacific Microwave Conference Proceedings, Nov. 2013, 748 – 750.

[33] Xue – Xia Yang, Hua – Wei Zhou, Guan – Nan Tan. Design of a C – Band Microwave Power Transmission Systems for Long Distance Applications [C] // Accepted by Third Asia – Pacific Conference on Antennas and Propagation, 2014.

[34] Hua – Wei Zhou, Xue – Xia Yang. Aperture Optimization of Transmitting Antennas for Microwave Power Transmission Systems [J]. accepted by IEEE International Symposium on Antennas and Propagation and USNC – URSI National Radio Science Meeting, 2014.

[35] Li T. Diffraction loss and selection of modes in maser resonators with circular mirrors [J]. Bell System Technical Journal, 1965, 44 (5): 917 – 932.

[36] Proceedings of Solar Power Satellite (SPS) Workshop on Microwaver Power Transmission and Reception [C] // NASA contract NAS 1. 55: 2141, Lyndon B, Johnson Space Center, Houston, January 1980.

[37] Oliveri G, Poli L, Massa A. Maximum effciency beam synthesis of radiating planar arrays for wireless power transmission [J]. IEEE Transactions on Antenna and Propagation, 2013, 61 (5): 2490 – 2499.

[38] Shun – Shi Zhong. Antenna Theory and Techniques [M]. Beijing: Publishing

House of Electronics Industry, 2011.

[39] 王希季,闵桂荣. 发展空间太阳能电站引发新技术产业革命 [J]. 能源与节能, 2011, (5): 1-15.

[40] 侯欣宾. 空间太阳能电站及其对微波无线能量传输技术的需求 [J]. 空间电子技术, 2013, 3.

[41] Brown W. The History of Power Transmission by Radio Waves [J]. IEEE Transactions on Microwave Theory and Techniques, Special Centennial Historical Issue, Sept, 1984, 32 (9).

[42] Hiroshi Matsumoto. Research on Solar Power Satellites and Microwave Power Transmission in Japan [J]. IEEE Microwave Magazine, 2002.

[43] Wilson J R. Satelliter System F6 Divide and conquer [C]//Aerospace AMERICA, February 2009.

[44] Young – Ho Suh, Kai Chang. A High – Efficiency Dual – Frequency Rectenna for 2. 45 GHz and 5. 8 GHz Wireless Power Transmissions [J]. IEEE Transactions on Microwave Theory and Techniques, 2002, 50 (7).

[45] Deng Hong Lei, KongLi. A Novel High – Efficiency Rectenna for 35 GHz Wireless Power Transmissions [C]//4th International Conference on Microwave and Millimeter Wave Technology Proceedings, 2004.

[46] Brown W C. The History of Power Transmission by Radio Waves [J]. Trans. of Microwave Theory and Techniques, 1984, MTT – 32.

[47] Matthew G Richards, Zoe Szajnfarber. Implementation Challenges for Responsive Space Architectures [C]//AIAA 7th Responsive Space Conference, 2009, 1 – 13.

[48] Hiroyuki. SSPS Activities in Japan [J]. IEEE, 2004.

[49] 马海虹. 航天器间微波无线能量传输技术研究 [J]. 空间电子技术 ("空间无线能量传输" 专辑), 2013, 10 (3): 57 – 59.

[50] Riviere S, Alicalapa F, Douyere A, et al. An integrated model of a wireless power transportation for RFID and WSN applications [C]//16th IEEE International Conference on Electronics, Circuits and Systems, 2009, 235 – 238.

[51] Cougnet C, Sein E. Celeste A, et al. Solar power satellites for space exploration and applications [C]// The 4th International Conference on Solar Power from Space SPS' 04, Granada, Spain, 2004, 151 – 158.

[52] Shinohara N, Matsumoto H. Dependence of dc Output of a Rectenna Array on the Method of Interconnection of Its Array Elements [J]. Electrical Engineer-

ing in Japan, 1998, 125（1）：9－17.

［53］ Shaposhnikov S S, Sazonov D M. Transmitting antenna modules refusals reaction on wireless power transmission efficiency［C］//2003 IEEE Aerospace Conference, 2003, 2：911－915.

［54］ 张彪, 刘长军. 一种高效的2.45 GHz 二极管阵列微波整流电路［J］. 强激光与粒子束, 2011, 23（9）：2443－2446.

［55］ McSpadden J O, Mankins J C. Space solar power programs and microwave wireless power transmission technology［J］. IEEE Micro, 2002, 3（4）：46－57.

［56］ Buchta M, Beilenhoff K, et al. GaN Technologies and Developments：Status and Trends［C］//ICMMT 2010 Proceedings, 488－491.

［57］ Omarov M A, Gretskih D V, SUKH（）MLI－NOV D V. Investigation into receiving－rectifying ele－ments of EHF reetennas［C］//Antcnna Theory and Technlques, 1Vth International Conference, 2003, 2：842－845,

［58］ Young－Ho Suh, Kai Chang. A High － Efficiency Duarl－Freqency Rectenna for 2.45－ and 5.8－GHz Wireless Power Transmission［J］. IEEE Transactions on Microwave Theory and Techniques, 2002, 50（7）：1784－1789.

［59］ URSI White Paper on a Solar Power Satellite（SPS）Systems［OL］. http：// ursi. Ea/ SPS－2006sept. pdf.

［60］ Brown W C. A microwave powered, long duration, high altitude platform［C］// IEEE MTT－S Int. Microwave Syrup. Dig., 1986, 507－510.

［61］ Ali M, Yang G, Dougal R. A new circularly polarized rectenna for wireless power transmission and data communication［J］. IEEE Antennas and Wireless Propagat. Lett., 2005－4（1）：205－208.

［62］ 杨士中, 杨力生, 等. 单脉冲多目标跟踪方法与系统：ZL 1 0142664. 7 ［P］. 2006.

［63］ 李维. 空间太阳能电站无线能量传输技术［J］. 国际太空, 433.

［64］ 李国欣, 徐传继. 我国发展空间太阳能电站的必要性和相关技术基础分析 ［J］. 太阳能学报, 1998, 19（4）：444－448.

［65］ Kaleja M M, Herb A J, Rasshofer R H, et a1. Imaging RFID system at 24 GHz for object localization［C］//IEEE MTT－S Int. Microwave Syrup. Dig. 1999, 1497－1500.

［66］ Yang Xue－Xia, Xue Yu－Jie, et al. Circularly polarized 4－element array fed by aperture coupling for rectennas application［C］//IEEE AP－S Int. Syrm

Dig. , 9 – 14 July 2006 Albuquerque, New Mexico. USA, 2006: 875 – 878.

[67] 石德乐, 李振宇, 吴世臣, 等. 模块航天器间激光无线能量传输系统方案设想 [J]. 航天器工程, 2013, 22 (5): 67 – 73.

[68] Berndie S, Kal C. Highly efficient c – band circularly polarized rectifying antenna array for wireless mi crowave power transmission [J]. IEEE Transactions on Antennas and Propagation, 2003, 51 (6): 1347 – 1356.

[69] Walsh C, Rondineau S, Jankovic M, et a1. A conformal 10 GHz rectenna for wireless powe – ring of piezoelectric sensor electronics [C] // IEEE MTT – S Int. Microwave Sym. Dig. , 2005: 143 – 146.

[70] Garmash V N, Shaposhnikov S S. Matrix method gymhesis of transmitting antenna for wireless power transmission [J]. IEEE Trans, AES, 2000, 36 (4): 1142 – 1148.

[71] Vaganov R B, Korshunova E N, Ct a1. Phase synthesis of a wave beam field that provides maximization of the transmitted power [C] // International Conference on Antenna Theory and Teeh – niques, Sevastopol, Ukraine, 2003: 809 – 812.

[72] 李向阳, 石德乐, 李振宇, 等. 无线能量传输系统能源管理技术研究 [J]. 空间电子技术, 2013, 3: 61 – 65.

[73] 李振宇, 张建德, 黄秀军. 空间太阳能电站的激光无线能量传输技术研究 [J]. 航天器工程, 2015, 24 (1): 31 – 37.

[74] Heikkinen L, K1VIK ( ) SKI M. Low – profile circu – Iarly polarized rectifying antenna fof wireless power transmission at 5. 8GHz [J]. IEEE Microwave and Wireless Components Lett. , 2004, 14 (4): 162 – 154.

[75] Liu Hao, Liang Wei. Development of DARPA's F6 Program [J]. Spacecraft Engineering [J]. 2010, 19 (2): 92 – 98.

[76] Xu J S, Xu C L. Xu D M, et al. Diode large – signal characteristics measurement for high power rectenna [J]. Microwave Opt. Technology Lett. , 2005, 45 (3): 249 – 251.

[77] National Security Space Office. Space Based Solar Power as an Opportunity for Strategic Security [R], 2007, 10.

[78] Sasaki S, Tanaka K, Maki K. Updated Technology Road Map for Solar Energy From Space [C]. IAC – 11 – C3. 1. 4, ISAS/ JAXA. 2011.

[79] URSI Inter – commission Working Group on SPS. URSI White Paper on a Solar Power Satellite (SPS) [R]. 2007.

［80］ Yang Xue – Xia, Xu Jun – Shu, et al. X – band circularly polarized rectennas for microwave power transmission applications ［J］. Journal of Electronics, 2008, 25 （3）: 389 – 393.

［81］ John C Mankins. A Fresh Look at Space Solar Power: New Architectures, Concepts and Technologies ［J］. IAF – 97 – R. 2. 03, 38th International Astronautical Federation. pp: 6 – 17.

［82］ Hagertyj A, Helmbrecht F B, et al. Re – cycling ambient microwave energy with broad – band rectenna arrays ［J］. IEEE Trans. MTT, 2004, 52 （3）: 1014 – 1024.

［83］ Chin C K, Xue Q, Chan C H. Design of a 5 – 8 – GHz rectenna incorporating a new patch antenna ［J］. IEEE Antennas and Wireless Propagat. Lett., 2005, 4: 175 – 178.

［84］ 吕艳青，杨雪霞，周銮. 一种用于微波输能的小型化整流电路 ［J］. 应用科学学报，2011, 29 （5）: 508 – 511.

［85］ 杨雪霞. 微波输能技术概述与整流天线研究新进展 ［J］. 电波科学学报，2009, 24 （4）: 770 – 777.

［86］ Mikeka C, Aral H. Development of a batteryless sensor transmitter ［J］. IEEE Digital Object Identifier: Radio and Wireless Symposium, 2010: 68 – 7.

［87］ Schaeper H. Measured Phase Performance of the Photonics System for Microwave Power Transmission ［C］//53rd International Astronautical Congress. The World Space Congress – 2002 10 – 19 Oct 2002/Houston, Texas.

［88］ James O McSpadden, Taewhan Yoo, Kai Chang. Theoretical and experimental investigation of a rectenna element for micro wave power transmission: 2359 – 2366.

［89］ NASA, September 19 – 20 1995, Space Solar Power, An Advanced Concepts Study Projec. Advanced Concepts Office, NASA HQ, and Advanced Space Analysis Office, NASA LeRC (SSP Technical Interchange Meeting, 2 Volumes, Washington, D. C.). 1995.

［90］ 李振宇，石德乐，申景诗，等. 基于激光的无线能量传输技术 ［J］. 空间电子技术，2013 （3）: 71 – 76.

［91］ 马海虹，徐辉，栗曦，等. 一种高效率微波无线能量传输系统 ［J］. 空间电子技术，2016 （1）: 1 – 5.

［92］ 董亚洲，董士伟，王颖，等. 空间太阳能电站微波能量传输验证方案设计 ［J］. 中国空间科学技术，2017, 37 （3）: 11 – 18.

［93］ Strassner B，Chang K. Microwave Power Transmission：Historical Milestones and System Components：1379 － 1396.

［94］ McSpadden J O. Advances in microwave power transmission ［J］. Radio Science Meeting（Joint with AP － S Symposium），2014 USNC － URSI.

［95］ Takayuki Matsumuro，Yohei Ishikawa，Tomohiko Mitani，et al. Basic study of beam pilot signal for terrestrial microwave power transmission ［C］// Computational Electromagnetics（ICCEM），2017 IEEE International Conference，213 － 214.

［96］ Satoshi Yoshida，Akihira Miyachi，Ryoko Kishikawa，et al. C band GaN diode rectifier with 3W DC output for high power microwave power transmission application ［J］. IEEE，2016.

［97］ Saha S K，Hossain M S. Novel approach of antenna array with beam steering technology for microwave power transmission from SSPS system ［C］// 2nd International Conference on Electrical，Computer & Telecommunication Engineering（ICECTE），2016.

［98］ Shan L，Geyl W. Optimal Design of Focused Antenna Arrays ［J］. IEEE Transactions on Antennas and Propagation，2014，62（11）：5565 － 5571.

［99］ Tesla N. The transmission of electrical energy without wires ［J］. Electrical World and Engineer，1994（1）

［100］ 戴舒颖，王存恩. 日本天基太阳能电站计划研发概况 ［J］. 国际太空，2010（11）：31 － 37.

［101］ Chen S，Xue Q. A class － F power amplifier with CMRC ［J］. Microwave and Wireless Components Letters，IEEE，2011，21（1）：31 － 33.

［102］ Raab F H. Class － F power amplifiers with maximally flat waveforms ［J］. Microwave Theory and Techniques ［J］. IEEE Transactions，1997，45（11）：2007 － 2012.

［103］ 李玉龙. F 类/逆 F 类功率放大器研究与设计 ［D］. 桂林：广西师范大学，2016.

［104］ 张玉兴，赵宏飞. 射频与微波功率放大器设计 ［M］. 北京：电子工业出版社，2007.

［105］ Carrubba V，Clarke A L，Akmal M，et al. The continuous class － F modepoweramplifier ［C］// Proc. 40th European MicrowaveConf.，Paris，France，Sept.，2010，26（1）：1674 － 1677.

［106］ Yamasaki T，Kittaka Y，Minamide H. A 68% efficiencyC － band 100 WGaNpower amplierforspace applications ［C］// IEEE MTT － S International Microwa － ve Symposium Digest，2010：1384 － 1387.

［107］ Ui N，Sano S. A 100 W class E GaN HEMT with 75% drain efficiency at 2 GHz ［C］//European Micro － waveIntegrated Circuits Conference Digest，2006：72 － 74.

［108］ 李俊鹏，高效率 WBG 功率放大器的设计 ［D］. 合肥：合肥工业大学，2009.

［109］ Grebennikov A V. Circuit design technique for high efficiency class F amplifiers ［C］//in Proc. IEEEMTT － S Int. Microw. Symp. Dig. Boston，MA，2000：771 － 774.

［110］ Chen S，Xue Q. A Class － F Power Amplifier With CMRC ［J］. IEEE Microwave&Wireless Components Letters，2011，21（1）：31 － 33.

［111］ Guan L，Zhu A，et a1. A Simplified Broadband Design Methodology for Linearized High · Efficiency Continuous Class F Power Amplifiers ［J］. IEEE Transactions on Microwave Theory & Techniques，2012，60（6）：1952 － 1963.

［112］ Tong R，He S，Zhang B，et a1. A novel topologyofmatchingnetworkfor-RealizingbroadbandhighefficiencycontinuousClass － F power amplifiers ［C］// Microwave Conference（EuMC），2013 European. IEEE，2013：1475 － 1478.

［113］ 张量，倪春，吴先良. 输入端谐波抑制 S 波段高效率 F 类功率放大器的研究 ［J］. 中国科学技术大学学报，2013，43（04）.

［114］ Yahya Rahmat － Samii，Lawrence I Williams，Robert G Yaccarino. The UCLA Bi － polar Planar － Near － Field Antenna Measurement and Diagnostics Range ［J］. IEEE Antennas and Propagation Magazine，1995，37（6）：16 － 35.

［115］ 鲍暧松，傅德民. 天线远场方向图的测量和实现 ［J］. 通信技术，2005，6：81 － 82.

［116］ Lan Sun Luk J D，Celeste A，Romanacce P，et al. Point － to － point wireless power transportation in reunion island ［C］//The 48th International Astronautical Congress，Turin，Italy，October 1997.

［117］ Celeste P Jeantya，Pignolet G. Case study in reunion island，Acta Astronautica，2004，54（4）：253 － 258.

［118］ William C Brown. High Power Efficient Free Space Microwave Power Transmission Systems，European Microwave Conference，1973.

［119］ 叶云裳. "神舟四号" 飞船微波辐射计天线的主波束效率 ［J］. 空间科学学报，2003，23（6）：459 － 466.

［120］ Rahmat – Samii Y, et al. Beam efficiency of reflector antennas：The simple formula ［J］. IEEE Tr ans. Ant Pro. Mag. , 1998, 40 （5）：82 – 87.

［121］ Nelson R A. Antennas：The Interface with Space ［J］. Satellite Magazine, September, 1999.

［122］ Constantine A Balanis. Antenna Theory Analysis and Design Third Edition ［M］. 2005.

［123］ 张力虎. 聚焦天线研究［M］. 哈尔滨：哈尔滨工业大学, 2004.

［124］ 何金梅，基于回复式反射和近场聚焦的无线能量传输系统设计［M］. 南京：南京航空航天大学, 2014.

［125］ Lerosey G, de Rosny J, Tourin A, et a. Focusing beyond the diffraction limit with far – field time reversal ［J］. Science, 2007, 315：1120 – 1122.

［126］ Van Atta L C. Electromagnetic reflector：U S 2 908 022 ［P］. 1959.

［127］ Karode S L, Fusco V F. Frequency Offset Retrodirective Antenna Array ［J］. Electronics Letters, 1997, 33 （16）：1350 – 1351.

［128］ Pobanz C W, Itoh T. A Conformal Retrodirective Array for Radar Applications Using A Heterodyne Phased Scattering Element ［C］// in Proceedings of IEEE MITT – S International Microwave Symposium, 1995, 2：905 – 908.

［129］ Alexis Zamora, Reece T Wami, Tyler F Chun, et al. An Overview of Recent Advances in Retrodirective Antenna Arrays ［C］// Wireless Information Technology and Systems （ICWITS）, 2010 IEEE International Conference, 2010.

［130］ Akagi J M, Zamora A, Watanabe M K, et al. A self – steering array using power detection and phase shifting ［C］// in IEEE MTT – S Int. Microw. Symp. Dig. , Atlanta, GA, 2008, 1325 – 1328.

［131］ Zamora A, Watanabe M K, Akagi J M, et al. An inter – element phase – detecting retrodirective array for nonuniform wavefronts ［C］// IEEE MTT – S Int. Microw. Symp. Dig. , Boston, MA, 2009, 817 – 820.

［132］ 冯蕴. 基于时间反演的自适应聚焦天线阵列研究［D］. 成都：西南交通大学, 2013.

［133］ Darren S Goshi, Kevin M K Leong H, et al. Recent Advances in Retrodirective System Technology ［J］. Radio and Wireless Symposium, 2006 IEEE, 459 – 462.

［134］ Brennan P V. An Experimental and Theoretical Study of Self – Phased Arraysin Mobile Satellite Communications ［J］. Trans. IEEE, 1989, 37：1370 – 1376.

［135］ Chang Y, etal. Microwave Phase Conjugation Using Antenna Arrays ［J］. Trans.

IEEE, 1998, MTT－46: 1910－1919.

[136] Lim S. et al. Adaptive Power Controllable Retrodirective Array System for Wireless Sensor Server Applications [J]. Trans. IEEE, 2005, MTT－53, 3735－3743.

[137] Brabetz T, Fusco V F, Karode S. Balanced Subharmonic Mixers for Retrodirective-Array Applications [J]. Trans. IEEE, 2001, MTT－49, 465－469.

[138] 秦顺友. 地球站天线辐射灾害的计算与测量 [C]//2015 全国微波毫米波会议, 2015.

[139] Long Shan, Wen Geyi. Optimal Design of Focused Antenna Arrays [J]. IEEE Transactions on Antennas and Propagation, 2014, 62, (11): 5565－5571.

[140] Takayuki Matsumuro, Yohei Ishikawa, Takaki Ishikawa, et al. Effective Beam Forming of Phased Array Antenna for Efficient Microwave Power Transmission [C]// Proceedings of Asia－Pacific Microwave Conference 2014, 717－719.

[141] 谢芳艺. 无线输能系统中阵列天线的优化设计 [D]. 上海: 复旦大学, 2013.

[142] 王小毅, 聚焦天线阵列与双频圆极化天线的设计 [D]. 上海: 复旦大学, 2014.

[143] Ikematsu H, Mizuno T, Satoh H, et al. SPS concept with highefficiency phase control technology [C]//in Proc. Asia－Pacific Microw. Conf., 2002.

[144] Mikami I, Mizuno T, Ikematsu H, et al. Some proposals for the SSPS actualization from innovative component technology standpoint [J]. in Proc. URSI EMT－S, 2004, 317－319.

[145] Hsieh L H, Strassner B H, Kokel S J, et al. Development of a retrodirective wireless microwave power transmission system [C]// Antennas and Propagation Society International Symposium, 2003, 393－396.

[146] Leong K M K. H., Miyamoto, R. Y., Itoh, T., Moving forward in retrodirective antenna arrays [J]. IEEE, Aug. －Sept. 2003.

[147] He Jinmei, Wang Xin, Guo, Lisheng; Shen, Shan; Lu, Mingyu. A distributed retro－reflective beamforming scheme for wireless power transmission [J]. Antennas and Propagation & USNC/URSI National Radio Science Meeting, 2015 IEEE International Symposium on.

[148] 董亚洲, 董士伟, 王颖, 付文丽, 李小军, 微波能量传输垂直验证系统设计及波束收集效率分析 [J]. 空间电子技术, 2016 (1): 11－14.

[149] 马海虹, 徐辉, 栗曦, 孙琳琳. 一种高效率微波无线能量传输系统 [J].

空间电子技术, 2016 (1): 1-5.

[150] 刘恒, 赵宏伟, 谢广钱, 等. 基于分区迭代傅里叶算法的稀疏阵列天线设计优化 [J]. 现代雷达, 2016, 38 (4): 30-33.

[151] McSpadden J O, Mankins J C. Space solar power programs and microwave wireless power transmission technology [J]. Microwave Magazine, IEEE, 2002, 46-57.

[152] 韩英, 黄卡玛. 微波输能应用中整流天线阵列接收效率的研究 [J]. 无线电工程, 2016, 46 (7): 60-63.

[153] Miyakawa Takehiro, Joudoi Daisuke, Yajima Masanobu, et al. Preliminary experimental results of beam steering control subsystem for microwave power transmission ground experiment [J]. IEEE, 2012, 111-114.

[154] Miyakawa T, Yajima M, Fukumuro Y, et al. Development status of the beam steering control subsystem for the microwave power transmission ground experiment [J]. Microwave Workshop Series on Innovative Wireless Power Transmission: Technologies, Systems, and Applications (IMWS), 2011 IEEE MTT-S International, 231-234.

[155] DiDomenico L D, Rebeiz G M. Digital communications using self-phased arrays [J]. Microwave Theory and Techniques, IEEE Transactions, 2001, 677-684.

[156] Hiroshi Matsumoto. Research on solar power satellites and microwave power transmission in Japan [J]. Microwave Magazine, IEEE, 2002, 36-45.

[157] Narita T, Kimura T, Anma K, et al. Development of high accuracy phase control method for space solar power system [J]. Microwave Workshop Series on Innovative Wireless Power Transmission: Technologies, Systems, and Applications (IMWS), 2011 IEEE MTT-S International, 227-230.

[158] Toru Takahashi, Yoshihiko Konishi, Shigeru Makino, et al. Fast Measurement Technique forPhased Array Calibration [J]. IEEE Transactions on Antennas and Propagation, 2008, 56 (7): 1888-1899.

[159] Chengguo Li. A simple and efficient on-board calibration method of satellite phased array antenna [C] // ACES-China, 2017.

[160] 王颖, 董士伟, 董亚洲, 等. 用于无线能量传输的高效 GaN HEMTF 类放大器设计 [J]. 空间电子技术, 2015 (1): 48-51.

[161] 周宇昌. 日本空间微波无线能量传输技术概述 [J]. 空间电子技术, 2017 (5): 52-58.

［162］ 马海虹，杨亚宁，张睿奇，等. 空间网络无线能量传输技术研究 ［J］. 空间电子技术，2018（02）：88 – 93.

［163］ 李向阳，吴世臣，李钟晓. 激光无线能量传输技术应用及其发展趋势 ［J］. 航天器工程，2015，24（1）：1 – 7.

［164］ Joe T Howell，Mark J O' Neill，Richard L Fork. Advanced Receiver/Converter Experiments for Laser Wireless Power Transmission Solar ［C］// Power from Space （SPS04）and 5th Wireless Power Transmission （WPT5）Conference，Granada，Spain，2004.

［165］ Rama K Yedavalli. Application of wireless sensor networks to aircraft control and health management systems ［J］. J Control Theory Appl.，2011，9（1）：28 – 33.

［166］ Howell J T，O'Neill M J，Fork R L. Advanced receiver/converter experiments for laser wireless power transmission ［C］// Proceedings of the 4th International Conference on Solar Power from Space – SPS 04，Together with the 5th International Conference on Wireless Power Transmission – WPT 5，2004，v567，187 – 194.

［167］ Yugami H，Kanamori Y，Arashi H. Field experiment of laser energy transmission and laser to electric conversion ［C］// Proceedings of the Intersociety Energy Conversion Engineering Conference，1997，1：625 – 630.

［168］ 赵长明，赵彬，何建伟. 太阳光泵浦固体激光器及其空间应用 ［J］. 红外与激光工程，2006，35（10）.

［169］ Nugent T J，Kare J T. Laser Power for UAVs，Laser Motive White Paper – Power Beaming for UAVs ［J］.

［170］ 陈黎. 激光射束驱动无人机技术发展现状及发展前景 ［J］. 武器装备. 2013.（4）：52 – 54.

［171］ Guy Norris. 利用无人机验证激光动力技术 ［J］. 国际航空，2013，1：50.

［172］ Takeda K，Tanaka M，Miura S，et al. Laser power transmission for the energy supply to the rover exploring ice on the bottom of the crater in the lunar polar region ［J］. SPIE，2002，（4632）：199 – 223.

［173］ Steinsiek F，Foth W P，Weber K H. Wireless power transmission experiment as an early contribution to planetary exploration missions ［J］. IAF，2003，3：169 – 176.

［174］ Yamaguchi M. Radiation – resistant solar cells for space use ［J］. Solar Energy Materials & Solar Cells，2001，68：31 – 53.

［175］ 王萍萍，艾勇，支新军. 无线激光通信终端机中 APT 系统设计 ［J］. 应用激光，2003，23（6）：348－351.

［176］ 李大社，华臻，管绍鹏. 无线激光通信 APT 系统的研究 ［J］. 烟台大学学报（自然科学），2007，20（3）：191－195.

［177］ Kawashima N, Takeda K. Laser energy transmission for a wireless energy supply to robots ［M］. Robotics and Automation in Construction, Intech, 2008.

［178］ Sahai A, Graham D. Optical Wireless Power Transmission at Long Wavelengths ［C］∥International Conference on Space Optical Systems and Applications, 2011.

［179］ Kawashima N, Takeda K, Yabe K. Application of the laser energy transmission technology to drive a small airplane ［J］. Chinese Optics Letters Vol 5 Suppl., 2007, 109－110.

［180］ Pena R, Algora C. Evaluation of Mismatch and Non－uniform Illumination Losses in Monolithically Series－Connected GaAs Photovoltaic Converters ［J］. Prog. Photovolt：Res. Appl., 2003（11）：139－150.

［181］ Naoki Shinohara. Power without wires ［J］. IEEE Microwave Magazine, Supplement, December, 2011, 64－73.

［182］ Brown W C. Thermionic diode rectifier ［J］. Microwave Power Engineering, vol. I., E. C. Okress, Ed. New York, NY, USA：Academic, 1968, 295－298.

［183］ Brown W C. Free－space microwave power transmission study, combined phase Ⅲ and final report ［J］. Raytheon Rep. PT－4601, NASA Contract NAS－8－25374, Sep., 1975.

［184］ Brown W C. Electronic and mechanical improvement of the receiving terminal of a free－space microwave power transmission system ［J］. Raytheon Contractor Rep. PT－4964, Aug. 1977, NASA CR－135194.

［185］ Foust J. A step forward for space solar power ［J］. Space Rev., Sep. 15, 2008. ［Online］. Available：http：∥www. thespacereview. com/article/1210/1.

［186］ Tan Lee M. Efficient Rectenna Design for Wireless Power Transmission for MAV Applications ［J］. Master's thesis, NAVAL POSTGRADUATE SCHOOL MONTEREY CA DEPT OF PHYSICS, Dec. 2005.

［187］ Shinohara N, Matsumoto H. Dependence of DC output of a rectenna array on the method of inconnection of its array elements ［J］. Electr. Eng. Jpn., 1998, 125（1）：9－17.

［188］ Shinohara N. Beam Control Technologies With a High－Efficiency Phased Array

for Microwave Power Transmission in Japan [J]. Proceedings of the IEEE, 2013, 101 (6): 1448 – 1463.

[189] Shoichiro Mihara, Masao Sato, Shuji Nakamura, et al. The result of ground experiment of Microwave Wireless Power Transmission [C]// Proceedings of 66th International Astronautical Congress, IAC – 15, C3, 2, 1, x28587, 2015.

[190] Schlesak J, Alden A, Ohno T. SHARP rectenna and low altitude flight trials [C]// Proc. IEEE Global Telecommun. Conf., New Orleans, LA, USA, Dec. 2 – 5, 1985.

[191] 康湛毓. 2.45 GHz 高效率微带整流天线的研究 [D]. 成都: 电子科技大学, 2016.

[192] 张煦. 双频微波整流电路研究 [D]. 电子科技大学, 2016.

[193] Ren Y J, Li M Y, Chang K. 35 GHz rectifying antenna for wireless power transmission [J]. Electronics Letters, 2007, 43 (11): 602 – 603.

[194] Chiou H, Chen I. High – efficiency dual – band on – chip rectenna for 35 – and 94 – GHz wireless power transmission in 0.13 – μm CMOS technology [J]. IEEE Trans. Microw. Theory Tech., 2010, 58 (12): 3598 – 3606.

[195] Joseph A Hagerty, Florian B Helmbrecht, William H McCalpin, et al. Recycling ambient microwave energy with broad – band rectenna arrays [J]. IEEE Transactions on Microwave Theory and Techniques, 2004, 52 (3).

[196] 蒿连亮. 宽带圆极化整流天线研究 [D]. 成都: 电子科技大学, 2014.

[197] Hucheng Sun, Zheng Zhong, Yong – Xin Guo. An Adaptive Reconfigurable Rectifier for Wireless Power Transmission [J]. IEEE Microwave and Wireless Components Letters, 2013, 23 (9): 492 – 494.

[198] Hiroto Sakaki, Kenjiro Nishikawa, Satoshi Yoshida, et al. Modulated scheme and input power impact on rectifier RF – DC efficiency for WiCoPT system [C]// Proc. of 2015 European Microwave Conference (EuMC), 2015: 60 – 63.

索　引

X

专家委员会委员（按姓氏笔画排列）：

于　全　　中国工程院院士

王　越　　中国科学院院士、中国工程院院士

王小谟　　中国工程院院士

王少萍　　"长江学者奖励计划"特聘教授

王建民　　清华大学软件学院院长

王哲荣　　中国工程院院士

尤肖虎　　"长江学者奖励计划"特聘教授

邓玉林　　国际宇航科学院院士

邓宗全　　中国工程院院士

甘晓华　　中国工程院院士

叶培建　　人民科学家、中国科学院院士

朱英富　　中国工程院院士

朵英贤　　中国工程院院士

邬贺铨　　中国工程院院士

刘大响　　中国工程院院士

刘辛军　　"长江学者奖励计划"特聘教授

刘怡昕　　中国工程院院士

刘韵洁　　中国工程院院士

孙逢春　　中国工程院院士

苏东林　　中国工程院院士

苏彦庆　　"长江学者奖励计划"特聘教授

苏哲子　　中国工程院院士

李寿平　　国际宇航科学院院士

李伯虎	中国工程院院士
李应红	中国科学院院士
李春明	中国兵器工业集团首席专家
李莹辉	国际宇航科学院院士
李得天	国际宇航科学院院士
李新亚	国家制造强国建设战略咨询委员会委员、中国机械工业联合会副会长
杨绍卿	中国工程院院士
杨德森	中国工程院院士
吴伟仁	中国工程院院士
宋爱国	国家杰出青年科学基金获得者
张 彦	电气电子工程师学会会士、英国工程技术学会会士
张宏科	北京交通大学下一代互联网互联设备国家工程实验室主任
陆 军	中国工程院院士
陆建勋	中国工程院院士
陆燕荪	国家制造强国建设战略咨询委员会委员、原机械工业部副部长
陈 谋	国家杰出青年科学基金获得者
陈一坚	中国工程院院士
陈懋章	中国工程院院士
金东寒	中国工程院院士
周立伟	中国工程院院士

郑纬民	中国工程院院士
郑建华	中国科学院院士
屈贤明	国家制造强国建设战略咨询委员会委员、工业和信息化部智能制造专家咨询委员会副主任
项昌乐	中国工程院院士
赵沁平	中国工程院院士
郝　跃	中国科学院院士
柳百成	中国工程院院士
段海滨	"长江学者奖励计划"特聘教授
侯增广	国家杰出青年科学基金获得者
闻雪友	中国工程院院士
姜会林	中国工程院院士
徐德民	中国工程院院士
唐长红	中国工程院院士
黄　维	中国科学院院士
黄卫东	"长江学者奖励计划"特聘教授
黄先祥	中国工程院院士
康　锐	"长江学者奖励计划"特聘教授
董景辰	工业和信息化部智能制造专家咨询委员会委员
焦宗夏	"长江学者奖励计划"特聘教授
谭春林	航天系统开发总师

内 容 简 介

空间无线能量传输技术不仅可以推动空间太阳能电站发展，而且可以解决分布式可重构卫星、月球基地等特殊应用供电需求难题。作者基于"863"等多个课题研究成果，总结国内外技术发展及应用的基础上，结合空间无线能量传输工程应用需求，编写此书。第1章介绍了无线能量传输技术分类及特点，分析了国内外无线能量传输技术发展动态及应用前景。第2章研究了天线能量传输理论及设计方法。第3章介绍了大功率发射机的种类、技术方案和典型设计方法。第4章内容包括微波无线能量接收整流技术方案和实现途径。第5章研究了空间无线能量传输系统组成、传输理论和系统链路效率。第6章内容包括激光无线能量传输技术及国内外发展概况。第7章简要介绍了国内外典型的空间无线能量传输试验情况，以及一种高效微波无线能量传输演示验证系统。

本书将空间无线能量传输基础理论和工程应用相结合，实用性强，适合从事空间无线能量传输技术工作的工程技术人员、科研人员使用，亦可供科研院校相关专业的师生阅读。

图书在版编目（CIP）数据

空间无线能量传输技术/马海虹等著. —北京：北京理工大学出版社，2019.3（2024.12重印）

（空间科学与技术研究丛书）

国家出版基金项目　"十三五"国家重点出版物出版规划项目
国之重器出版工程

ISBN 978 - 7 - 5682 - 6699 - 4

Ⅰ. ①空… Ⅱ. ①马… Ⅲ. ①空间科学－能量传递－研究 Ⅳ. ①V419

中国版本图书馆 CIP 数据核字（2019）第 019789 号

出　　　　版 / 北京理工大学出版社有限责任公司	
社　　　　址 / 北京市海淀区中关村南大街 5 号	
邮　　　　编 / 100081	
电　　　　话 / （010）68914775（总编室）	
（010）82562903（教材售后服务热线）	
（010）68948351（其他图书服务热线）	
网　　　　址 / http：//www. bitpress. com. cn	
经　　　　销 / 全国各地新华书店	
印　　　　刷 / 北京虎彩文化传播有限公司	
开　　　　本 / 710 毫米×1000 毫米　1/16	
印　　　　张 / 22.5	责任编辑 / 刘　派
字　　　　数 / 400 千字	文案编辑 / 刘　派
版　　　　次 / 2019 年 3 月第 1 版　2024 年 12 月第 4 次印刷	责任校对 / 周瑞红
定　　　　价 / 88.00 元	责任印制 / 边心超